Q&A

インターネットの法的論点と実務対応

―ネットトラブルからAI・仮想通貨・裁判手続のIT化まで―

東京弁護士会インターネット法律研究部 編

ぎょうせい

◆発刊に寄せて

我が国におけるインターネットの利用は、定額ブロードバンド接続サービスの普及により平成13（2001）年頃から急速に拡大し、平成31（2019）年を迎えた今日、インターネットは、商取引はもちろん、一般的な日常生活においても必要不可欠な情報通信のインフラとして定着しています。東京弁護士会インターネット法律研究部では、平成12（2000）年5月の設立後、電子契約関連法の立法担当者や学識経験者と意見交換をするなどして専門的研究を深めるとともに、電子商取引、インターネット関連の様々な法律問題を取り上げて分析、検討を重ね、東京弁護士会が毎年発刊する紀要「法律実務研究」に論文を掲載してその研究成果を発信するなどして、我が国におけるインターネット社会の発展とともに、法的知識と経験を積み重ねて来ました。

このような中、インターネット法律研究部は、日常の研究活動の成果に基づいて、平成17（2005）年、インターネットサービスやネットトラブルに対する法的検討がまだ十分に加えられていなかった当時、意欲的に法的検討を加えた数少ない実務書として、本書の初版を世に送り出しました。

その後、モバイル端末などの技術はさらに進化し、インターネットを介した情報の送り手と受け手の流動化は著しく、ウェブページや電子掲示板などのデジタルコンテンツはもはや特定の発信者のものではなくなり、SNSの発達、クラウドサービス、スマホなどの普及も相俟って、法律問題は多様化、複雑化したことから、インターネット法律研究部は、平成26（2014）年、初版を全面的に見直し改訂した、本書の第2版を発刊しました。

第2版の刊行から5年、近年は、個人情報保護法の改正などの法整備も進められ、ビッグデータ、ライフログ（個人の生活（life）デジタルデータの記録（log)。デジタルデータとして蓄積される個人の行動や活動情報の履歴）等のデータ資源の利活用は所与の前提となり、発達したネット社会を背景に、インターネット自体は脇役、ツールとなって、様々な物がネットに繋がることで飛躍的な機能向上を見せるIoT（Internet of Things）や、仮想通貨・ICO（Initial Coin Offering：イニシャル・コイン・オファリング／新規仮想通貨公開)、FinTech（金融の「ファイナンス（Finance)」と「テクノロジー（Technology)」

を組み合わせた造語）といった新たな金融資源の問題、自動車の自動運転技術、産業用ロボットなどに見られる人工知能の技術革新によるAIビジネスなど、この5年間には、これまでに考えられていなかった新しい問題が次々と登場しています。

このような状況を踏まえ、第3版では、以上のような近年のネット社会に登場した最新の技術に関する法的問題を積極的に取り上げて軸に据え、他方で、旧版からあるSNS、情報セキュリティ、知的財産保護等の問題、子どもとネット問題等もアップデートしました。さらに、司法関係者から国民一般にまで大きな影響を与える改革である「裁判手続のIT化」問題まで、意欲的に取り上げた、極めて密度の濃い内容となっております。

初版、旧版と同様、本書がネットビジネスや最新技術に関わる実務家をはじめ、広く一般の読者に大いに役立つものと期待しております。

平成31（2019）年1月

東京弁護士会
会長　安井　規雄

◆はしがき

東京弁護士会インターネット法律研究部は、平成12（2000）年5月の設立以来、広くインターネット情報通信に関する社会的事象、制度、裁判例等を取り上げ、法的側面から分析・研究を積み重ね、平成17（2005）年にはその研究成果として本書初版を刊行し、平成26（2014）年には第2版を刊行してきました。

その第2版の発刊から5年が経過し、ネット社会の環境の変化、技術革新は著しく加速度を増し、内閣府が平成28（2016）年から提唱する未来社会構想、「Society 5.0」も現実のものへと歩を進めています。もはやインターネット自体は主役の座を降りた脇役となって、様々な物がネットに繋がることで飛躍的な機能向上を見せるIoT（Internet of Things）や、仮想通貨、ICO、FinTechといった新たな金融資源の問題、自動車の自動運転技術とディープラーニング（深層学習）、産業用ロボット、家庭用ロボットなどのロボット技術革新とAIビジネスなど、昨今は新しい問題が次々と登場しており、そのあまりのスピードの速さに立法的対応はこれから検討が始まるというものも少なくありません。

また、政府の「日本経済再生本部」は、平成29（2017）年に「裁判手続等のIT化検討会」を設置し、第1回「裁判所におけるIT化の現状と企業・消費者の意見について」（平成29年10月30日開催）から第8回の「裁判手続等のIT化に向けた取りまとめ案」（平成30年3月30日開催）まで、計8回の検討会を実施して「取りまとめ案」を発表し、現在、これを受けた実務レベルの調整作業が行われており、近々、IT化民事訴訟が段階的に実施されていく運びとなっていることから、「裁判手続等のIT化」問題はとりわけ司法関係者には関心の高いテーマであると思われます。

以上のような状況を踏まえ、第2版以降に登場した新たな問題点を積極的に取り上げて、他方で、旧版からのテーマもいくつか取り上げてアップデートし、さらに「裁判手続等のIT化」問題については現状の議論をわかりやすく整理し、実務的指針と今後の展望を示すことを目的として、ここに第3版を刊行いたします。立法論はこれからで、未だ法的検討が十分とは言えない最新の技術にまつわる法的論点も意欲的に取り上げており、実践的で密度の濃い内容のものとなっております。

本書が、ネットビジネスの最前線やインターネット関連の最新技術に関わる実務家、研究者、その他一般の多くの方々のお役に立つものとなれば、望外の喜びです。最後になりましたが、本書の刊行に際して、タイトなスケジュールで多大なご尽力を賜りました株式会社ぎょうせいのご担当者様に、心より感謝と御礼を申し上げます。

平成31(2019) 年1月

東京弁護士会インターネット法律研究部
部長　藤田　晶子

◆凡　　例

1. 法　令

本文中の法令名は原則として正式名称で記したが、一部については次に掲げる略語を用いた。

略語	正式名称
金商法	金融商品取引法
景表法／景品表示法	不当景品類及び不当表示防止法
個人情報保護法	個人情報の保護に関する法律
資金決済法	資金決済に関する法律
児童ポルノ禁止法	児童買春、児童ポルノに係る行為等の規制及び処罰並びに児童の保護等に関する法律
出会い系サイト規制法	インターネット異性紹介事業を利用して児童を誘引する行為の規制等に関する法律
電子消費者契約特例法	電子消費者契約及び電子承諾通知に関する民法の特例に関する法律
電子署名法	電子署名及び認証業務に関する法律
特商法	特定商取引に関する法律
特定電子メール法	特定電子メールの送信の適正化等に関する法律
プロバイダ責任制限法	特定電気通信役務提供者の損害賠償責任の制限及び発信者情報の開示に関する法律

2. 裁判所

裁判例を示す場合、「判例」→「判」、「決定」→「決」と略した。また、裁判所の表示については、次に掲げる略語を用いた。

略語	正式名称
最	最高裁判所
○○高	○○高等裁判所
○○地	○○地方裁判所
○○簡	○○簡易裁判所

3. 文　献

裁判集民	最高裁判所裁判集民事
ジュリ	ジュリスト
判時	判例時報
判タ	判例タイムズ
民集	最高裁判所民事判例集
労判	労働判例

◆目　　次

第2章 FinTechに関する法的論点

第3章 ライフログ・ビッグデータに関する法的論点

第6章　知的財産に関する法的論点

第7章　アフィリエイトサイト・リーチサイトに関する法的論点

第8章 子どもとインターネットをめぐる法的論点

第9章　インターネット広告と景品表示法に関する法的論点

第10章　「裁判手続のIT化」対応に関する法的論点

第1章

仮想通貨・ICOに関する法的論点

1 仮想通貨に関する法的論点

Q1 ブロックチェーンとは

Question

「ブロックチェーン」という言葉を最近よく耳にします。ブロックチェーンとは何でしょうか。

Answer

ブロックチェーンはビットコインの中核技術で、データが格納されたブロックをチェーンのように順につなぐデータ構造を持っていることから、こう呼ばれています。このようなデータがネットワーク上に分散的に保持され、過去のデータの改善を防いだり、システムの一部に障害があっても全体としては稼働し続けられたりするのが特徴です。

Commentary

図1のとおり、ブロックチェーンとは、「ブロック」の「チェーン」(つながり)である。各「ブロック」には、例えば「Aさんが B さんに1ビットコインを送る」といった内容の「トランザクション」(取引等) が記録されている。

各ブロックは、前のブロックの圧縮データを持っているため、これによりブロック同士のつながりが確認できる。このつながりが鎖(チェーン)のようなので、「ブロックチェーン」と呼ばれている。

ここで、前のブロックの「圧縮データ」は、SHA-256などに代表される「ハッシュ関数」により導出される。ハッシュ関数は、いわゆる一方向性関数と呼ばれるもので、圧縮値(ハッシュ値)から元のデータを再現することや、同じハッシュ値を持つデータを生成することは極めて困難とされている。また、同じデータからは同じハッシュ値が得られるが、少しでも元のデータを変えると全く異なる値になる。そのため、ハッシュ値を解読して元のデータを割り出したり、元のデータを改ざんしたりすることが事実上できない。

ブロックチェーンはブロックの改ざんを防ぐ仕組みを構造的に持ってい

【図1】

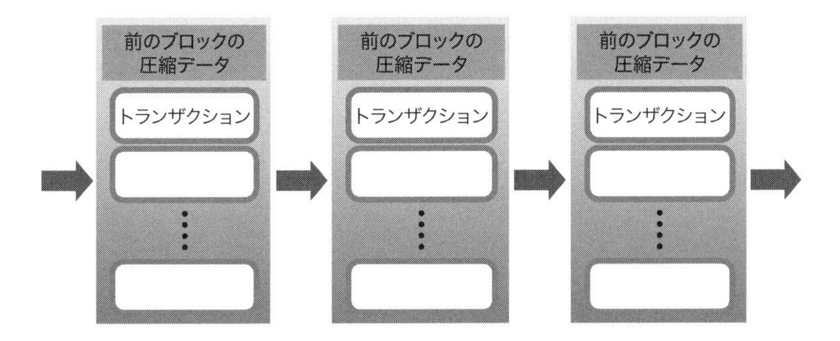

る。代表的なものは“Proof of Work”（PoW）と呼ばれるものである。以下、PoWの概要を説明する。

まず、特定の条件を満たしたブロックだけが、ブロックチェーンに存在できるようにされている。例えば、ハッシュ値の先頭一定桁に“0”が並んでいるものが有効とされる。

> ＞有効　<u>0000 00</u>9o asdu fo09 s7ad……
> ＞無効　lask dfu0 9k98 2354 rmof……

ハッシュ関数によりブロックを圧縮しても、都合よく先頭に0が並ぶわけではない。そこである値を調整し、それと組み合わせることによって、ハッシュ値の先頭に0が並ぶようにする。このような調整用の値を「ナンス」という。前述のとおり、ハッシュ関数は少しでも元のデータを変えると全く異なる値になるから、先頭に0が並ぶような組み合わせを探そうとすると、総当たり的にならざるを得ない。そのため、ナンスの算出には一定の手間がかかる。このような手間（work）をかけて一定条件を満たすものだけがブロックとして作成される。これがProof of Workと言われる所以である。なお、ナンスを探す作業を「マイニング」、マイニングを行う者を「マイナー」という。

PoWによって改ざんが防止される仕組みは、以下のとおりである。

例えば、あるブロックを誰かが改ざんすると、改ざんされたブロックチェーンと、改ざんされていない（元の）ブロックチェーンの2つがネットワーク上に生じる。ここで、ハッシュ値は先頭に0が並んでいなければならないから、あるブロックを改ざんすれば、ナンスを計算し直して先頭に0が並ぶように調整しなければならない。ところが上記のとおり、この調整（ナンスを探すこと）には一定の手間がかかる。しかも、ブロックチェーンのすべてのブロックは一つ手前のブロックのハッシュ値を持っているから、あるブロックのナンスが変われば、それ以降すべてのブロックでナンスを計算し直さなければならない。こうした計算がされているうち、一方で、改ざんされていないブロックチェーンには次々に新たなブロックが足されていく（図2）。

そうすると例えば、「最も長いブロックチェーンを正しいブロックチェーンとする」という決まりにしておけば、改ざんされたブロックチェーンは長くないため正しくないものとみなされ、改ざんされていないチェーンは長いため正しいとみなされる。こうすることで改ざんを防ぐことができるのである。なお、「最も長いブロックチェーンを正しいブロックチェーンとする」というような決まり事を「コンセンサスアルゴリズム」と呼ぶ。

【図2】

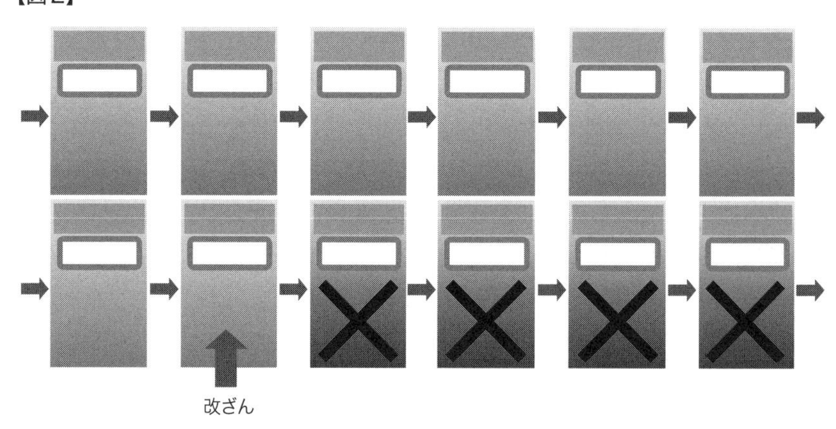

改ざんを防ぐ仕組みはPoW以外にもいくつかのものがある。例えば“Proof of Stake”（PoS）は、「資産量」をより多く保有する承認者が優先的にブロックを作成できる仕組みである。PoSは、多くの資産を有する者は、その価値を自ら下げることはないであろうという考えに基づいている。

また、“Proof of Importance”（PoI）は、ネットワークに対する「重要度」が高い者が優先的にブロックを作成できる仕組みである。PoSでは優先度が与えられる資産量を減らさないために資産を貯め込むリスクがあるが、PoIでは資産の保有量と取引の大きさから「重要度」が算出されるためそのようなリスクがなく、ブロック作成の優先度を上げるものとされている。

さらに“Practical Byzantine Fault Tolerance”（PBFT）では、コアノードにブロックの生成権限を集中させ、コアノードによる合議制でトランザクションを承認する。PBFTではコアノードによって一定のタイミングでブロックが生成されるため、ブロックチェーンが分岐せず、ファイナリティ（決算完了）が明確に得られる。また、PBFTではマイニングを必要としないため、比較的高速な認証処理が可能である。他方、特定の管理者（コアノード）が予定されているため、「中央の管理体を持たない」という分散型のメリットを活かしづらい。

このような特徴から、PoWやPoSは管理者のいない「パブリック型」のブロックチェーンで使用され、PBFTは管理者のいる「プライベート型」や「コンソーシアム型」のブロックチェーンに利用されることが多い。

ブロックチェーンの構造は上記のとおりであるが、さらに、ネットワーク上においては、ブロックチェーンは「分散的」に管理されるという特徴がある。従来のシステムは、取引データは中央の管理体に集められ、管理体が一元的に管理する、集中管理型のシステムであった。これに対し分散型のシステムでは、ブロックチェーンをネットワークの参加者が個々の端末間でやり取りすることで、それぞれの端末で保持する（「分散型台帳」については、**1-Q2**を参照。）。

集中管理型のシステムでは、管理体に不具合があった場合に全システムが停止する可能性があるが、分散型のシステムでは、システムの一部に不具合があっても、全体としてはシステムを維持することが可能となる。また、取引が一元的に管理されないという意味で、管理体の都合によって仕組みや価値が変えられてしまうことを防ぐこともできる。

以下では、分散型のシステムでブロックチェーンを利用した場合の送金の流れを説明する（図3）。

【図3】

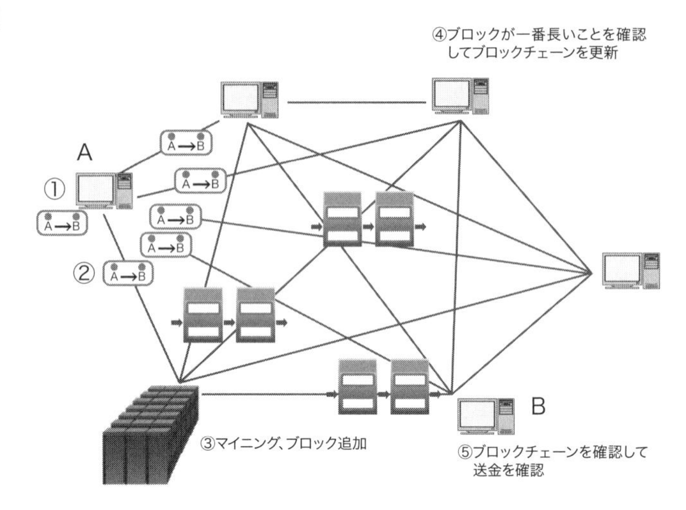

① ネットワーク上のAさんからBさんにビットコインを送金するとする。
② すると、Aのコンピュータから「AからBに送金する」というトランザクションがネットワークに送られる。
③ マイナーがマイニングを行い、ブロックを追加する。
④ ネットワーク上の各端末は、ブロックチェーンが一番長い（正しい）ことを確認して、自分の端末に記録されたブロックチェーンを更新する。
⑤ 送金を受けたBさんはブロックチェーンが正しいことを確認して、送金を受ける。

ではこの例で、ネットワーク上のCさんが「AからBに送金する」と、故意に異なったトランザクションを送るとどうなるか。このようなことが起こると自分の知らない間にだれかに送金されてしまうことになり、不都合である。そこでネットワーク上では「本人確認」が必要になる。

ブロックチェーン技術では、「公開鍵暗号方式」という技術を用いて、「本人確認」が行われる。公開鍵暗号方式では、暗号化する本人しか知らない「秘密鍵」と、公開されている「公開鍵」のペアが用いられる。公開鍵は秘密鍵から生成されるが、公開鍵を用いて秘密鍵を割り出すことはできない（図4）。

上記の例の場合、送金を行うAさんは、自分のトランザクションを秘密鍵で暗号化する。そして、Aさんは、暗号化されたトランザクションと暗号化されていないトランザクションを同時にBさんに送る。

【図4】

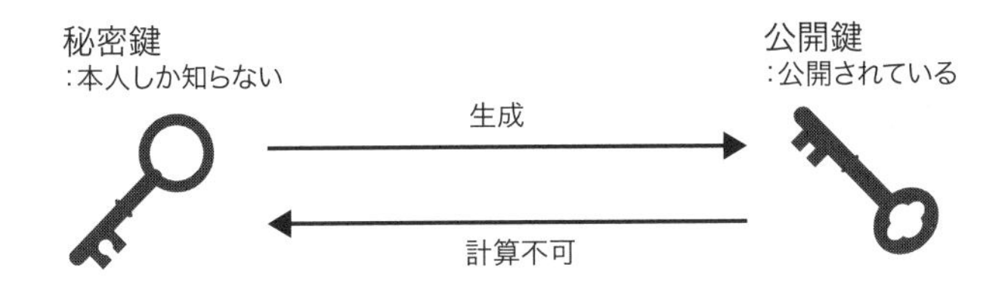

これを受けたBさんは、Aさんの秘密鍵から生成された公開鍵で暗号化されたトランザクションを復号化する。そして、復号化したトランザクションと、同時に送られてきた暗号化されていないトランザクションを比べて、両者が一致するか確認する。

ここで、秘密鍵を持っているのはAさんだけであったから、秘密鍵を使って暗号化できるのはAさんだけである。そして、秘密鍵を使って暗号化した情報は、Aさんの秘密鍵から生成された公開鍵でしか復号できない。したがって、Aさんの公開鍵で復号した結果、これが暗号化されていないトランザクションと一致していれば、Aさんが送ったものであることが確認される（図5）。

【図5】

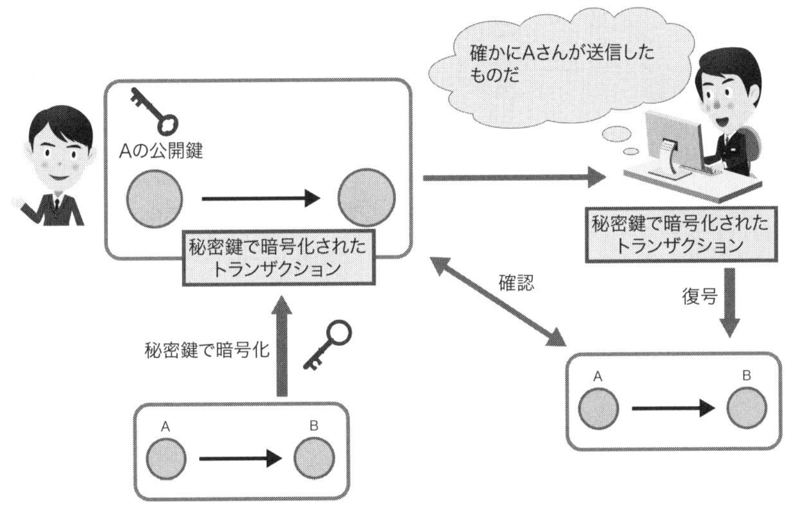

〔水野　秀一〕

Q2 分散型台帳とは

Question

ブロックチェーンやビットコインと併せて、「分散型台帳」という言葉もよく聞きます。「分散型台帳」とは何でしょうか。また、ブロックチェーンとはどのように異なるのでしょうか。

Answer

ブロックチェーンの機能を派生し、「共有台帳」という特徴を抽出して一般化した概念が「分散型台帳」です。中央で一元的に情報を管理せず、ネットワーク上の各端末がそれぞれこれを保持することで、システムを維持しています。

Commentary

分散型台帳技術は、「DLT（Distributed Ledger Technology）」とも呼ばれ、ビットコインの技術から生まれた概念である。DLTでは、ネットワークの参加者が台帳を分散して共有する。

従来のシステムは、中央の管理体に個別のシステムが繋がれており、すべての取引データが中央に集められ、一括で管理されていた（図1）。

【図1】　　【図2】

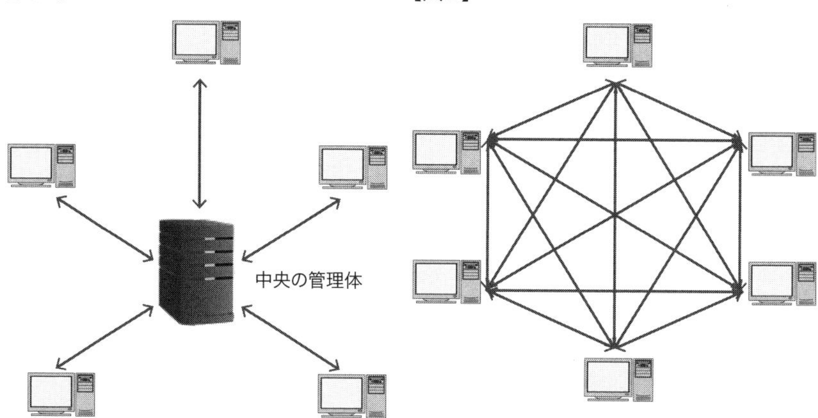

これに対し分散型では、ネットワークに接続された端末が、中央を介することなく、それぞれ直接データの送受信をする方式（P2Pネットワーク）でやり取りを行う（図2）。

分散型のシステムのメリットは、中央的な管理体を持たないことで、取引の透明性や監査のしやすさ、データの共有のしやすさ、システムの故障のリスク低減が得られることなどが挙げられる。こうしたメリットを持つ分散型のシステムが誕生した背景には、中央で一元的に情報が管理されることの非効率性や、個人情報の取扱いなどに関する不信感など、さまざまな要因が重なって、個々が主導権を取り戻そうとする機運があったことが考えられる。分散型のシステムはこうした機運に応えるものと言えよう。

中央で管理される場合、例えば銀行などでは、その銀行が持つ信用力が、システム自体の信頼性を支えている。他方、ビットコインなどの管理者がいないシステムでは、特定の管理者が信頼性を担保できない代わりに、ブロックチェーンという構造をとることで、その構造自体がシステムの信頼性を担保している（**1−Q1**参照）。

なお、分散型であっても、管理者がいるシステムも存在する。リップルなどがその例である。管理者が存在する分散型のシステムでは、その管理者が分散された記録を保証することで、不正がないことが証明される。このような場合は、必ずしも信頼性保証システムとしてのブロックチェーンという形態を必要としない。したがって、このように考えると、ブロックチェーンと分散型台帳は一致した概念ではなく、ブロックチェーンは分散型台帳を実現する一形態ということになる。いずれもビットコインの設計から生まれたものではあるものの、概念的には分散型台帳のほうが広い。

〔水野　秀一〕

 ブロックチェーン技術の課題と対応

Question

ブロックチェーン、ビットコインには、どのような課題があるのでしょうか。

Answer

ブロックチェーン、ビットコインは非常に革新的で様々な応用が指摘されていますが、その一方で、解決すべき課題も挙げられています。特に、取引に時間がかかることや、最終的に取引が確定されるまでの不安定性が問題視されています。これらについてはブロックチェーン以外の既存の技術も組み合わせながら、どのような分野に応用するかによってもカスタマイズしていくことが必要になるでしょう。

Commentary

ブロックチェーン、ビットコインには下記のような課題が指摘されている。

1　即時性

ブロックチェーンは「最も長いチェーンを正しいチェーンとする」とのルールがあり、正しくないチェーン（短いチェーン）は廃棄される（**1–Q1**参照）。このような仕組みがある関係上、あるトランザクションが発生していずれかのブロックに組み込まれたとしても、そのブロックが廃棄され、取引がキャンセルされてしまうことがあり得る。

一般的にビットコインでは、トランザクションがブロックに組み込まれ（「承認」という。）、その後にブロックが6ブロックほど続くと取引が確定される。

ビットコインのブロック追加は10分に1回程度とされているので、6ブロック生成されるには60分ほど要してしまう。これでは株取引や為替市場など高速な決済が要求される場面では使えない。

2　最終確定

1のとおり、ある取引（トランザクション）が確定するまでには一定の時間

が要求される。そうすると、トランザクションの発生時間や、ブロックに組み込まれた時間と、最終的に確定した時間のいずれを法的に効力があるものとするのか、定めておく必要がある。また、ブロックがチェーンに格納されていき、ブロックチェーンが伸びていっても、絶対に将来的に覆ることがないともいえない。そのため、契約が確定せず、取引の安全性を害する可能性がある。

3 脆弱性

ビットコインのシステムに含まれる各技術（ハッシュ関数、公開鍵暗号、P2Pなど）はビットコイン以前から存在し、それぞれ完成度の高いものではある。ただし各技術は着実に進歩し、例えば、ハッシュ関数の代表例であるSHA-1関数は、すでに暗号解析上の弱点を発見されている。そのため、システム全体での安全性が十分なものであるかは、常に検証を要する。

ビットコインは管理者のいない分散型のシステムをとっており、このようなシステムの場合、中央がトップダウン的に設計を変更することができない。そのため、技術の進歩による陳腐化を防ぐための機動的なシステム設計が難しいことが考えられる。

4 匿名性

ブロックチェーンを始めとする分散型台帳では、そもそも性質上、台帳に記録されたすべての取引が公開される。技術的には、取引等に必要となるアドレスを毎回変更するなどして匿名性を持たせることは可能である。しかし取引を追跡することはできるから、大型の取引があった場合など、ある程度の特定ができる可能性もある。

なお、仮想通貨の取扱所は、ビットコインのアドレスやそれと紐づく個人情報をデータベース化して保管しており、個人情報保護法の個人情報取扱事業者に当たるのが通常である。

5 意思統一の困難性

ブロックチェーンのような管理者がいない分散型台帳の仕組みを取る場合、システムの実装や事故時の対応について、意見の統一が困難である。意思統一が行われない結果、システムの「フォーク（分岐）」が発生することも考えられる。

フォークには、ソフトフォークとハードフォークがある。

ソフトフォークとは、これまでの仕組みの延長線上で、互換性を持たせて機能拡張する方法である。ソフトフォークによって生まれた新しいバージョンのブロックは、フォーク以前のシステムでも通用するため、結局過半数のマイナーが支持した新旧いずれかのバージョンに収束する。ブロック自体のサイズは変更せず、ブロックに格納する取引データを縮小する場合などがその例である。

他方、ハードフォークとは、ブロックチェーンのある時点を起点として、それ以降のブロックチェーンと互換性のない新たなブロックチェーンに移行することをいう。このような場合、全く別のブロックチェーンができるため、フォーク以前のシステムに戻ることはない。ブロック自体のサイズを変更する場合がその例である。

これまでに、不正送金をきっかけとして仮想通貨「イーサリアム」のハードフォークが起こったり、ブロック容量の拡大を行って、ビットコインからハードフォークした「ビットコインキャッシュ」の例などがある。

6 主体の不明確性

ブロックチェーンのような管理者がいない分散型台帳の仕組みの場合、問題が生じた場合でも特定の「管理者」を相手取って法的な請求を行うことができない。資金決済法では、「仮想通貨取引所」が規制対象となっている（**1–Q5**参照）が、ハードフォークなどの意思決定に対して、差止めや損害賠償等の請求をする場合、誰を相手方とするのか（そもそも請求ができるのか）不明である。

7 マイニングの寡占

コンセンサスアルゴリズムでPoWを採用する場合（**1–Q1**参照）、過半数のマイナーが結託すると、当該マイナーが事実上のブロックチェーンの管理運営者となり、意図的な改ざんが可能になる（いわゆる「51％攻撃」）。ただし、マイナーにとって改ざんを行うよりマイニングを行うほうがメリットである限り、改ざんを行う誘引は低い。なお、マイニングの9割は中国で行われているとされており、マイナーの属性に偏りがあることから、分散性が損なわれているとの指摘もある。

〔水野　秀一〕

 電子マネーとの違い

Question

「ビットコイン」などの仮想通貨と、「Suica」などの電子マネーは、いずれも物理的実体のない価値という点で共通していると思いますが、法律上は何か違いがあるのでしょうか。

Answer

ビットコインなどに代表される「仮想通貨」と、電子マネーなどに代表される「前払式支払手段」は、いずれも「資金決済法」で定義されています。仮想通貨と前払式支払手段は、「誰に対して使用できるか」などで異なった性質を持っており、同法における規制のされ方も異なります。

Commentary

「仮想通貨」は資金決済法において、下記のように定義されている（2条5項）。

> 一　物品を購入し、若しくは借り受け、又は役務の提供を受ける場合に、これらの代価の弁済のために不特定の者に対して使用することができ、かつ、不特定の者を相手方として購入及び売却を行うことができる財産的価値（電子機器その他の物に電子的方法により記録されているものに限り、本邦通貨及び外国通貨並びに通貨建資産を除く。次号において同じ。）であって、電子情報処理組織を用いて移転することができるもの
> 二　不特定の者を相手方として前号に掲げるものと相互に交換を行うことができる財産的価値であって、電子情報処理組織を用いて移転することができるもの

仮想通貨の定義を細かく分けると下記のとおりとなる。

① 物品の購入・借り受け、又は役務の提供を受ける場合に、これらの代価の弁済のために不特定の者に対して使用できること
② 不特定の者を相手方として購入・売却を行うことができる財産的価値であること

③ 電子機器その他の物に電子的方法によって記録され、電子情報処理組織を用いて移転することができるものであること

④ 日本通貨・外国通貨、通貨建資産でないこと

この仮想通貨の定義に照らし合わせると、いわゆる電子マネーは、それぞれの発行者が決めた特定の加盟店でのみ使うことができ、誰に対しても使えるわけではない。したがって、上記の要件のうち①の「不特定の者に対して使用できること」を満たさない。

また、電子マネーそのものを市場で取引することはできないため、②の「不特定の者を相手方として購入・売却を行うことができる」との要件も満たさない。したがって、電子マネーは、資金決済法上の「仮想通貨」には当たらない。他方、資金決済法には「前払式支払手段」が定義されており（3条)、「Suica」や「Edy」のような前払い型の電子マネーは、これに該当する。「前払式支払手段」とは大要、下記のものをいう。

① 証票、電子機器などに記載され、又は、電磁的方法により記録される金額に応ずる対価を得て発行されるもので、

② その発行する者又は当該発行する者が指定する者から物品を購入したり、役務の提供を受ける場合に、代金の弁済のために使用することができるもの。又は、発行者等に対して、行使することで、物品の給付や役務の提供を請求できるもの。

上述のとおり、仮想通貨は不特定の者に対して譲渡でき、他の仮想通貨や法定通貨に交換することができる一方、電子マネーは基本的に発行元や加盟店との間で一方的にしか交換できない。また、仮想通貨は市場の売買によって価格変動が起こり得るが、電子マネーは基本的には価格変動が起こらない。さらに、仮想通貨はプロジェクト自体が消滅したり、価値が全くないとみなされると、通貨そのものの価値がなくなることがある一方、電子マネーは発行主体がその価値をある程度保証し、発行主体が消滅しても、一部の支払金が戻ってくることがある。

これらの違いがあることから、仮想通貨と前払式支払手段とで、上記のように定義のされ方が異なる。また、規制のされ方にも下記のような違いがある。

前払式支払手段はその名のとおり「前払い」であるため、あらかじめ発行体に金銭を支払い、それを後から加盟店などで使うことができる。そのため、

あらかじめ支払った資産に対して保護が必要になる。資金決済法では前払式支払手段発行者に対し、下記のような規制を施している。

前払式支払手段発行者は、基準日における未使用残高が1000万円を超えるときは、その未使用残高の2分の1以上の額に相当する発行保証金を主たる営業所又は事業所の最寄りの供託所に供託しなければならない（14条）。この資産保全義務は、供託の代わりに銀行などとの間で発行保証金保全契約を締結するなどの方法によっても履行できる（15、16条）。これらの資産保全により、資金を前払いした利用者の保護が図られ、万が一、発行者が破綻しても、発行保証金の中から返還を受けることができる（31条）。

前払式支払手段発行者は、情報の安全管理措置を講じる必要がある（21条）ほか、加盟店などが提供する賞品やサービスが公の秩序又は善良の風俗を害する恐れがないことを確保するために必要な措置（10条1項3号）や、加盟店に対して支払を適切に行うために必要な措置、法令遵守体制をそれぞれ整備する必要がある。他方で、仮想通貨においては定められている金融ADR制度に関わる措置を講じる義務はない。

〔水野　秀一〕

仮想通貨の規制

Question

仮想通貨は現行法上、どのように定義されているのでしょうか。また、仮想通貨には法的規制があるのでしょうか。

Answer

我が国で仮想通貨は、資金決済法で定義付けられています。平成29年の改正により、世界に先駆けて、「仮想通貨」が法律用語として定義されました。同法では仮想通貨そのものに対してというよりも、仮想通貨を取り扱う業者（仮想通貨交換業者）に対しての規制が設けられています。

Commentary

1 仮想通貨の定義

平成29年4月1日施行の改正資金決済法2条5項では、仮想通貨は下記のとおり定義されている（**1–Q4**も参照）。

> 一 物品を購入し、若しくは借り受け、又は役務の提供を受ける場合に、これらの代価の弁済のために不特定の者に対して使用することができ、かつ、不特定の者を相手方として購入及び売却を行うことができる財産的価値（電子機器その他の物に電子的方法により記録されているものに限り、本邦通貨及び外国通貨並びに通貨建資産を除く。次号において同じ。）であって、電子情報処理組織を用いて移転することができるもの
> 二 不特定の者を相手方として前号に掲げるものと相互に交換を行うことができる財産的価値であって、電子情報処理組織を用いて移転することができるもの

現在交換所で円やドルなどの「法定通貨」と取引が確認されている「ビットコイン」「イーサリアム」「リップル」「ライトコイン」や、これらのものと相互に交換できる「アルトコイン」などは、上記の要件に該当すると考えられる。

2　仮想通貨交換業者

改正資金決済法では、仮想通貨そのものというより、「仮想通貨交換業者」と呼ばれる、仮想通貨の売り買いや交換、又はこれらを媒介する業者に対して規制を施している。

⑴　仮想通貨交換業者の定義

資金決済法における「仮想通貨交換業者」の定義は下記のとおりである（2条7項）。

> この法律において「仮想通貨交換業」とは、次に掲げる行為のいずれかを業として行うことをいい、「仮想通貨の交換等」とは、第一号及び第二号に掲げる行為をいう。
>
> 一　仮想通貨の売買又は他の仮想通貨との交換
>
> 二　前号に掲げる行為の媒介、取次ぎ又は代理
>
> 三　その行う前二号に掲げる行為に関して、利用者の金銭又は仮想通貨の管理をすること。

なお、仮想通貨や仮想通貨交換業者該当性の判断基準については、金融庁が公表している「事務ガイドライン（第三分冊：金融会社関係）」「16.仮想通貨交換業者関係」（https://www.fsa.go.jp/common/law/guide/kaisya/16.pdf）が参考になる。

⑵　仮想通貨交換業者に対する規制

仮想通貨交換業者に対する規制は下記のとおりである（条文は資金決済法のもの。）。

◆登録要件

仮想通貨交換業は、内閣総理大臣の**登録**を受けた者でなければ行ってはならない（63条の2）。登録要件には、資本金額が1000万円以上であることや、純資産額が負の値でないことなどが含まれる。仮想通貨交換業には高度なセキュリティ対策を講じたシステム構築などの初期投資や、事業を維持するための一定の財産的基礎が必要である。

◆行為規制

仮想通貨交換業者は、**利用者保護等に関する措置**や、**情報の安全管理措置**を講じることなどが義務付けられる（63条の8〜10)。利用者保護に関する措置としては例えば、仮想通貨と法定通貨との誤認を防止するための説明や、レバレッジ取引によるリスクの大きさ等を説明することなどがある。

また、仮想通貨交換業者は、各利用者ごとの金銭又は仮想通貨を自己の金銭又は仮想通貨と**分別して管理**しなければならない（63条の11)。その上で、公認会計士又は監査法人が区分管理の状況について外部監査を行う。

◆監督

仮想通貨交換業者は、帳簿書類を作成・保存し、事業年度ごとに報告する。さらに、管理する金銭の額や仮想通貨の数量、その他の管理に関する報告書を内閣総理大臣に作成・提出する（63条の13、14)。

内閣総理大臣から委任を受けた財務局長は、仮想通貨交換業者に対して、報告を命じ、立入検査、改善命令、停止命令、登録取消を行う権限を有する(63条の15〜17)。

◆犯罪収益移転防止法への対応

仮想通貨交換業者は、犯罪収益移転防止法上の特定事業者として指定されている。仮想通貨がいわゆるマネーロンダリング（資金洗浄）に利用されるのを防ぐべく、仮想通貨交換業者は同法の規制を受ける。仮想通貨交換業者は、口座開設時の取引時確認義務、確認記録・取引記録等の作成・保存義務、疑わしい取引の届出義務、社内管理体制の整備（従業員の教育、統括管理者の選任、リスク評価書の作成、監査等）などが義務付けられる。

〔水野　秀一〕

2 ICOに関する法的論点

Q1 ICOの概要と特徴

Question

ICO（Initial Coin Offering）とは何ですか。

Answer

仮想通貨やその元となるトークン（証票）を有償で発行し、事業やプロジェクトに必要な資金を得る手法です。IPO（Initial Public Offering：新規公開株式）との類似性からこのような名称で呼ばれますが、発行者と購入者との法律関係はIPOと大きく異なります。

ICOに応じると仮想通貨やトークンといった「価値」を取得できますが、それ以上にどのような権利・利益を得られるかは、ホワイトペーパーや利用規約の内容によって様々です。

Commentary

1 ICOの定義はまだない

(1) ICOの特徴

ICOは、本稿執筆の時点では我が国の法令上未だ定義されていない。現在、ICOとして実施されている活動は、次のような特徴を備えている。

① 株式会社その他の事業体が、特定の事業や開発プロジェクトを実現・遂行するための資金を調達する目的で行われる。

② 資金需要者が仮想通貨又は将来仮想通貨として流通に置かれる予定のトークン（証票）（以下、併せて「トークン等」という。）を有償で発行し、資金供給者がトークン等を購入して代金を支払う方法で資金を提供する。

③ トークン等の発行や管理にはブロックチェーン技術が用いられる。

このほかに、④トークン等の購入代金の支払いに仮想通貨を用いることができる、⑤トークン等の購入者を主にインターネットを通じて公募する、⑥トークン等は販売後に仮想通貨取引所で取引可能になることが予定されている、⑦発行されるトークン等と資金用途である事業やプロジェクトとが何らかの形で関連付けられている、といった特徴を備えている事例も多いが、④⑤⑥は必ずしもすべてのケースには当てはまらず、また、⑦は後述のホワイトペーパーの内容次第であることから、ICOに必須の要素とまではいえない。

⑵ ICOの動機

ICOに応じてトークン等を購入する者の多くは、購入後にトークン等が仮想通貨取引所に登録されて取引可能になって価格が高騰し（「上場」といわれる。）、その登録時の時価と購入価格との差額を獲得することを意図している。もちろん、事業やプロジェクトを支援するために当初から長期保有を意図している購入者もいる。

他方、発行者（資金需要者）にとっては、簡易迅速に多額の事業資金を集めることができる手段として注目され、後述のとおり、近年その利用が急速に拡大してきている。

2 ICOの実例

⑴ 海外のICO

海外では、Mozilla（ブラウザ“Firefox”の開発元）の元CEOが設立したブラウザ開発会社Braveによる事例が「30秒で3500万ドルを集めた」などとして著名だが、その後も多数のICOが実施され、本稿執筆時点でその数は延べ2000件を超えている[1]。

⑵ 国内のICO

国内では、2017年中に11件の実施例が確認されているが[2]、海外に比べると極めて少なく、国内ICOの隆盛期はまだ到来していない。これは、仮想通貨交換業登録をした業者でなければトークン等を新規に発行することができないとする後述の金融庁による規制の影響とみられる。

---

1 COINJINJAウェブサイト（https://www.coinjinja.com/）
2 COINJINJAウェブサイト（https://www.coinjinja.com/blog/posts/2017/12/japan-ico-2017）

3 IPOとの相違点

上場前のトークンを販売し、その販売価格と上場時の初値との差額獲得をインセンティブとして投資者に購入を促すという資金調達の在り方は、株式公開前に公募価格で購入者を募るIPO（Initial Public Offering）に類似する。ICOとIPOの相違は、当然ながら、購入対象がトークン等か株式かという点にあるが、株式とトークン等の特徴から様々な相違が派生する。

まず、株式は株式会社の社員権であり、株式を取得した者は、均等に細分化された割合的単位の形をとった社員たる地位を獲得する。これに対し、仮想通貨は、電子的方法によって記録されインターネットで移転できる財産的価値であり、また、トークンは、将来仮想通貨として流通する価値の証票である。株式を取得すれば、自益権や共益権を包括した一個の社員権が得られるのに対し、トークン等は事実上の「価値」に過ぎない。

また、IPOは有価証券である株式の売買であることから金商法と会社法の適用を受けるのに対し、ICOは事実上の「価値」に過ぎない仮想通貨ないしトークンの売買であることから同法の適用対象になっていない[3]。

さらに、IPOの対象たる株式は会社法や金融商品取引法によって権利内容が法定され、不公正取引に対する規制も用意されているため、投資者は純粋な投資判断に基づいて購入の是非を決められるのに対し、ICOの対象たるトークン等は、後述のホワイトペーパーや利用規約の定め方によって得られる利益が区々となり、投資者は、トークン等を購入した場合にどのような地位を獲得できるか、投資対象の事業やプロジェクトによる収益がどのような方法・比率で分配されるかなどを逐一確認しながら投資判断をしなければならない。

4 仮想通貨の法律関係

資金決済法2条5項により、仮想通貨は次のいずれかに該当するものと定義されている。

① 物品を購入し、若しくは借り受け、又は役務の提供を受ける場合に、これらの代価の弁済のために不特定の者に対して使用することができ、

---

3 仮想通貨への金商法の適用可能性については下記の記事参照。
「仮想通貨規制の移行を検討」産経新聞ウェブサイト平成30年7月3日（https://www.sankei.com/economy/news/180703/ecn1807030005-n1.html）

かつ、不特定の者を相手方として購入及び売却を行うことができる財産的価値（電子機器その他の物に電子的方法により記録されているものに限り、本邦通貨及び外国通貨並びに通貨建資産を除く。次号において同じ。）であって、電子情報処理組織を用いて移転することができるもの

② 不特定の者を相手方として前号に掲げるものと相互に交換を行うことができる財産的価値であって、電子情報処理組織を用いて移転することができるもの

したがって、ICOに応じて仮想通貨を購入した場合の法律関係は、上記規定の内容の「財産的価値」が発行者から購入者に移転し、購入者がこれを保有して使ったり売ったりできる状態ということになる。

5 トークンの法律関係

仮想通貨取引所に上場される前のトークンは、将来仮想通貨として取引される予定の「価値」である。したがって、仮想通貨と同様に、購入者は「価値」を取得するが、実質的には、購入価格より高値で売却できる期待権があるという程度の状態に過ぎない。

6 その他の権利・利益

仮想通貨やトークンの「価値」以外に、トークン等を購入した投資者が投資対象の事業、案件や事業体に対してどのような地位を獲得できるかは、トークン等の販売に際して発行されるホワイトペーパー、トークン等の購入契約書あるいはトークン等の利用規約等の文書にどのような定めが置かれているかによって異なる。ホワイトペーパーとは、株式や投資信託の購入を募る際に発行される目論見書（投資判断に必要な重要事項を説明した文書）に相当する情報であり、ICOの募集開始日と締切日、投資対象となる事業や開発プロジェクトの概要や事業化のスケジュール等が記載される。このホワイトペーパーに投資者がトークン等の購入によって取得する権利や事業化後の収益分配に関する定めがあれば、それらの定めは発行者と購入者とのトークン等購入契約の内容となって発行者を拘束し、購入者はその契約を根拠にサービスの提供や分配金の支払を請求できるようになる。

〔樋口　歩〕

ICOに関する法規制

Question

ICOは適法ですか。どのような法規制がありますか。

Answer

すべてのICOについて一概にはいえませんが、資金決済法に抵触して違法ではないかと疑われるケースもあります。また、勧誘行為等の際に詐欺や恐喝が行われれば違法行為と評価される場合もあります。

資金決済法により、国内での仮想通貨の売買は、仮想通貨交換業登録をした者しか行えないようになっているため、仮想通貨を販売する形態のICOは登録業者以外実施できません。仮想通貨交換業登録者に対しては、情報管理や帳簿の備え付けが義務付けられ、金融庁による立入検査や業務改善命令といった手段で業務の適正確保が図られています。

Commentary

1 ICOに適用される法令

ICOのうち、取引所で取引可能な仮想通貨を発行するものは、仮想通貨取引について規制する資金決済法の適用を受ける。仮想通貨そのものではなくトークンを発行する場合にも、後述のとおり資金決済法の適用を受ける場合がある。

2 その他の一般的法規制

ICOは、トークン等の「売買」の取引であることから、民法の中の売買契約に関する規定や契約一般に関する規定の適用を受ける。

また、ICOを実施するのは事業者であるから、購入者が消費者である場合には消費者契約法の適用がある。それ以外にも取引形態によっては特定商取引に関する法律や不当景品表示法が適用され得る。

さらに、トークン購入の勧誘行為に虚偽の事実の告知が伴えば詐欺罪、害悪の告知を伴えば恐喝罪に該当することになる。

3　仮想通貨交換業の登録

仮想通貨交換業は、内閣総理大臣の登録を受けた者でなければ行うことができない（資金決済法63条の2）。仮想通貨交換業とは、業として、①仮想通貨の売買又は他の仮想通貨との交換、②その媒介、取次又は代理、又は③これらの行為に関して、利用者の金銭又は仮想通貨の管理をすることをいう（同法2条7項）。

4　仮想通貨を発行するICOの規制

取引所で取引可能な仮想通貨を販売する形態のICOの場合、仮想通貨の売買を伴うことから、これを業として（反復継続し又は反復継続して行う意思で）行う場合には、上記の仮想通貨交換業に該当し、仮想通貨交換業登録業者しかこれを行うことができない。

したがって、仮想通貨交換業登録を得ていない業者が国内で仮想通貨を発行する形態でICOを実施すると、無登録営業として罰則の適用がある（資金決済法107条5号、3年以下の懲役若しくは300万円以下の罰金又はその併科）。

5　トークンを発行するICOの規制

取引所で取引可能な仮想通貨ではなく、トークンを発行する形態のICOの場合、直ちに仮想通貨の売買を伴うものではないため、仮想通貨交換業登録なくして実施可能であるようにも思われる。

しかし、金融庁の「事務ガイドライン」によれば、資金決済法2条5項2号所定の仮想通貨（2号仮想通貨）の「不特定の者を相手方として前号に掲げるものと相互に交換を行うことができる」という要件については、「発行者による制限なく、1号仮想通貨との交換を行うことができるか」「1号仮想通貨との交換市場が存在するか」という要素を考慮すべきとされている。そして、この考慮要素に関しては、一般社団法人日本仮想通貨ビジネス協会（旧・日本仮想通貨事業者協会）が公表した「イニシャル・コイン・オファリングへの対応について」と題する報道関係者向けの文書において、「ICOによるトークンの発行時点では国内又は海外取引所において取り扱われていないとしても、『発行者による制限なく、本邦通貨又は外国通貨との交換を行うことができる』又は『発行者による制限なく、1号仮想通貨との交換を行うことができる』という考慮要素を満たす場合には、金融庁事務ガイドラインに照らせば、トークンの発行時点で仮想通貨に該当するものと考えられる」との見解が示されている[4]。

現在の実務は、上記見解に基づいて解釈・運用されているようであり[5]、取引所に登録されていない新規トークンを発行する形態のICOについても、2号仮想通貨に該当し得ることを前提に、事案に応じて、上場予定の確実性や発行時期と上場予定時期との近接性などを慎重に検討する必要がある。

6 各国の規制

(1) 英 米

アメリカでは、トークンの発行について、証券取引委員会が証券取引法上の「証券」に該当するとの見解を示しており、有価証券に対するのと同様の規制下に置く方向性が見受けられる。

イギリスでは、具体的な法規制は実施されていないものの、金融行為規制機構が消費者向けにICOのリスクを警告しており、今後投資対象としての規制が進むことが予想される。

(2) ヨーロッパ

ドイツでは、連邦金融監督庁がICOのリスクを指摘する警告書を公表しているほか、ICO規制に関するガイドラインを策定している。

フランスでは、ICOに対する直接的な法規制を実施する方向性が示されている。

(3) アジア

中国では、ICOがすでに全面的に禁止されている。

韓国では、ICOのリスクが認識され、消費者保護、テロ資金流入阻止等のために2017年9月に国内ICOが全面禁止されたが、その後、国会がICOを

---

4 日本仮想通貨ビジネス協会プレスリリース「『イニシャル・コイン・オファリングへの対応について』の公表について」(https://cryptocurrency-association.org/cms2017/wp-content/uploads/2017/12/20171208_01.pdf)

5 片岡義広＝森下国彦編『Fintech法務ガイド［第2版］』(商事法務、平成30年)

合法化するよう提案するなど、規制を巡る政府の方針が動揺している。

7 国内の規制動向

ICOの資金調達手段としての有用性が注目される反面、詐欺や不公正取引の危険性が広く認識されるに至っており、世界的に規制強化の傾向がみられる。

我が国の規制当局である金融庁は、仮想通貨交換業規制という既存の制度運用を通じてICOに対する規制の目的を達しようとしてきたが、仮想通貨について金融商品取引法と同様の規制を実施する方向での法改正を検討するに至った。

ICOについては、今後、従前の規制に加え、有価証券の取引に対するのと同様の規制の下に置かれることが予想される。

〔樋口 歩〕

ICOをめぐる法律問題

Question ?

ICOではどのようなトラブルが生じますか。トラブル発生時にはどのような解決手段がありますか。

Answer !

システム障害や不正アクセスによるトークンの喪失、トークン購入の勧誘に関する詐欺や恐喝、ホワイトペーパーと実際の事業・プロジェクトの進捗との食い違い、発行者の破たんなどのトラブルが考えられます。

トークンを管理する発行者や交換業者の管理体制の不備があれば損害賠償を請求できますが、ユーザー側の秘密鍵の管理に落ち度があると免責されたり賠償額が減額されたりします。また、免責条項が定められているケースもあり、損害賠償請求自体ができない可能性もあります。発行者や交換業者が任意的に補償を実施することもあります。なお、仮想通貨に価値暴落の危険もありますが、その場合に賠償請求等で損害の回復を図ることは困難です。

ホワイトペーパーと実際の事業との間に齟齬があっても、発行者は、トークンの購入契約やトークン利用規約等で、ホワイトペーパーの記載どおりに事業やプロジェクトを遂行しなくてもトークン購入者に対して責任を負わない旨の免責条項が設けられていることが多く、トークン購入者が発行者にホワイトペーパーどおりの事業を遂行することを強制することは一般に困難です。

ICOで発行されたコインやトークンは発行者に対する権利としては組成されていないため、発行者の事業が破たんしても何ら給付を受けることができません。コインやトークンは無価値となります。

Commentary

1 トークンの喪失、盗難等のリスク

仮想通貨もトークンも、一定の価値を電磁的方法でアカウント（アドレス）

に紐づけて管理する以上、管理システム上のエラーやアカウントへの不正アクセス等によってトークン等が喪失したり盗難にあったりする危険は常に存在する。国内では、平成30年1月に仮想通貨取引所大手のコインチェックが不正アクセスを受けて580億円相当の仮想通貨が奪われ、さらに同年9月には取引所Zaifが不正アクセスを受けて67億円相当が失われた。

秘密鍵を盗取する方法で仮想通貨等が不正に流出させられた場合、取引自体は過去の取引履歴と整合する正当なものとしてブロックチェーンに加えられてしまうため、事後的に返還を図ることは事実上不可能である。喪失、流出被害の救済は、損害賠償等の金銭的な補填によって図るほかない。

取引所のセキュリティが破られたり、個人がウォレットを不正に使用されたりした場合、取引所やウォレットのセキュリティに欠陥があれば、その欠陥について過失のある管理者やプログラム提供者に対して損害賠償を請求することができるのが原則である。しかし、仮想通貨の送金等に必要な秘密鍵の管理が不適切で、それが流出の原因になっている場合には、システムの管理者が免責されたり、大幅な過失相殺が認められたりする。また、取引所によっては、その利用規約に、不正アクセスによる仮想通貨の流出については取引所が責任を負わない旨の免責条項を設けていることがあり、損害賠償請求自体が阻まれる可能性もある。

逆に、取引所がセキュリティの欠陥や情報管理体制の不備を認めて顧客に対する補償を実施する場合もある（例えば、前出のコインチェックの事例）。こうした補償はあくまで取引所の任意的な措置であって、顧客の補償請求権が保障されているわけではないので、流出時の取引所からの補償に期待するのは適切でない。

2　仮想通貨自体の安全性

仮想通貨はブロックチェーン技術を用いて管理され、ネットワークを構成するノードが取引履歴を分散共有して監視し合うことで取引の正当性が確保されている。取引履歴を特定のサーバーが集中的に管理するわけではないので、サーバーへの不正アクセスによる取引履歴の改ざんやサーバーマシンの不具合による情報喪失のおそれがない。こうした仕組みを持つ仮想通貨は、もともと改ざんや情報喪失への高度な耐性を備えている。

仮想通貨やトークンの喪失・流出等の事故は、発行者、取引所又はウォレットの運用上の問題に起因するものがほとんどである。

3　仮想通貨やトークンの暴落リスク

(1)　相場取引であること

取引所で現に取引されている仮想通貨はもちろん、上場前のトークンであっても、それ自体が売買取引の対象となり、また将来上場されて一般公衆に売買可能な仮想通貨となることが予定されている。したがって、トークンについても、個々の取引の都度価格が設定され、その総体として相場が形成される。相場の変動により、トークンの価値が期待された上場価格を大きく下回り、場合によってはICOでの発行価格を割り込むこともあり得る。特に、ICOの対象事業・プロジェクトの進捗が遅れているとか、収益見通しが下方修正されるなど、トークン購入者の期待を裏切る出来事があると、トークンやコインの価格が一挙に暴落することもある。

(2)　株式との相違

株式は、株式会社の社員権たる地位としてその基本仕様が法定されており、議決権の有無、配当優先権の有無などのバリエーションはあるものの、株式の取得者と発行者との権利義務関係が法的に保障されている。発行者である株式会社が利益を上げて剰余金が発生すれば配当を受けることができるし、会社が清算手続に入った場合には、残余財産の分配を受けることができる。これに対し、コインやトークンは、ホワイトペーパーによって事業・プロジェクトの利益の配分を受ける権利や、開発された商品等を無償で使用できる優待サービスが購入者に付与されていればこれらの権利・利益を享受できるが、そのようなトークン等と事業・プロジェクトとの紐づけがされていなければ、利益配分や優待を当然に受けることはできない。しかも、そうしたトークン等と事業等の紐づけは法定されておらず、一見すると購入者が当然に行使できるとみられる権利、たとえば事業資金をトークン購入によって出資した者が事業利益の分配を受ける権利も法的に保障されているわけではない。つまり、ホワイトペーパーに何の定めも置かれていなければ、トークンの購入者は事業やプロジェクトに対して特定の権利を取得したり法的地位を保持したりすることができない。

(3) トークンの価格の脆さと暴落リスク

このように、トークン等と事業ないし事業体との紐づけが法定されていないことから、ホワイトペーパーで十分な権利・利益が付与されていないトークンは、客観的価値（トークンに結びつけられた権利）によって価格が下支えされることがなく、いったん下落基調に入ると雪崩を打って価格を下げ続ける。新規事業やプロジェクトとともにICOの実施計画が華々しく立ち上げられ、事業・プロジェクトが順調に進捗している間は好況感に支えられてトークンと事業との関連性は強く意識されない。しかし、それらが頓挫した際に、トークン保有者は改めてホワイトペーパーを読み返し、自らの手に何の権利・利益も留保されていないことに気付くことになる。ICOで発行されるトークンは、「下げ」の局面に弱く、価格暴落の危険が高いことを常に意識する必要がある。

(4) 暴落時の救済手段

トークンの価格が暴落した場合、発行者がホワイトペーパーの内容と異なり、当初の計画と異なる事業を始めたとか、プロジェクトを断念したなどといった事情があれば、購入時の約束ないし前提を逸脱する事態となっていることから、トークン購入契約の錯誤の主張や債務不履行による損害賠償請求が理論上は可能である。

しかし、実際には、トークン購入の際の規約で、発行者がホワイトペーパーに記載されたとおりの事業やプロジェクトを遂行し続けることを保証しないものとし、情勢の変化に応じて異なる事業・プロジェクトを実行してもトークン購入の取消や返金の義務はない旨が定められているケースが多い。

4 ホワイトペーパーの法定性質

(1) 目論見書としての性格

ホワイトペーパーは、ICOの実施に先立ち、発行者がコインやトークンの販売・応募の条件や対象となる事業・プロジェクトの概要などを記載して一般に公開する情報である。株式や投資信託を発行する際の目論見書に相当するものといわれるが、その記載事項は法定されておらず、虚偽記載に対する罰則もない。ホワイトペーパーは、目論見書と同様に投資判断に必要な重要情報を投資者に告知する機能を期待されているものの、実際には記載内容が不十分であることがほとんどである。後述の募集広告としての性格から、本来は記載されるべき重要なネガティブ情報等が記載されにくいという問題もあり、その重要性に見合った法規制（少なくとも記載事項の法定と虚偽記載の罰則）が待たれる。

⑵ 広告としての性格

ホワイトペーパーは、ICOに応じるかどうかを検討する投資者にとっては判断に必要な情報が記載された重要なドキュメントであるが、ICOの実施者（発行者）にとっては、投資者に投資対象事業の将来性・収益性をアピールしてトークンの購入へと勧誘する営業ツールでもある。そのため、ホワイトペーパーには、対象事業についてのポジティブ情報ばかりが記載され、投資者に購入をためらわせるようなネガティブ情報が記載されないことになりがちである。また、ホワイトペーパーを示してトークンの購入を募ることは、購入者に対する一種の約束を伴うため、発行者は、自身を拘束するような義務的内容をなるべくホワイトペーパーに記載しないようにする。

投資者の判断にとって重要なのは、投資対象事業のリスクや出資（トークンの購入）によって獲得できる権利・利益であるが、上述のとおり、発行者はリスクを隠し利益を約束せずに出資だけを受けたほうが好都合であるため、重要な事項ほど記載から外されたり、不明確な書かれ方をしたりするという逆説的な現象が生じている。

5 ホワイトペーパーに反する行為

ホワイトペーパーは、ICOの募集の際に公表され、発行者と投資者との間のトークン売買契約の前提ないしその一部となることから、これに反する発行者の行為は契約違反となり、差止めや損害賠償請求の対象になるはずである。

しかし、ほとんどのICOの利用規約には、発行者がホワイトペーパーに記載されたとおりに事業やプロジェクトを遂行しなくても、発行者は購入者に対して責任を負わない旨の定めが置かれており、行為の差止めや損害賠償請求はあらかじめ封じられている。

6 発行者の経営破たん

ICOの実施者である事業体が経営破たんした場合、何らかの倒産処理手続が取られ、事業体の財産は換価されて債権者に配当されるか（清算型の場合）、事業者の将来収益から債権者への一部弁済が図られる（再生型の場合）。ICOの募集段階で法的倒産手続が取られる場合、直ちに募集が打ち切られ、契約関係は残存しないが、募集を受け付けた後、購入代金の払込前に法的手続が取られた場合には、双方未履行双務契約（破産法53条、民事再生法49条）として処理されることになる（通常は解除されて払込みがされずに終了）。

7 発行者破たん時のコイン・トークンの扱い

トークン等の発行者が経営破たんした場合、すでに販売済みのコインやトークンがどのように扱われるかは、トークン等にどのような権利が付与されているかによって異なる。

まず、利益配分の請求権や特定サービス・商品の利用権が付与されていた場合には、法的倒産手続の開始前の原因によって生じたそれらの請求権は破産債権や再生債権（破産法2条5号、民事再生法84条1項）として取り扱われる。トークンの購入者に発行者の開発した商品が無償で供給される条件のICOで、すでに商品の開発が終了し、商品の割り当てまでが終了していれば、取戻権（破産法62条等）の対象となる可能性もある。

トークンに特定の権利が付与されていない場合には、トークン購入者は、トークンの値上がりや商品・サービスの優待を受ける期待権を有するにとどまるから、発行者やその破産管財人等に対して給付を請求することはできない。また、トークン発行者が破たんしても、ICOの購入契約の効力には影響を与えないから、購入者が契約の無効や取消しを主張して購入代金の返還を求めることもできない。

このように、発行者に対する給付請求権が付与されていないトークンは、発行者が破たんしても何の給付も受けられず、トークンが無価値となって損害を受け、その損害を回復する手段もない。発行者の破たんリスクの大きさを十分に認識し、トークンの購入に際しては最新の注意を払うことが必要である。

8 ホワイトペーパーの重要性

(1) トークンの商品設計に規制がないこと

トークン購入者にどのような権利を付与するか、投資対象の事業やプロジェクトに関してどのような便益を与えるか、事業やプロジェクトが延期されたり中止されたりした場合にどのような責任が生じるかなどといったICOの根幹部分は、法令等で何らその内容が規制されておらず、トークン発行者が自由に設計することができる。

その結果、同じICOといっても、トークン購入者に事業やプロジェクトに対する利益分配請求権が保障され、あるいは事業化・商品化された製品・サービスを無償ないし廉価で受けられる優待的利益が付与され、客観的な交換価値が認められるものがある一方で、トークンと事業・プロジェクトとの関連性がことごとく切断され、事業・プロジェクトの延期・中止という事態になっても「お咎めなし」(発行者側に責任追及すらできない。)といった、購入・保有する意味を見出しがたいものも存在する。

個々のICOで発売されようとしているトークンが対価に見合った価値を付与されたものか、それとも客観的な価値ある権利・利益は付いておらず、単に対象事業の将来性が評価されてトークンの値上がりが期待されるというだけなのかを判断するためには、ICOの目論見書たるホワイトペーパーを参照するしかない。また、ホワイトペーパーは、事業・プロジェクトの新規性、優位性、実現可能性、事業化・商品化への発行者の取組みなど、対象事業の成否を占う上でも重要な情報である。ホワイトペーパーは、内実に乏しいトークンに大金を投入し、後の暴落によって損失を被らないために、必ず細部まで目を通してリスクを厳密に分析する必要がある。

(2) ホワイトペーパーのどこを読むべきか

ホワイトペーパーの記載の中で最も重要なのは、トークンの購入によって購入者が得られる権利・利益について書かれた部分である。上述のとおり、トークン購入者に投資者としての一定の地位が保障され、長期的に保有することに適するか、それとも上場直後に高値売り抜けを狙うだけの投機対象でしかないのかは、ホワイトペーパーでトークン購入者にどのような地位が保障されているかにかかっている。ICOに資金を投じる目的を明確にし、その目的が実現できる商品設計となっているかどうかをまず見極める必要がある。

また、ICOの対象事業に対する長期的な投資と短期的な投機のいずれを目的とする場合であっても、その対象事業において計画どおりに事業化・商品化が達成されるかどうかは、トークン購入者が投下した資本を回収できるかどうかにとって極めて重要である。したがって、ホワイトペーパーを読む際には、対象事業の実現性・将来性やスケジュールの確実性に関する部分についても慎重に解読・分析を進める必要がある。もっとも、事業化・商品化が可能か、将来にわたって成長を維持できるか、事業化にとっての障害が回避可能なものであるか、事業化計画にどの程度の遅延が生じ得るかといった判断は、個々の投資者が自らの知識と経験に基づいて判断するほかはない。重要なのは、投資・投機についての判断結果を購入者が自ら引き受けなければならないこと、損害発生時の救済手段が十分でないことを十分に理解し、許容できる損失の範囲で投資・投機を行うことである。

なお、海外のICOではホワイトペーパー等の文書は英語で作成されており、正式な日本語訳が用意されていないケースがほとんどである。翻訳サイトの信頼性には限界があることから、正式な日本語訳がない場合で原文の意味が正確に把握できない場合には、翻訳サイトの不確かな日本語訳に拠るのではなく、専門家に見解を尋ねるか、購入自体を見合わせるべきである。

9 良きICOと悪しきICO

ICOは事業やプロジェクトの資金調達に用いられるため、対象事業・プロジェクトの新規性、優位性等に目を奪われがちで、革新的なプラットフォームやアプリケーションの開発を掲げるICOはそれだけで投資対象として優良であるかのように見えてしまう。しかし、いくら対象事業が優良でも、その事業と何の紐づけもされていないトークンは、事業の成功や事業体の収益との連動が保たれていないことから、漠然と値上がりを期待できるというだけで、投資に見合った客観的な価値は得られない。値上がり期待で一斉に買われたトークンは、値下がり懸念でこぞって売られるため、対象事業に対して長期的な投資を志向する投資家はICOに手を出さず、逃げ足の速い利ざや狙いの投機資金ばかりがICOに流れ込むようになる。こうした事業価値に裏付けられていないICOが大勢を占めれば、事業・プロジェクトの先進性や将来性は投資判断の中心から外れ、短期的な上場期待とそれによる値上がりの可能性のみが相場を支配する結果となる。

ICOの良し悪しを単純に論評することはできないが、投資家が事業や開発プロジェクトの将来性に価値を見出し、事業化や商品化に必要な資金を投じるとともに、その事業化や商品化成功の後に相応のリターンを得るという「投資」の仕組みが近現代の資本主義社会を大きく推進してきたことに鑑みれば、「投資」の仕組みに適したICOこそが「良きICO」として推進されるべきであると思われる。

逆に、事業や事業体との法的関連性（権利義務関係）が切断され、期待感だけで売られたり買われたりし、事業が頓挫しても何の救済も得られないようなトークンを売るICOは、詐欺的な取引を誘発し、トークン価格の暴落によって多数の購入者に損害を与える「悪しきICO」というべきである。

10　取引慣行の未成熟と規制の未整備

ICOをより一般的な資金調達手段として活用していくためには、ICOによってトークン購入者が投資に見合った権利・利益を得られるよう、トークンと事業ないし事業体を適切に関連付ける必要がある。そして、そうした権利・利益に関する情報がトークンの購入者に対して十分に開示されるとともに、その開示内容に違背するような行為があった場合には、発行者に違約の責任が生じるような仕組みを一般化することが欠かせない。

しかし、ICOの歴史は浅く、トークンに対して事業ないし事業体に関連した権利・利益が与えられず、そうした情報がホワイトペーパーに分かりやすく記載されておらず、事業の失敗等の事態が発生した場合の責任の所在も明確でない事案も特に淘汰されることなくウェブ上で募集されている。

また、ICOが不特定多数の投資者から資金を集めるという性質に着目した本格的な法規制も実現していない。ホワイトペーパーの記載事項の法定や虚偽記載、不公正取引の罰則すら未整備の状態であり、早急な法規制が待たれるところである。

ICOに応じてトークンを購入することを検討する際には、ICOという取引がまだ成熟しておらず、最低限度の法規制もされていないため、品質の様々なものが混在しており、詐欺的取引の被害に遭う危険が高いこと、損害を回避するためには、ホワイトペーパーや利用規約の内容を十分に理解する必要があること、万一損害を受けても、法的な救済を得られる可能性が低いことに十分な注意を払う必要がある。

〔樋口　歩〕

◆参考文献

片岡義広＝森下国彦編『Fintech法務ガイド［第2版］』(商事法務、平成30年)

第2章

FinTechに関する法的論点

Q1 FinTechとは

Question

昨今、「FinTech（フィンテック）」というワードをよく耳にしますが、どのような意味の言葉でしょうか。また、FinTechを支える主要な技術としてどのようなものがあるのでしょうか。

Answer

FinTechについて、金融庁の「平成27事務年度金融行政方針」では、「FinTechとは、金融（Finance）と技術（Technology）を掛け合わせた造語であり、主に、ITを活用した革新的な金融サービス事業を指す。」と説明されています。また、FinTechを支える主要な技術の例としては、オープンAPI、ビッグデータ、IoT、ブロックチェーン、AI（人工知能）、生体認証、ウェアラブルデバイス等が挙げられます。

Commentary

1 FinTechとは

「FinTech」という言葉は、既存の産業と技術（Technology）を掛け合わせた造語である、いわゆるX–Techの一つである。かかる「FinTech」は、一種のバズワードや投資を拡大させるためのマーケティング用語であるといわれ、厳密な定義付けは困難である[1]。

端的に説明するのであれば、以下の金融庁や経済産業省のFinTechの説明が参考になる。

「Fintech」という言葉について、金融庁の「平成27事務年度金融行政方針」では、「FinTechとは、金融（Finance）と技術（Technology）を掛け合わせた造語であり、主に、ITを活用した革新的な金融サービス事業を指す。」と説明されている[2]。

---

1 増島雅和＝堀天子編著『FinTechの法律2017–2018［第1版］』57–58頁参照（日経BP社、平成29年）

2 金融庁「平成27事務年度金融行政方針」2頁脚注（平成27年9月）（http://www.fsa.go.jp/news/27/20150918-1/01.pdf）

また、経済産業省の平成29年5月8日付け「FinTechビジョン（FinTechの課題と今後の方向性に関する検討会合報告）」では、「FinTech」という言葉について、「（略）先端技術を使い、爆発的に普及したスマートフォンやタブレット端末等を通じて、これまでにない革新的な金融サービスが生み出される動きを捉えようとする言葉だ。」と説明されている[3]。

これらの説明に鑑みれば、FinTechという造語は、近年においては、技術（Technology）を利用して革新的な金融（Finance）サービスを生み出す動きを捉えようとする中で使用されていることが分かる。

2 FinTechの近時の盛り上がりの背景

もともと、FinTechという言葉自体は、1990年代にアメリカの金融業界で使われていた[4]。当初、FinTechは「金融機関の社内におかれたIT」[5]のことを指していたといわれている。

その後、近年、技術（Technology）を利用して革新的な金融（Finance）サービスを生み出す動きとして、FinTechが注目を浴びるようになった背景には、主に、①技術の発達、②リーマン・ショックによる影響、③投資の拡大があるといわれている[6]。これらの背景事情によって、より多くの消費者に対し革新的なソリューションを提供することが可能となったため、FinTech関連事業が世界規模で成長していると考えられる。

以下、かかる背景について概観する。

(1) 技術の発達

ア クラウドコンピューティングがもたらした事業者側の変化

まず、FinTechの盛り上がりの背景にある技術の発達の一要素として、クラウドコンピューティングサービスが挙げられる[7]。クラウドコンピュー

---

3 経済産業省「FinTechビジョン（FinTechの課題と今後の方向性に関する検討会合報告）」5頁（平成29年5月8日）
（http://www.meti.go.jp/press/2017/05/20170508001/20170508001-1.pdf）

4 西村あさひ法律事務所編『ファイナンス法大全（下）［全訂版］』830頁参照［有吉尚也］（商事法務、平成29年）

5 楠真『FinTech2.0―金融とITの関係がビジネスを変える［第1版］』10頁（中央経済社、平成28年）

6 楠・前掲（注5）27–28頁参照

7 楠・前掲（注5）27頁参照

ティングとは「共用の構成可能なコンピューティングリソース（ネットワーク、サーバー、ストレージ、アプリケーション、サービス）の集積に、どこからでも、簡便に、必要に応じて、ネットワーク経由でアクセスすることを可能とするモデルであり、最小限の利用手続きまたはサービスプロバイダとのやりとりで速やかに割当てられ提供されるもの」をいう[8]。たとえば、クラウドコンピューティングサービスの有名な例として、Amazon Web Services、Google Cloud Platformが挙げられる。

端的にいえば、事業者は、このクラウドコンピューティングの技術を利用することによって、ハードウェアに対する大規模の投資をすることなく、事業を行うことが可能となった。とりわけ、スタートアップ企業にとってビジネスを構築することが容易になったといえる。

イ　モバイルプラットフォームの普及がもたらした消費者側の変化

次に、FinTechの盛り上がりの背景にある技術の発達の一要素として、スマートフォン等のモバイルプラットフォームの存在及びその普及が挙げられる。これにより、消費者がスマートフォンから検索エンジンを使用するなどしてインターネット上のサービスに容易にアクセスすることができるようになった。

⑵　リーマン・ショックによる影響

米国では、平成20年9月に発生したリーマン・ショックの影響により、金融機関からIT関係の人材が、スタートアップ企業等に流出したといわれている。また、リーマン・ショックの影響を受けて、従来とは異なる新しい金融サービスに対する需要が高まったとも考えられる。

⑶　投資の拡大

近年、米国等でFinTech関連のスタートアップ企業への投資が拡大したといわれている[9]。アクセンチュアの調査（CB Insightsが提供するデータをアクセンチュアが分析）によれば、平成22年から「フィンテック投資」の増加が

8　原著Peter Mell, Timothy Grance（National Institute of Standards and Technology, NIST）、独立行政法人情報処理推進機構（翻訳）「NISTによるクラウドコンピューティングの定義」2頁の「2」、（平成23年）（https://www.ipa.go.jp/files/000025366.pdf）

9　楠・前掲（注5）28頁参照

続いているとのことである[10]。

3 FinTechを支える主要な技術とその利用形態[11]

(1) オープンAPI[12]

ア 技術概要

まず、APIとは、Application Programming Interfaceの略語である。APIとは「一般に『あるアプリケーションの機能や管理するデータ等を他のアプリケーションから呼び出して利用するための接続仕様等』を指し、このうち、サードパーティ（他の企業等）からアクセス可能なAPIが『オープンAPI』と呼ばれる。」[13]。

たとえば、自社のAPIを他の事業者に公開することにより、他の事業者が、自社サービスやサービス上のデータを利用することができるようになる。

これに対し、API以外にも、スクレイピングという手法（スクレイピングとは、一般に「ウェブサイトからウェブページのHTMLデータを取得して、取得したデータの中から特定のトピックにかかわるデータを抽出、整形し直すこと」[14]といわれる。）が存在する。

Q2以下で後述する電子決済等代行業者の場合を例にとれば、スクレイピングは「利用者から口座に係るID・パスワード等の提供を受け、それを使って利用者に成り代わって銀行のシステムに接続する手法」[15]と説明される。

---

10 アクセンチュア株式会社（翻訳）「インド、米国、英国の旺盛な投資により、2017年のフィンテック投資額は過去最高の274億ドルに―アクセンチュア最新調査」（平成30年5月29日）参照（https://www.accenture.com/jp-ja/company-news-releases-20180529）（原文：https://newsroom.accenture.com/news/global-venture-capital-investment-in-fintech-industry-set-record-in-2017-driven-by-surge-in-india-us-and-uk-accenture-analysis-finds.htm）（平成30年2月28日）

11 経済産業省経済産業政策局産業資金課「産業・金融・IT融合（FinTech）に関する参考データ集」5頁以下（平成28年4月）において調査対象となった技術の分類を参考にするとともに、平成29年の銀行法等の改正に関するオープンAPIを追加した。

12 本稿ではオープンAPIの開放性の類型については割愛する。

13 オープンAPIのあり方に関する検討会（事務局：一般社団法人 全国銀行協会）「オープンAPIのあり方に関する検討会報告書―オープン・イノベーションの活性化に向けて―」1頁（平成29年7月13日）（https://www.zenginkyo.or.jp/fileadmin/res/news/news290713_1.pdf）

14 有吉尚哉ほか編著『FinTechビジネスと法 25講―黎明期の今とこれから―［初版］』236頁［片桐秀樹］（商事法務、平成28年）

15 井上俊剛監修『逐条解説2017年銀行法等改正［初版］』10頁［井上俊剛ほか］（商事法務、平成30年）

電子決済等代行業者に関するスクレイピングには、①銀行口座のIDパスワード等の重要な認証情報を業者に取得等させる点でセキュリティ上の問題があること、②銀行のシステムへの過剰な負担が生じ、銀行システムの安定性が害されるおそれがあること、③APIに比べて、業者のメンテナンスコストが増大する可能性があること（たとえば、銀行側がウェブページの構造を変更した場合、それに対応するコストが増大する場合が考えられる。）等の問題点が指摘されていた[16]。

かかるスクレイピングに比べて、オープンAPIは、利用者の銀行口座のIDパスワードなどの重要な認証情報を業者が取得する必要がなくなるなど、より安全な接続手法であると考えられている[17]。このようなオープンAPIの利用によって、オープン・イノベーションが促進されることが期待されている。

イ　利用形態

FinTechに関連するAPIの利用例としては、主に、銀行によるAPI公開、クレジットカード会社によるAPI公開が挙げられる。

⑵　ビッグデータ

ア　技術概要

そもそもビッグデータとは、一般に、「多種多様で複雑かつ膨大な情報の集積を総称する概念」のことをいう[18]。近年では、分散処理技術が発達したことによってビッグデータを解析することが容易になり、従前と比べて、形式が定まっていないデータを低コストかつ高速に処理することができるようになった[19]。

イ　利用形態

FinTechに関連するものとして、ビッグデータは、主に、マーケティング、リスク管理、投資、与信判断、不正利用検知等に利用されている[20]。

16　井上ほか・前掲（注15）10、11、50、51頁参照
17　井上ほか・前掲（注15）10、11頁参照
18　有吉ほか・前掲（注14）265頁
19　経済産業省・前掲（注11）44頁参照
（http://www.meti.go.jp/committee/kenkyukai/sansei/fintech/pdf/sanko_data.pdf）
20　経済産業省・前掲（注11）45–46頁参照

(3) IoT

ア 技術概要

IoTは、Internet of Thingsの略語であり、これも一種のバズワードといわれる。簡単に説明すると、IoTは、一般に、パソコンに限らず、あらゆるモノがインターネットにつながることを指す。

なお、平成28年に「国立研究開発法人情報通信研究機構法及び特定通信・放送開発事業実施円滑化法の一部を改正する等の法律」が成立し、これにより、特定通信・放送開発事業実施円滑化法の一部が改正された。同法の附則に追加された附則5条2項1号では、「インターネット・オブ・シングスの実現」を、「インターネットに多様かつ多数の物が接続され、及びそれらの物から送信され、又はそれらの物に送信される大量の情報の円滑な流通が国民生活及び経済活動の基盤となる社会の実現」と定義している。

イ 利用形態

FinTech関連の分野において、IoTを利用する例として、テレマティクス保険が挙げられる。まず、テレマティクスとは、TelecommunicationとInformaticsを組み合わせた造語であり、一般的に「自動車などの移動体に通信システムを組み合わせて、リアルタイムに情報サービスを提供すること」を指す[21]。次に、テレマティクス保険とは、通常、「テレマティクスを利用して、走行距離や運転特性といった運転者ごとの運転情報を取得・分析し、その情報を基に保険料を算定する自動車保険」のことを指す[22]。

(4) ブロックチェーン

ア 技術概要

(ア) ブロックチェーンとは

ブロックチェーンは、端的に表現すると分散型台帳技術のことである。主に、ビットコインで利用されている仕組みを指すことが多い。なお、ブロックチェーンについて、文脈によってはブロックチェーン技術と呼ばれること

---

21 国土交通省自動車局安全政策課「テレマティクス等を活用した安全運転促進保険等による道路交通の安全　第9回自動車関連情報の利活用に関する将来ビジョン検討会（テーマⅠ）」（第9回検討会は平成26年に開催）2頁（http://www.mlit.go.jp/common/001061957.pdf）

22 国土交通省自動車局安全政策課・前掲（注21）

もあるが、便宜上、本稿では表記を「ブロックチェーン」に統一する。

本稿執筆時（平成30年10月現在）における、一般社団法人日本ブロックチェーン協会による「ブロックチェーンの定義」は、以下のa及びbに記載の2とおりである[23]。

a 「ビザンチン障害を含む不特定多数のノードを用い、時間の経過とともにその時点の合意が覆る確率が0へ収束するプロトコル、またはその実装をブロックチェーンと呼ぶ。」

b 「電子署名とハッシュポインタを使用し改竄検出が容易なデータ構造を持ち、且つ、当該データをネットワーク上に分散する多数のノードに保持させることで、高可用性及びデータ同一性等を実現する技術を広義のブロックチェーンと呼ぶ。」

前述のbの広義のブロックチェーンの定義からすれば、いわゆるブロックチェーンの主な特性として、追跡可能性があること、検出されないような改竄をすることが困難であること、一部のノードが壊れてもシステムが安定的に維持されること（いわゆる可用性）、高可用性によってダウンタイムが少なくなること、ネットワークアーキテクチャとして中央サーバを必要としないこと、従来の中央サーバ型システムよりもスケーラビリティの面で優れること等が導かれると解される。

㈠ 分　類

ブロックチェーンは、大きく、①パブリック型のブロックチェーン、②コンソーシアム型のブロックチェーン、③（完全）プライベート型のブロックチェーンに分けることができる[24]。

①のパブリック型のブロックチェーンは、不特定多数のノードが参加可能である点に特徴があり、典型的な例としてビットコインが挙げられる。

一般的に、②のコンソーシアム型のブロックチェーンは、「あらかじめ定められた複数のノードのみがブロック形成のための合意プロセスに参加することができるもの」をいい、③の（完全）プライベート型のブロックチェーンは、「単一の組織のみがブロックを形成することができるもの」をいう[25]。

---

23 一般社団法人日本ブロックチェーン協会「『ブロックチェーンの定義』を公開しました」（平成28年10月3日）（http://jba-web.jp/archives/2011003blockchain_definition）
24 有吉ほか・前掲（注14）203頁参照［芝章浩］

イ　利用形態

FinTechに関連するものとして、ブロックチェーンは、主に、決済、送金のほか、契約管理等の分野での利用が考えられている[26]。この契約管理等の分野で、本章**Q2**で後述するスマートコントラクト・スマートプロパティというものが挙げられる。

⑸　AI（人工知能）

ア　技術概要

AIは、Artificial Intelligenceの略語である。経済産業省の「AI・データの利用に関する契約ガイドライン―AI編―」は、確立されたAIの定義はないとした上で、「AI技術」を「人間の行い得る知的活動をコンピュータ等に行わせる一連のソフトウェア技術の総称」[27]と説明している。

イ　利用形態

FinTechに関連するものとして、AIは、主に、投資、業務効率化、与信判断等の分野で利用されている[28]。FinTech関連のAIの主要なビジネスの例としては、本章**Q2**で後述するロボアドバイザーが挙げられる。

⑹　生体認証

ア　技術概要

生体認証とは、一般に、「生体情報を用いて本人確認・認証を行う技術」のことをいい、主に、「生体情報の取得」、「生体情報の特徴量抽出」及び「照合処理」で構成されているという[29]。一般的には、生体認証を使うことによって、従来のパスワード等を使う場合に比べて、利用者にとって、確実、迅速かつ簡易に認証を行うことができるといえる。

イ　利用形態

FinTechに関連するものとして、生体認証は、主に決済の分野で利用され

25　有吉ほか・前掲（注14）204頁［芝章浩］
26　経済産業省・前掲（注19）57頁参照
27　経済産業省「AI・データの利用に関する契約ガイドライン―AI編―」9頁（平成30年6月）（http://www.meti.go.jp/press/2018/06/20180615001/20180615001-3.pdf）
28　経済産業省・前掲（注19）60頁参照
29　経済産業省・前掲（注19）50頁

ている[30]。たとえば、指紋認証や声紋認証等が挙げられる。

⑺ ウェアラブルデバイス

ア 技術概要

ウェアラブルデバイスとは、一般に、「人体に装着する装置を介して、データや情報を他の機器との間で通信するための技術」[31]のことをいう。

イ 利用形態

FinTechに関連するものとして、ウェアラブルデバイスは、主に決済や資産管理の分野で利用されている[32]。昨今、ウェアラブルデバイスは、保険の分野でも利用されている[33]。

〔小石川　哲・木村　容子〕

30 経済産業省・前掲（注19）51、52頁参照
31 経済産業省・前掲（注19）53頁
32 経済産業省・前掲（注19）55頁参照
33 片岡義広＝森下国彦編『FinTech法務ガイド［第2版］』196頁参照［永井利幸、長谷川紘之］（商事法務、平成30年）

Q2 FinTechビジネスの具体例

Question

FinTechビジネスに関する主な法規制として何が挙げられるでしょうか。また、FinTech のビジネスの主な具体例と日本におけるそのビジネスの主な留意点の例について、簡単に教えてください。

Answer

FinTechに関する主な法規制の例として、「Finance」の側面から金融関連の各種法規制、そのほか情報及び技術を扱う側面からの各種規制が挙げられます。ただし、ビジネスモデルに応じて、その都度、後述の法規制その他の規制の個別具体的な検討も必要となります。

また、FinTech のビジネスの具体例として、ロボアドバイザー、電子決済等代行業、ソーシャルトレーディング、クラウドファンディング、ソーシャルレンディング（貸付型クラウドファンディング）等が挙げられます。

Commentary

1 FinTechに関する主な法規制の概要

(1) まず、FinTechビジネスには「Finance」の側面がある。その観点からすれば、金融関連の主な法律の一例として、以下の法律が挙げられる。

- 銀行法
- 貸金業法
- 利息制限法
- 割賦販売法
- 出資の受入れ、預り金及び金利等の取締りに関する法律
- 通貨の単位及び貨幣の発行等に関する法律
- 紙幣類似証券取締法
- 資金決済法
- 金商法
- 外国為替及び外国貿易法

- 内国税の適正な課税の確保を図るための国外送金等に係る調書の提出等に関する法律
- 商品先物取引法
- 商品投資に係る事業の規制に関する法律
- 犯罪による収益の移転防止に関する法律（以下「犯罪収益移転防止法」という。）
- 金融商品の販売等に関する法律
- 保険法
- 保険業法
- 信託法
- 信託業法…等

(2) 次に、FinTechビジネスでは様々な情報（データ）及び技術を扱うことが多い。その観点からすれば、関連し得る主な法律の一例としては、以下の法律が挙げられる。

- 個人情報保護法
- 電子記録債権法
- 電子署名法
- 電子消費者契約特例法
- 電子計算機を使用して作成する国税関係帳簿書類の保存方法等の特例に関する法律
- 民間事業者等が行う書面の保存等における情報通信の技術の利用に関する法律
- 民間事業者等が行う書面の保存等における情報通信の技術の利用に関する法律の施行に伴う関係法律の整備等に関する法律
- 電子署名等に係る地方公共団体情報システム機構の認証業務に関する法律
- 特商法
- 消費者契約法
- 景表法
- 著作権法
- 特許法
- 意匠法
- 商標法
- 不正競争防止法

・電気通信事業法
・特定電子メール法
・プロバイダ責任制限法
・行政手続における特定の個人を識別するための番号の利用等に関する法律
…等

(3) もちろん、ビジネスモデルに応じて、その都度、前述の法律のほか、その他の規制の個別具体的な検討も必要となる。

2 FinTechのビジネスの具体例と主な留意点の例

(1) 序

一般に、FinTechのビジネスは前述のとおり金融(「Finance」)に関する要素を含んでいるので、ビジネスモデルに応じて各種金融規制の対象となる可能性がある。そこで、各種参入に必要となる登録等を受けることが必要かどうかを慎重に検討する必要がある。参入規制等の対象となる場合、登録等を受けることだけでなく、行為規制等も遵守する必要がある(もちろん、金融規制以外の規制も遵守する必要がある。)。

以下、FinTechのビジネスの主な具体例を挙げる。

ただし、①以下の例はFinTechのビジネスの一部の例に過ぎず、そのほかにもFinTechのビジネスが存在すること、②以下に掲げる留意点も一部の例に過ぎず、そのほかにも留意点は存在すること、③行為規制等に関しては詳述しない又は割愛するので個別具体的な検討が必要になること、④FinTechのビジネスの例、技術及びそれに関する規制等は、急速に日々変更され流動的であるので、都度、今後の動向を含めて注視する必要があること等を申し添えたい。

(2) ロボアドバイザー

ロボアドバイザーとは、一般に「コンピュータの自動プログラムが顧客に対して資産運用のアドバイスを行うもの」[1]をいう。

---

1 長谷川紘之「第6回 証券分野にみるFinTechとその法的課題」(連載 FinTechの現状と法的課題)NBL1081号(平成28年)71頁

ロボアドバイザーの提供するサービスの内容次第では、金融商品取引業の登録等が必要になる場合がある（金商法29条、28条）。たとえば、金商法に定める投資助言・代理業の登録、投資運用業の登録、第一種金融商品取引業の登録等を要するかどうかを検討する必要がある。

(3) 電子決済等代行業

銀行法の電子決済等代行業は平成29年の銀行法等改正で規定されているところ、かかる条文上の定義等については本章**Q3**にて後述する。なお、電子決済等代行業に関しては銀行法以外の法律にも規定されているが、以下、便宜上、銀行法の電子決済等代行業を例とする。

ア 電子決済等代行業の例

(ア) 電子送金サービス

いわゆる電子送金サービスとは、一般に「預金者の委託を受けて、電子情報処理組織を使用する方法により、銀行に対して、預金者による為替取引の指図やその内容の伝達を行う」[2]ものをいうとされる。かかるサービスは、概ね銀行法2条17項1号の電子決済等代行業が想定しているものである。なお、これは決済指図伝達サービスと呼ばれることもある[3]。

(イ) 口座管理・家計簿サービス

いわゆる口座管理・家計簿サービスとは、一般に「預金者等の委託を受けて、電子情報処理組織を使用する方法により、銀行から口座に関する情報を取得し、これを提供する」[4]ものをいうとされる。かかる口座管理・家計簿サービスは、概ね銀行法上の電子決済等代行業（銀行法2条17項2号）が想定しているものである。なお、これは口座情報取得サービスと呼ばれることもある[5]。

たとえば、PFMと呼ばれるサービスがある。PFMはPersonal Financial Managementの略語であり、PFMのサービスは、一般に「銀行口座等と接続

---

2 井上俊剛監修『逐条解説2017年銀行法等改正［初版］』8頁［井上俊剛ほか］（商事法務、平成30年）
3 増島雅和＝堀天子編著『FinTechの法律2017-2018［第1版］』432頁参照（日経BP社、平成29年）
4 井上ほか・前掲（注2）8頁
5 増島ほか・前掲（注3）432頁

し、家計管理を行うほか、資産負債状況に応じたアドバイスを自動で提供」[6]するサービスのことを指す。PFMのサービスは、日本ではいわゆる家計簿アプリというサービスとして認知されている[7]。一般に、このように電子情報処理組織を使用する方法によって銀行口座に関する情報を取得し提供するPFMのサービスは、銀行法2条17項2号の電子決済等代行業に該当すると考えられている[8]。

イ　主な留意点

まず、銀行法2条17項上の電子決済等代行業（同項1号又は2号）を営む場合は、内閣総理大臣の登録を受ける必要があるので、電子決済等代行業の登録を受けることを要するかどうか検討する必要がある（銀行法52条の61の2)。なお、銀行法2条17項1号に規定する行為について同項柱書かっこ書及び内閣府令で適用除外が定められている。

そのほかに、追加的に有価証券の価値等に関する投資アドバイスまで行う場合など、サービスの内容次第で、金融商品取引業の登録等を要するかどうかを検討する必要がある[9]。

さらに、電子決済等代行業は個人情報等を取り扱うことがあるので、個人情報保護法の規制（平成27年の個人情報保護法の改正内容も含む。以下、同じ。）や銀行法施行規則上の情報の安全管理措置等に十分留意する必要がある。

なお、個人情報の管理に関して、電子決済等代行業には、個人情報保護委員会・金融庁の定める「金融分野における個人情報保護に関するガイドライン」が適用されることに留意されたい[10]。

6　経済産業省経済産業政策局産業資金課「産業・金融・IT融合（FinTech）に関する参考データ集」9頁（平成28年4月）
(http://www.meti.go.jp/committee/kenkyukai/sansei/fintech/pdf/sanko_data.pdf)

7　片岡義広＝森下国彦編『FinTech法務ガイド［第2版]』292頁参照［伊藤多嘉彦］（商事法務、平成30年）

8　片岡ほか・前掲（注7）292頁参照［伊藤］
なお、銀行口座に関する情報を加工した情報を提供する場合も同様と考える。

9　有吉尚哉ほか編著『FinTechビジネスと法 25講—黎明期の今とこれから［初版]』221頁参照［山本俊之］（商事法務、平成28年）

10　金融庁「コメントの概要及びコメントに対する金融庁の考え方」No.168、41頁参照（平成30年）(https://www.fsa.go.jp/news/30/ginkou/20180530/01.pdf)

⑷ ソーシャルトレーディング

ソーシャルトレーディングとは、一般に「サービス利用者間で自己のポジションを公開し、各利用者は高パフォーマンスとなる方法を共有・模倣」するものを指す[11]。

サービスの内容に応じて、サービス事業者に金融商品取引業の登録等や電気通信事業法16条に基づく届出等を要するかどうかを検討する必要がある[12]。

また、サービス事業者は、サービス事業者だけでなく、サービス参加者も金商法上で禁止されている行為（相場の変動を図る目的での風説の流布、相場操縦行為等）等をしないように注意すべきであると考えられる[13]。

なお、サービスの内容に応じて、サービスの模倣対象となる利用者にも金融商品取引業の登録等を要するかどうかを検討する必要がある[14]。

⑸ クラウドファンディング

クラウドファンディングとは、「crowd（群衆）とfunding（資金調達）を組み合わせた造語であり、資金需要のある者がインターネットを通じて主に一般大衆を対象に不特定多数の者から資金を調達する手法」[15]のことをいうとされる。クラウドファンディングは、一般に、主に、寄付型、購入型、投資型（ファンド型（匿名組合出資））、投資型（株式投資型[16]）、貸付型[17]に分けられる[18]。それぞれの類型毎に、クラウドファンディングのプラットフォームの運営者や資金需要のある者等に対して適用される規制を遵守する必要がある。

なお、平成26年に金商法が改正され、投資型（株式投資型及びファンド型）のクラウドファンディングに関する制度整備が行われた。株式投資型クラウ

---

11 経済産業省・前掲（注6）9頁
12 有吉ほか・前掲（注9）108–113頁参照［谷澤進］
13 有吉ほか・前掲（注9）108頁参照［谷澤進］、増島ほか・前掲（注3）330頁参照
14 有吉ほか・前掲（注9）111、112頁参照［谷澤進］、増島ほか・前掲（注3）328–330頁参照
15 有吉ほか・前掲（注9）255頁
16 主に、株式投資型クラウドファンディングは、「株式の発行による資金調達をする株式会社が、プラットフォームを通じて不特定多数の投資家に対して株式の発行をするもの」を指す（片岡ほか・前掲（注7）127頁［田中貴一、長谷川紘之］）
17 本稿**2**・⑹で後述する。
18 片岡ほか・前掲（注7）120頁［田中貴一］、126、127頁参照［田中貴一、長谷川紘之］

ドファンディングに関して、日本証券業協会は「株式投資型クラウドファンディング業務に関する規則」を定め、ファンド型クラウドファンディングに関して、第二種金融商品取引業協会は「電子申込型電子募集取扱業務等に関する規則」を定めた[19]。

(6) ソーシャルレンディング（貸付型クラウドファンディング）

貸付型クラウドファンディングは、ソーシャルレンディング（P2Pレンディング）とも呼ばれる。これは、「オンライン・プラットフォームを通じて、資金の出し手となる一般大衆など不特定多数の者から中小企業や個人など資金の借り手に対する融資を行う仕組み」[20]のことをいう。日本では、一般的に、貸付型クラウドファンディングのプラットフォームの運営者（以下「運営者」という。）が匿名組合の営業者となり、資金の出し手である投資家が運営者に対して匿名組合出資を行い（匿名組合契約を締結する。商法535条参照。）、運営者が資金の借り手に貸付を行う形式が採られている。このような典型的な場面において、匿名組合出資持分の取得勧誘を自ら行う運営者は、貸金業法上の登録を受けるとともに、第二種金融商品取引業の登録を受けることを要する[21]。

(7) ビッグデータ解析

トレーディングの分野のFinTechのビジネスの例としては、主に、ビッグデータ解析のサービス等が挙げられる[22]。

とりわけビッグデータ等を取り扱う場合など、個人情報保護法の規制等に留意する必要がある。なお、EUでは平成30年5月25日にGDPR（General Data Protection Regulation：一般データ保護規則）が施行された[23]。広範な域

---

19 金融商品取引業協会の加入の有無を問わず、登録拒否事由等に留意する必要がある（協会の規則等に準ずる内容の社内規則の作成等をしていない者が追加されている。金商法29条の4第1項4号ニ関係）。

20 有吉ほか・前掲（注9）271頁

21 田中貴一「第2回　FinTechにみる融資取引とその法的課題」（連載　FinTechの現状と法的課題）NBL1075号（平成28年）64–65頁、有吉ほか・前掲（注9）69–72頁参照［伊東啓］

22 経済産業省・前掲（注6）40頁参照

23 欧州経済領域（EEA）加盟のアイスランド、ノルウェー、リヒテンシュタインも必要な手続きを経て、平成30年7月20日、事実上GDPRが適用された。便宜上、本稿では単に「域内」「域外」と記載する。

外適用のルールが規定されていること等から、日本でも話題になっている。域内に拠点を有しない事業者であっても、一定の場合GDPRが適用される場合があるので、国際的な規制にも十分留意されたい[24]。

⑻ ブロックチェーンの応用例[25]

ア スマートコントラクト

経済産業省が公表している「平成29年度我が国におけるデータ駆動型社会に係る基盤整備（分散型システムに対応した技術・制度等に係る調査）」報告書」では、スマートコントラクトを「プログラミング言語又は機械語で記述された契約をブロックチェーン上に保存し、システムの参加者によって機械的に有効性が確かめられ、自動的に契約が履行されるプログラム」[26]と捉えられている。このように、ブロックチェーンを利用することで、改竄が困難となる等のメリットを享受し得ると考えられる。

ただし、契約の成立・有効性、プログラム外の事象が起きた場合の処理、データを修正する場合の処理、証拠法上の取り扱いに関する問題など、検討すべき点は残る。

たとえば、契約の成立・有効性の問題に関して、同報告書では、「スマートコントラクトにより自動的に契約がなされるという基本的な仕組みを、契約当事者が認識した上で、スマートコントラクトの利用に合意している必要がある」[27]との指摘がなされている。また、電子消費者契約特例法３条が適用されると、消費者より錯誤無効の主張がされる可能性もあり、同報告書では、「消費者とのインターフェイスは、自然言語で容易に契約内容等を理解可能なものにする必要がある。」[28]等の指摘もなされている。

---

24 たとえば、EU域内での個人の行動履歴等のデータの収集等のほか、AIのマシンラーニング等においても、GDPRが適用されるかどうかの検討を要すると考える。

25 スマートコントラクト・スマートプロパティについて、有吉ほか・前掲（注9）204–209頁参照［芝］。なお、本稿ではビットコイン等の仮想通貨に関しては割愛する。

26 経済産業省ウェブサイト「平成29年度我が国におけるデータ駆動型社会に係る基盤整備（分散型システムに対応した技術・制度等に係る調査）報告書」47頁［株式会社日本総合研究所］（平成30年３月）
（http://www.meti.go.jp/press/2018/07/20180723004/20180723004-2.pdf）

27 経済産業省ウェブサイト・前掲（注26）90頁［株式会社日本総合研究所］

28 経済産業省ウェブサイト・前掲（注26）48頁［株式会社日本総合研究所］

イ　スマートプロパティ

また、スマートコントラクトの一種として、いわゆるスマートプロパティという、一定の財産権等の移転をブロックチェーン上で行う仕組みも考えられている。ただし、財産権の移転について法令上合意以外の成立要件又は対抗要件を要する場合があるため、その観点から別途個別具体的な検討が必要となる。

ウ　その他のブロックチェーンを応用することができる可能性のある分野

同報告書では、ブロックチェーン技術の社会実装が期待される個別の産業分野として、主に、「物流・サプライチェーン・モビリティ等分野」、データが改竄された場合に大きな影響が出る「医療・ヘルスケア分野」を取り上げている[29]。

また、経済産業省の産業構造審議会、商務流通情報分科会、情報経済小委員会、分散戦略ワーキンググループの「中間とりまとめ」によれば、ブロックチェーンを応用することができる可能性のある分野として、地域ポイント、IoT、登記等が挙げられている[30]。

エ　小　括

このように、各種の分野でブロックチェーンを導入する場合、システムが安定的に稼働するメリットや、改竄が困難である等のメリットを享受し得ると考えられていることが分かる。ただし、ブロックチェーンを応用する場合にコストが削減されるか否かについては、本章**Q1**で前述したブロックチェーンのどの分類を採用するのか、他の分散型のデータベース（クラウドコンピューティング等）と比較してどのような差がでるかなど、様々な検証が必要になると考えられる。

また、法制度上の課題のほか、ケースに応じて、業法などの法令に関して個別具体的な検討が必要になると考える。

29　経済産業省ウェブサイト・前掲（注26）11頁［株式会社日本総合研究所］
30　経済産業省、産業構造審議会、商務流通情報分科会、情報経済小委員会、分散戦略ワーキンググループ「中間とりまとめ」17、31、45頁等（平成28年11月）（http://www.meti.go.jp/report/whitepaper/data/pdf/20161129001_01.pdf）

⑼ キャッシュレス化

今後も様々なFinTechビジネスが登場することが予想されており、既存の規制の個別具体的な検討が必要になることはもちろんのこと、FinTechに関する各方面（技術、法制度、ビジネス等）の今後の動向が注目されるところである。たとえば、中国等の海外ではキャッシュレス化が進むなど、海外のビジネスモデルにも注目が集まっているといえよう[31]。キャッシュレス化については、経済産業省は、平成30年4月、キャッシュレス支払手段の多様化等を踏まえ、キャッシュレス・ビジョン[32]を策定した。

〔小石川　哲・木村　容子〕

31　中国では、昨今、キャッシュレス化に関する規制も進んでいる。一例（要旨）として、平成30年6月末からいわゆる第三者決済機関は銀行口座に関わるオンライン決済について「網聯（ワンリェン）」を通さなければならなくなったといわれている。（田邊宏典「中国でのキャッシュレス動向」ファイナンス（平成30年10月）参照（https://www.mof.go.jp/public_relations/finance/201810/201810m.pdf））

32　経済産業省、商務・サービスグループ、消費・流通政策課「キャッシュレス・ビジョン」（平成30年4月）（http://www.meti.go.jp/press/2018/04/20180411001/20180411001-1.pdf）

最近の主な法改正

Question

２年連続して銀行法が改正されたと話題になっているようですが、FinTechに関する平成28年の銀行法等の改正、平成29年の銀行法等の改正の概要について教えてください。さらに、平成28年に割賦販売法が改正されたと聞きましたが、その概要についても教えてください。

Answer

平成28年5月25日に「情報通信技術の進展等の環境変化に対応するための銀行法等の一部を改正する法律」が成立し、主に①金融グループの経営管理機能の充実、②金融グループ内の共通・重複業務の集約のための改正、③「ITの進展に伴う技術革新への対応」のための改正、④「仮想通貨への対応」のための改正がされました。

平成29年5月26日には、「銀行法等の一部を改正する法律」が成立し、主に、電子決済等代行業者の登録制が導入され、そのルール等に関する改正がされました。

また、平成28年12月2日には「割賦販売法の一部を改正する法律」が成立し、主に、クレジットカード情報の適切な管理等、加盟店に対する管理強化、FinTechのさらなる参入を見据えた環境整備等に関する改正がされました。

Commentary

1　FinTechに関する平成28年の改正法の概要

⑴　序

平成28年5月25日に「情報通信技術の進展等の環境変化に対応するための銀行法等の一部を改正する法律」が成立し、銀行法その他の関係法律が一部改正された（以下「平成28年銀行法等改正」という。）。かかる改正の主な理由は「情報通信技術の急速な進展等、最近における金融を取り巻く環境の変化に対応し、金融機能の強化を図るため」[1]にある。

平成28年銀行法等改正の主な項目としては、①金融グループの経営管理機能の充実、②金融グループ内の共通・重複業務の集約のための改正、③「ITの進展に伴う技術革新への対応」のための改正、④「仮想通貨への対応」のための改正が挙げられる[2]。

以下、③と④について概説する。

⑵ ITの進展に伴う技術革新に対応するための改正の概要

銀行等が金融IT関連企業等に出資を行いやすくしたり、決済関連事務等の受託を容易化したりするなど、銀行法が改正された。

また、「IT機器を利用した前払式支払手段に対応した利用者に対する情報提供方法に関する規定の整備」[3]や「前払式支払手段に係る苦情の処理に関する規定の整備」がされるなど資金決済法も改正された[4]。

さらに、電子債権記録機関間の電子記録債権の移動を可能とするなど、電子記録債権法が改正された[5]。

⑶ 仮想通貨に対応するための改正の概要

仮想通貨に関しては、主に資金決済法が改正され、仮想通貨の定義、仮想通貨交換業の参入規制(登録制)及び業務に関する規制等が規定された。また、犯罪収益移転防止法の「特定事業者」に仮想通貨交換業者が追加されることとなった。

2 平成29年銀行法等の改正の概要

⑴ 序

平成29年5月26日に「銀行法等の一部を改正する法律」が成立し、銀行法その他の関係法律が一部改正された（以下「平成29年銀行法等改正」という。）。

かかる改正の主な理由は、「情報通信技術の急速な進展等の我が国の金融

---

1 金融庁「情報通信技術の進展等の環境変化に対応するための銀行法等の一部を改正する法律案要綱」1頁（平成28年）(http://www.fsa.go.jp/common/diet/190/01/youkou.pdf)

2 金融庁「情報通信技術の進展等の環境変化に対応するための銀行法等の一部を改正する法律の概要」(平成28年) (http://www.fsa.go.jp/common/diet/190/01/gaiyou.pdf)

3 金融庁・前掲（注1）3頁（四・1・⑴）

4 金融庁・前掲（注1）3頁（四・1・⑶)。

5 金融庁・前掲（注1）2頁（三・1）

サービスをめぐる環境変化」に対応し、「金融機関と金融関連 IT 企業等との適切な連携・協働を推進する」とともに「利用者保護を確保する」ための法制の整備等をする必要があるところにある[6]。

以下は、銀行法の電子決済等代行業を例にとり、平成29年銀行法等改正の一部について概説する。

(2) 電子決済等代行業

ア 定 義

銀行法2条17項は「電子決済等代行業」を次のように定義する。

> …次に掲げる行為（第一号に規定する預金者による特定の者に対する定期的な支払を目的として行う同号に掲げる行為その他の利用者の保護に欠けるおそれが少ないと認められるものとして内閣府令で定める行為を除く。）のいずれかを行う営業をいう。
>
> 一 銀行に預金の口座を開設している預金者の委託（二以上の段階にわたる委託を含む。）を受けて、電子情報処理組織を使用する方法により、当該口座に係る資金を移動させる為替取引を行うことの当該銀行に対する指図（当該指図の内容のみを含む。）の伝達（当該指図の内容のみの伝達にあつては、内閣府令で定める方法によるものに限る。）を受け、これを当該銀行に対して伝達すること。
>
> 二 銀行に預金又は定期積金等の口座を開設している預金者等の委託（二以上の段階にわたる委託を含む。）を受けて、電子情報処理組織を使用する方法により、当該銀行から当該口座に係る情報を取得し、これを当該預金者等に提供すること（他の者を介する方法により提供すること及び当該情報を加工した情報を提供することを含む。）。

まず、同項1号には、預金者の委託を受けてその預金者の預金口座に係る資金を移動させるという要素がある。同項1号は、本章**Q2**で前述したとおり、いわゆる電子送金サービスを想定している。かかるサービスは決済指図伝達サービスと呼ばれることもある。なお、同項1号のサービスに関する

---

6 金融庁「銀行法等の一部を改正する法律案要綱」1頁（平成29年）
(https://www.fsa.go.jp/common/diet/193/01/youkou.pdf)

APIは、更新系APIと呼ばれることがある[7]。

次に、同項2号は、預金者等の委託を受けて「当該銀行から当該口座に係る情報を取得し、これを当該預金者等に提供する」とある。同項2号は、本章**Q2**で前述したとおり、いわゆる口座管理・家計簿サービスを想定している。これは口座情報取得サービスと呼ばれることもある。なお、同項2号のサービスに関するAPIは、参照系APIと呼ばれることがある[8]。

なお、銀行法上は、オープンAPIの接続の方法に限られておらず、オープンAPIという接続方式を取らない場合でも、電子決済等代行業に該当する可能性があることについては、留意を要する。

イ　電子決済等代行業者に関する規制の概要

㈠　登録制の導入

電子決済等代行業を営む場合、内閣総理大臣の登録を受けることが必要となった（銀行法52条の61の2）。

登録制が導入された背景には、①電子決済等代行業者の業務において誤った指図や伝達した口座情報等に誤りがあった場合に、決済システムの安定性に悪影響を与えるおそれがあること、②電子決済等代行業者が利用者の口座情報等を扱うことになるところ不適格者によってかかる情報が悪用等されるおそれがあり、かかるおそれを防止する必要性が踏まえられている[9]。

㈡　利用者に対する説明等

利用者保護の観点から、銀行法52条の61の8第1項は、原則として、あらかじめ、利用者に対し所定の情報を明らかにしなければならない旨規定している。

さらに、同条2項は「内閣府令で定めるところにより、電子決済等代行業と銀行が営む業務との誤認を防止するための情報の利用者への提供、電子決済等代行業に関して取得した利用者に関する情報の適正な取扱い及び安全管理、電子決済等代行業の業務を第三者に委託する場合における当該業務の的確な遂行その他の健全かつ適切な運営を確保するための措置を講じなければ

7　増島雅和＝堀天子編著『FinTechの法律2017–2018［第1版］』433頁参照（日経BP社、平成29年）、井上俊剛監修『逐条解説2017年銀行法等改正［初版］』137、138頁参照［井上俊剛ほか］（商事法務、平成30年）

8　前掲（注7）と同上

9　井上ほか・前掲（注7）9頁参照［井上俊剛ほか］（商事法務、平成30年）

ならない。」と規定している。

(ウ) 銀行との契約締結義務等

銀行法52条の61の10は、電子決済等代行業者が負う銀行との事前の契約締結義務等を規定した[10]。

そもそも、本章**Q1**において前述したとおり、スクレイピングという接続手法には、数々の問題点が指摘されていた。電子決済等代行業者との連携等を望む銀行の多くがスクレイピングよりオープンAPIを望むであろうことに鑑みれば、銀行との契約締結義務を規定することによって、より安全なオープンAPIへの移行が促進すると考えられる。

なお、API方式かスクレイピングかどうかに関係なく、電子決済等代行業者が契約締結義務を負うことに変わりない。

(エ) その他

そのほかに、電子決済等代行業者に対する監督規定等が整備され、銀行法施行規則では電子決済等代行業に係る情報の安全管理措置や個人利用者情報の安全管理措置等に関する規定（銀行法施行規則34条の64の12、同規則34条の64の13）等が整備された。

ウ 銀行等に求められる措置

平成29年銀行法等改正により、オープン・イノベーションの観点から、銀行等にも求められる一定の措置が定められた。

たとえば、銀行等は、平成29年銀行法等改正の改正法附則10条1項等に基づき、平成30年3月1日までに、電子決済等代行業者との連携及び協働に係る方針を策定し、公表を行っている[11]。

また、銀行法52条の61の11において、銀行が電子決済等代行業者との契約の締結に係る基準の作成し、公表をしなければならない旨定められるとともに、銀行が電子決済等代行業者と契約を締結するにあたって、かかる基準を満たす電子決済等代行業者に対して、不当に差別的な取扱いを行うことはできない旨定められた。

---

10 銀行法2条17項2号の行為については、施行日から2年を超えない範囲内において政令で定める日までの間は、同法52条の61の10の契約締結義務が猶予されている（平成29年銀行法等改正の改正法附則2条4項）。

11 金融庁「金融機関における電子決済等代行業者との連携及び協働に係る方針の策定状況について」参照（https://www.fsa.go.jp/status/renkeihoushin/index.html）（平成30年9月時点）

さらに、平成29年銀行法等改正の改正法附則11条1項において、電子決済等代行業者等との間で電子決済等代行業等に係る契約を締結しようとする銀行等は、施行日から起算して2年を超えない範囲内において政令で定める日までに、オープンAPI導入に係る体制の整備に努めなければならない旨定められた。

エ その他

電子決済等代行業が銀行代理業に該当するか否かについても問題になるところ、平成30年5月、「銀行法等に関する留意事項について（銀行法等ガイドライン）」[12]が策定された。

3 平成28年割賦販売法改正の概要

平成28年12月2日に「割賦販売法の一部を改正する法律」が成立した（以下、「平成28年割賦販売法の改正」という。）。経済産業省によれば、「革新的な金融サービス事業を行うフィンテック企業の決済代行業への参入を見据えつつ、安全・安心なクレジットカード利用環境を実現するための必要な措置を講ずる。」[13]というのが改正の趣旨の一部である。

平成28年割賦販売法の改正の項目は、主に①クレジットカード情報の適切な管理等、②加盟店に対する管理強化、③「FinTechの更なる参入を見据えた環境整備」、④特商法の改正に対応するための措置に大別される[14]。

③の内容として、主に、加盟店契約会社と同等の位置付けにある決済代行業者（FinTech企業等）にも加盟店契約会社と同一の登録制を導入したこと（クレジットカード番号等取扱契約締結事業者の登録）、加盟店のカード利用時の書面交付義務を一部緩和したことが挙げられる（割賦販売法30条の2の3第4項等）。

このうち、クレジットカード番号等取扱契約締結事業者の登録について、

---

12 金融庁総務企画局「銀行法等に関する留意事項について（銀行法等ガイドライン）」（平成30年5月）（https://www.fsa.go.jp/news/30/ginkou/20180530/08.pdf）

13 経済産業省商務流通保安グループ 商取引監督課「割賦販売法の一部を改正する法律について」1頁（平成29年1月）
（http://www.meti.go.jp/policy/economy/consumer/credit/kappuhannbaihounoichibuwokaiseisuruhouritsu.pdf）

14 経済産業省「割賦販売法の一部を改正する法律案の概要」（平成28年10月）
（http://www.meti.go.jp/press/2016/10/20161018001/20161018001-1.pdf）

具体的に、割賦販売法35条の17の2は、以下のように規定する。

> 次の各号のいずれかに該当する者は、経済産業省に備えるクレジットカード番号等取扱契約締結事業者登録簿に登録を受けなければならない。
> 一　クレジットカード等購入あつせんに係る販売又は提供の方法により商品若しくは権利を販売し、又は役務を提供しようとする販売業者又は役務提供事業者に対して、自ら利用者に付与するクレジットカード番号等を取り扱うことを認める契約を当該販売業者又は当該役務提供事業者との間で締結することを業とするクレジットカード等購入あつせん業者
> 二　特定のクレジットカード等購入あつせん業者のために、クレジットカード等購入あつせんに係る販売又は提供の方法により商品若しくは権利を販売し、又は役務を提供しようとする販売業者又は役務提供事業者に対して、当該クレジットカード等購入あつせん業者が利用者に付与するクレジットカード番号等を取り扱うことを認める契約を当該販売業者又は当該役務提供事業者との間で締結することを業とする者

いわゆる決済代行業者（PSP：Payment Service Provider）とは、「加盟店とアクワイアラーの間に立ち、加盟店契約を仲立ちする事業者であり、PSPには包括的に加盟店の代理としてカード会社と加盟店契約を締結する包括加盟店型（店子方式）を始めとして、多様な形態がある」[15]とされるところ、割賦販売法35条の17の2第2号に該当する場合、同条上の登録等を受ける必要がある[16]。

4　（補足）クレジットカードデータ利用に係るAPIガイドライン

経済産業省は、平成30年4月11日、クレジットカードデータ利用に係るAPIガイドライン[17]を制定した。

同ガイドラインの主な目的は、「カードサービスの利便性を一層向上させ、

15　柿沼重志＝東田慎平「クレジットカード問題と割賦販売法改正に向けた動向―鍵を握る消費者利益の向上とセキュリティホール化の回避―」立法と調査380号（平成28年9月）86頁（http://www.sangiin.go.jp/japanese/annai/chousa/rippou_chousa/backnumber/2016pdf/20160909084s.pdf）

16　クレジットカード番号等取扱契約締結事業者が負う加盟店の調査義務等が規定されているので、留意されたい。

17　経済産業省「クレジットカードデータ利用に係るAPIガイドライン［第1版］」（平成30年4月11日）（http://www.meti.go.jp/report/whitepaper/data/pdf/20180411001_01.pdf）

更なるキャッシュレス決済の普及に繋がっていくこと」、「API連携に係る事業者各位におけるカードサービス提供の効率化、オープン・イノベーションの促進、及び安心・安全な利用環境の創出を目指すこと」[18]にあるという。

なお、銀行法に関しては、前述のとおり、オープンAPIを念頭においた改正がなされたのに対し、割賦販売法においては、同ガイドライン制定時点では「オープンAPIの導入に関する法改正等は予定されていない」[19]とのことである。

〔小石川 哲・木村 容子〕

18 経済産業省「クレジットカードデータ利用に係る API ガイドライン（概要）」1頁（http://www.meti.go.jp/report/whitepaper/data/pdf/20180411001_02.pdf）

19 経済産業省・前掲（注17）30頁

第3章

ライフログ・ビッグデータに関する法的論点

1 ライフログ・個人情報に関する法的論点

Q1 ライフログとは

Question

●ライフログ保有事業者による利用

(1) 当社の保有している顧客のライフログを販売促進等に活用したいと思いますが、法的な問題はありますか。

(2) また、当社が顧客のライフログを第三者に提供することは法的な問題となりますか。

Answer

(1) ライフログの活用は、個人情報保護法を順守するとともにプライバシー権を侵害することがないようにする必要があります。

(2) 当該ライフログが個人データの場合は個人情報保護法23～26条の義務が課せられます。当該ライフログが匿名加工情報の場合は法36～39条の義務が課せられます。

Commentary

1 ライフログとは

インターネットの閲覧履歴等に応じて関連する広告が配信されることがある。閲覧履歴や購入履歴、位置情報などをライフログと呼ぶ。

ライフログとは、総務省の定義によれば、「蓄積された個人の生活の履歴を指す。」とされ、デジタル化されたものに限っても「ウェブサイトの閲覧履歴、電子商取引サイトにおける購買・決済履歴、携帯端末のGPS（Global Positioning System 全地球測位システム）により把握された位置情報、携帯端末や自動車に搭載されたセンサー機器により把握された情報、デジタルカメラで撮影された写真、ブログに書き込まれた日記、SNS（Social Networking Service）サイトに書き込まれた交友関係の記録、非接触型ICを内蔵した乗車券による乗車履歴等から抽出された情報が含まれる。」[1]

ライフログは、①利用者の興味・嗜好にマッチした情報を提供するサービスとして、(1)行動ターゲティング広告や(2)行動支援型サービス[2]、またライフログを集約統計処理することにより、②統計情報を提供するサービスに利用されているが、技術の進歩などにより今後も様々なサービスが展開されることが予想される。

ライフログの活用を支える技術として、①センサー機器の発達と端末の実装により、多様なライフログを簡易に取得することが可能となり、②大容量ストレージが安価に利用できるようになったことにより、ライフログの大量取得・保存が可能となった、③大容量のデータを検索、分析、送付、公開する技術が進展し、より洗練された情報を提供できるようになった、④ネットワークの高度化と低廉化により、大量のデータを安価に流通させることができるようになったことが挙げられている[3]。

2 法的問題

ライフログは個人に関わる情報であるため、個人情報保護法による規制及びプライバシー侵害の問題がある。

個人情報保護法とプライバシー権との関係であるが、個人情報保護法は「個人情報」の適正な取扱いに関する定めで事前規制であることに対し、プライバシー権は権利侵害者に対し、侵害行為の差止め、損害賠償等を請求し得る私法上の権利で事後規制であり、両者は別の制度である。個人情報を取り扱う場合は個人情報保護法を遵守するとともに、プライバシー権を侵害することがないようにしなくてはならない。

法改正の動き及び欧米の取組みについては、本章**2**「ビッグデータに関する法的論点」の解説を参照されたい。

---

1 総務省「利用者視点を踏まえたICTサービスに係る諸問題に関する研究会（第二次提言）」31頁（平成22年5月）
(http://www.soumu.go.jp/main_content/000067551.pdf)

2 NTTドコモが経済産業省の「情報大航海プロジェクト」を通じて取り組んだ「マイ・ライフ・アシスト」や「ｉコンシェル」などがある。

3 総務省・前掲（注1）

3 個人情報保護法の適用性

⑴ 個人情報の定義

個人情報保護法(以下「法」とする。)が適用されるのは、当該ライフログが「個人情報」(法2条1項)である場合である。

個人情報とは、生存する個人に関する情報であって、同項1号又は2号に該当するものと定義され(法2条1項)、同項1号とは、「当該情報に含まれる氏名、生年月日その他記述等により、特定の個人を識別することができるもの(他の情報と容易に照合することができ、それにより特定の個人を識別することができることとなるものを含む。)」、同項2号とは、「個人識別符号(注:同条2項)が含まれるもの」と定義される[4]。個人識別性の有無は、当該個人情報を取り扱う個人情報取扱業者を基準とする[5]。

例えば、クッキー技術を用いて利用者を識別する場合で、個人を識別する情報を取得していない場合、また個人識別性のあるライフログを匿名化[6]、暗号化し、個人識別性を喪失させた場合[7]、当該ライフログは「個人情報」ではない。しかし、当該ライフログが個人情報と紐づけされている場合は個人情報である。また個人識別性のないライフログであってもウェブページ上の行動履歴(閲覧履歴、購買履歴等)が相当程度長期間にわたって大量に蓄積された場合等、位置情報が相当程度長期間にわたって時系列に蓄積された場合等は個人が容易に推定可能になる可能性があり[8]、個人識別性を取得後、新たな情報が付加され、又は照合された結果、個人識別性を獲得した時点で、個人情報となる[9]。

---

4 具体的には政令に委任する(同条2項)。

5 岡村久道『個人情報保護法[第3版]』(商事法務、平成29年)

6 匿名化の方法として、行動履歴の一部を一般化や曖昧化することにより組み合わせることで個人を推定できる可能性のある情報(準識別子)の組み合わせと同じ準識別子群を少なくともk個以上存在する状態を作り出す処理を「k-匿名化」という(総務省利用者視点を踏まえたICTサービスに係る諸問題に関する研究会(平成24年8月))。k-匿名性を満たす匿名化を効率よく処理するソフトウェアが経済産業省による「大航海プロジェクト」で開発され公開されている(http://www.meti.go.jp/policy/it_policy/daikoukai/igvp/cp2_jp/common/024/010/post-61.html)。またNTT情報流通プラットフォーム研究所が研究開発した秘密計算という手法もある(NTT技術ジャーナル2010年7月28頁)。

7 個人情報取扱事業者は、匿名化、暗号化を個人情報保護法上の「利用目的」として、特定する必要はない。

8 総務省・前掲(注1)42頁

9 個人情報保護委員会「個人情報の保護に関する法律についてのガイドライン(通則編)」「2-1事例6)」(平成28年11月、平成29年3月一部改正)(https://www.ppc.go.jp/files/pdf/guidelines01.pdf)

⑵ ライフログの取得、取扱いにおける義務

個人情報に該当するライフログの取得、取扱いについて、利用目的の特定（法15条1項）、利用目的による制限（法16条）、適正な取得（法17条）、取得に際しての利用目的の通知等（法18条）、データ内容の正確性の確保等（法19条）、安全管理措置（法20～22条）、第三者提供の制限（法23～26条）の義務がある。

ア 利用目的の特定義務（法15条）

法15条では、個人情報取扱事業者は、個人情報を取り扱うに当たっては、その利用の目的をできる限り特定しなければならず（1項）、利用目的を変更する場合には、変更前の利用目的と関連性を有すると合理的と認められる範囲を超えて行ってはならない（2項）、と規定されている。

利用目的は、「できる限り」特定する必要がある。利用目的には、自ら事業に利用するだけでなく、第三者に提供することも含まれるので、第三者に「個人情報」たるライフログの提供を予定している場合は、利用目的にその旨特定する必要がある[10]。

イ 取得に際しての利用目的の通知等（法18条）

法18条2項本文では、「個人情報取扱事業者は、前項の規定にかかわらず、本人との間で契約を締結することに伴って契約書その他の書面（電磁的記録を含む。以下この項において同じ。）に記載された当該本人の個人情報を取得する場合その他本人から直接書面に記載された当該本人の個人情報を取得する場合は、あらかじめ、本人に対し、その利用目的を明示しなければならない。」と定められている。したがって、本人からの直接取得の場合で、書面又は電磁的記録を取得する場合は、あらかじめ利用目的を本人に明示する必要がある。

本人からの直接取得でない場合、又は本人からの直接取得であっても書面又は電磁的記録の取得でない場合は、あらかじめその利用目的を公表している場合を除き、速やかにその利用目的を、本人に通知し、又は公表しなければならない（法18条1項）。

法18条1項、2項については同条4項に定める適用除外事由がある。

---

10 個人情報保護委員会・前掲（注9）「3–1–1」

ウ　適正な取得（法17条）

個人情報取扱事業者は、偽りその他不正の手段により個人情報を取得してはならない（法17条1項）。また、要配慮個人情報（法2条3項）を取得する場合には原則として本人の事前同意を取得しなければならない（法17条2項）。

名簿業者から個人の名簿を購入することは、購入自体禁止されておらず、不正取得を疑わせるようなものではない限り、各名簿業者が当該個人情報を適正に取得していることを積極的に確認する必要はないが、法23条1項に規定する第三者提供制限違反がされようとしていることを知り、又は容易に知ることができるにもかかわらず、個人情報を取得する場合や、不正の手段で個人情報が取得されたことを知り、又は容易に知ることができるにもかかわらず、当該個人情報を取得する場合は不正の手段により個人情報を取得したとされる[11]。

エ　利用目的の変更（法16条）

「個人情報取扱事業者は、あらかじめ本人の同意を得ないで、前条の規定により特定された利用目的の達成に必要な範囲を超えて、個人情報を取り扱ってはなら」ず（1項）[12]、事業承継に伴い個人情報を取得した場合で、承継前の利用目的達成に必要な範囲を超えて当該個人情報を取り扱ってはならない（2項）。目的外利用をする場合、あらかじめ本人の同意を得る必要がある。利用目的に照らし、過剰な個人情報を取得することはできず[13]、利用目的を達成した個人情報を取り扱うことはできない（同告示解説15頁）。

法16条3項は同条1項、2項の適用除外事由である。適用除外事由であったとしても、プライバシー侵害となり得ることがある[14]。

変更前の利用目的と相当の関連性があると合理的に認められる範囲での利

11　個人情報保護委員会・前掲（注9）「3–2–1事例5)・6)」

12　特定電子メール送信適正化法3条・特定商取引法12条の3、12条の4により、広告宣伝メールの送り付けにつき受信者の事前同意（オプトイン）を要し、事前同意があった場合を含め、受信者が再送信の停止を求めたときはこれに従う義務（オプトアウト）を課している。

13　個人情報保護委員会・前掲（注9）「3–1–4」

14　前科・犯罪経歴は人の名誉、信用に直接かかわる事項であり、前科等のある者もこれをみだりに公開されないという法律上の保護に値する利益を有する（京都市前科照会事件。最（三小）判昭和56年4月14日民集35巻3号620頁）ため、法16条3項各号に該当する場合であっても名誉毀損、プライバシー侵害となることがある。

用目的の変更であれば、本人の事前同意がなくても利用目的の変更は可能である（法15条2項）。この場合であっても、個人情報取扱事業者は、変更された利用目的を通知又は公表しなければならない（法18条3項）。

オ　第三者提供（法23～26条）

個人データを第三者提供するには原則として本人の事前同意を必要とする（法23条1項柱書）。個人データとは、個人情報データベース等を構成する個人情報であり（法2条6項）、会員名簿、学校の緊急連絡網がその一例である。個人情報データベース等を構成しない単なる個人情報については法23条の適用はない。単なる個人情報を第三者に提供する場合は法15条に基づきその旨利用目的として特定する。

本人の同意を要しない場合として、①23条1項各号の適用除外事由、②本人の求めにより原則として個人データの第三者提供を停止することとしている場合で、第三者に提供すること、個人データの内容、提供方法、本人の求めにより第三者提供を停止することをあらかじめ本人に通知し、又は本人が容易に知り得る状態においている場合（オプトアウト。法23条2～4項）、③第三者に当たらないとされている場合（委託先への提供。合併等に伴う提供。グループによる共同利用につき共同利用する者の範囲や利用目的等をあらかじめ明確にしている場合。法23条5項。3号について利用目的又は個人データの管理について責任を有する者の氏名若しくは名称を変更する場合は、変更する内容についてあらかじめ、本人に通知し、又は本人が容易に知り得る状態に置かなければならない。法23条6項。）、④法76条による適用除外がある。

また、法24条では、外国にある第三者への提供について制限する。「個人情報取扱事業者は、外国（本邦の域外にある国又は地域をいう。以下同じ。）（個人の権利利益を保護する上で我が国と同等の水準にあると認められる個人情報の保護に関する制度を有している外国として個人情報保護委員会規則で定めるものを除く。以下この条において同じ。）にある第三者（個人データの取扱いについてこの節の規定により個人情報取扱事業者が講ずべきこととされている措置に相当する措置を継続的に講ずるために必要なものとして個人情報保護委員会規則で定める基準に適合する体制を整備している者を除く。以下この条において同じ。）に個人データを提供する場合には前条第1項各号に掲げる場合を除くほか、あらかじめ外国にある第三者への提供を認める旨の本人の同意を得なければならない。この場合においては、同条の規定は、適用しない。」とする。

⑶ 利用・提供の際の留意点

顧客のライフログを販売促進等に活用する場合、当該ライフログに個人識別性がある場合は、上記⑵の義務が課せられる。

適正に収集した個人データたるライフログを第三者提供する場合、本人に改めて事前同意を得ることはなかなか困難であるので、第三者提供を予定している場合はオプトアウト方式で対応するとよいであろう(法23条2～4項)。

ライフログの利用では、例えば、Aを購入したBに対し、Aを購入した人はCを購入していると推薦する場合はAを購入した個人を明示する必要はない。このように、個人識別を喪失して利用すれば、本人の事前同意がなくても第三者提供、目的外利用等が可能ではあるが、匿名加工情報データベース等を構成する匿名加工情報を取り扱う個人情報取扱事業者は、適正加工義務、匿名加工方法等の安全管理義務などの義務が課せられている（法36～39条)。

なお、個人情報保護委員会（法59条）による報告・立入検査、指導・助言、勧告・命令が行われ（法40～42条)、罰則規定もある（法84条、85条)。

また、法6条、8条に基づき、主務大臣による指針（ガイドライン）があり遵守が望まれる[15]。

4 プライバシー権との関係

⑴ プライバシーをめぐる判例

プライバシーについて一般的に規定した法律は存在せず、判例法利上、プライバシーは法的に保護されるべき人格的利益として承認されてきた。

プライバシー侵害を認めたリーディングケースは「宴のあと」事件（東京地判昭和39年9月28日判時385号12頁）である。本判決は、「右に論じたような趣旨でのプライバシーの侵害に対し法的な救済が与えられるためには、公開された内容が(イ)私生活上の事実または私生活上の事実らしく受け取られるおそれがあることがらであること、(ロ)一般人の感受性を基準として当該私人の立場に立った場合公開を欲しないであろうと認められることがらである

15　個人情報の保護に関するガイドラインにつき、以下のURLを参照。
(http://www.ppc.go.jp/personal/legal/)

こと、(略) (ハ)一般の人々に未だ知られていないことがらであることを必要とし、」と判示した。

その後プライバシーの対象となる情報は拡大傾向にあり、早稲田大学講演会名簿提出事件(最(二小)判平成15年9月12日民集57巻8号973頁)では氏名、住所、電話番号等の単純な個人識別情報であったとしても、「本人が、自己が欲していない他者にはみだりにこれを開示されたくないと考えることは自然なことであり、そのことへの期待は保護されるべきものであるから、本件個人情報は、上告人らのプライバシーに係る情報として法的保護の対象となるべきである」と判示した。

(2) ライフログの取得、利用とプライバシー侵害

プライバシー侵害と個人識別性につき、新潟地判平成18年5月11日判時1955号88頁(防衛庁リスト事件)において、「プライバシー等が侵害されたというためには、(略)個人情報が個人識別性を有することが必要である」と判示した。個々のライフログそれ自体に個人識別性がない場合はプライバシーの侵害は成立しないとも考えられる。しかし、個人識別性のない情報であったとしても、大量に蓄積されて個人が容易に推定可能になるおそれがあること、転々流通するうち個人識別性を獲得する可能性があると指摘されている。また大量のライフログを時系列に並べれば個人の生活がいわば丸見えとなってしまうおそれがあること、ライフログには、個人の思想、信条、病状などを推し量り得るセンシティブな情報もあり、これらの情報は他人にみだりに知られたくないと考えることは自然であるといえるので、取扱いの態様によってはプライバシー侵害の可能性がある[16]。

また、ライフログの第三者への提供や公開については事前の同意がない場合プライバシーの侵害となり得る。

5 配慮原則等について

(1) 配慮原則の提言について

ライフログの活用については、有用性が期待されているものの、サービス

16 総務省・前掲(注1)

の態様によってプライバシー侵害のおそれがあり、利用者の不安感等があると指摘されている。利用者が不安感を抱けば有用なサービスであっても普及は困難であろう。ライフログを取得・保存・利活用する事業者は、利用者に対して一定の配慮をなし、円滑なサービスに資するための対策をとるのが望ましい[17]。

ライフログ活用サービスは揺籃期であるため事業者による自主的なガイドライン等の策定を促すとして、総務省利用者視点を踏まえたICTサービスに係る諸問題に関する研究会第二次提言（平成22年5月）において配慮原則の提言がなされた[18]。

配慮原則の対象情報は、特定の端末、機器及びブラウザ（以下「端末等」という。）を識別することができるものとされ、個人情報保護法上の個人情報に限られない。具体的な配慮原則は、①広報、普及・啓発活動の推進、②透明性の確保、③利用者関与の機会の確保、④適正な手段による取得の確保、⑤適切な安全管理の確保、⑥苦情・質問への対応体制の確保である。

⑵ 自主的ガイドラインの策定

この配慮原則を踏まえ、一般社団法人インタラクティブ広告協会（JIAA）は、平成22年6月24日、インターネットユーザーのウェブサイト上の行動履歴情報を収集し、そのデータを利用して広告を表示する行動ターゲティング広告に関して、JIAA会員社が遵守すべき基本事項を定めた「行動ターゲティング広告ガイドライン」を改訂・公表した[19]。

⑶ スマートフォン利用者情報取扱いについての指針

総務省から「スマートフォン　プライバシー　イニシアティブ」[20]及び「スマートフォン　プライバシー　イニシアティブⅡ」[21]「同Ⅲ」[22]が公表された。また、一般社団法人モバイル・コンテンツ・フォーラム、一般社団法人電気

---

17 総務省・前掲（注1）
18 総務省・前掲（注1）47頁
19 www.jiaa.org/archive/bta_guideline.html
20 www.soumu.go.jp/main_content/000171225.pdf
21 www.soumu.go.jp/main_content/000247654.pdf
22 www.soumu.go.jp/main_content/000495608.pdf

通信事業者協会等から、スマートフォンの利用者情報の取扱いに関する各種指針・ガイドライン等が作成・発表されている[23]。

⑷　配慮原則等の順守

配慮原則、自主的ガイドラインの対象事業者においては、配慮原則、自主的ガイドラインの規則に従うことが望ましい。

⑸パーソナルデータの利用・流通

詳細は本章2「ビッグデータに関する法的論点」で述べる。

〔植草　美穂〕

◆参考文献

総務省「利用者視点を踏まえたICTサービスに係る諸問題に関する研究会第二次提言」（平成22年5月）

総務省「スマートフォンプライバシーイニシアティブ概要」Ⅰ～Ⅲ（平成24年8月、平成25年9月、平成29年7月）

岡本久道『個人情報保護法［第3版］』（商事法務、平成29年）

升田純『現代社会におけるプライバシーの判例と法理』（青林書院、平成21年）

日経コミュニケーション編『ライフログ活用のすすめ』（日経BP社、平成22年）

23　https://www.ciaj.or.jp/news/topics/topics_past_issue/topics2013/629.html

2 ビッグデータに関する法的論点

Q1 ビッグデータの活用

Question

ビッグデータとはどのようなものですか。どのような分野で活用されているのですか。

Answer

ビッグデータとは、「既存の一般的な技術では管理するのが困難な大量のデータ群」をいうものとされています。従来の技術では困難であった大量のデータ処理が可能なシステムの開発が進み、大量のデータを分析することによる企業の生産性の向上、新たな事業の創出、社会的課題の解決などに活用されています。

近年、ビッグデータは、AI技術において機械学習のための学習用データとしても利用されており、IoT（Internet of Things）の普及によりさらなる大量のデータの蓄積が可能となってきています。

Commentary

1 ビッグデータとは

⑴ 定 義

ビッグデータとは、2000年代半ばころから天文学、ゲノム科学の分野で使われ始めた言葉で、「既存の一般的な技術では管理するのが困難な大量のデータ群」をいうものとされる[1]。

近年のIT技術の進歩により、コンピュータのハードウェア面における処理速度の増加及びメモリ（主記憶装置）、ストレージ（外部記憶装置）の大容量化と低価格化、ソフトウェア面におけるデータ処理に適した分散処理システム及びクラウド技術の開発が進んだことで、従来では速度面、コスト面か

1 城田真琴『ビッグデータの衝撃』21頁（東洋経済新報社、平成24年）

ら不可能であった大量のデータの蓄積や処理が可能となった。こうした大量のデータ処理が可能なシステムは、科学・技術の分野のみならずビジネスの世界でも活用が進み、大量のデータを分析することによる企業の生産性の向上、新たな事業の創出、社会的課題の解決などに利用されている。

今日では、ビッグデータという言葉は、大量のデータ群という意味だけではなく、大量のデータに基づく分析の手法・技術、データ分析に携わる人材・組織、さらにはこれらが多方面に与える影響を含めて、「小規模ではなしえないことを大きな規模で実行し、新たな知の抽出や価値の創出によって、市場、組織、さらには市民と政府の関係などを変えること」という定義も行われている[2]。

⑵ ビッグデータと従来のデータ処理との違い

従来から、統計分野や、経済分野での大量のデータの集計・分析は行われてきた。しかし、ビッグデータは、単なる大量のデータ処理を指すものとはされていない。

ビッグデータと従来のデータ処理との違いは、①従来の一般的なデータベースのようなデータの構造化（コンピュータが扱いやすいようにデータ形式を整えること）が不要で、柔軟に大量のデータを扱うことが可能であること、②抽出されたデータだけではなく可能な限りのすべてのデータを扱うことが可能となり、また増え続けるデータへの対応も容易になったこと、③こうした膨大なデータを分析することにより、従来の抽出された少量のデータを分析することによる因果関係予測（理由の重視）から、大量のデータを分析することによる相関関係予測（答えの重視）へとデータ分析の手法も変わってきたことが挙げられる。

こうした特徴は、ビッグデータと呼ばれるものすべてに当てはまるものではないが、従来のデータ処理との違いを抽象的に図式化すると次の図のようになる。

	従来のデータ処理	ビッグデータ
データ形式	構造化されたデータ	非構造化データが中心
対象となるデータ	抽出されたデータ	可能な限りすべてのデータを扱う
データ分析手法	因果関係の重視	相関関係の重視

2 ビクター・マイヤー＝ショーンベルガー、ケネス・クキエ（斎藤栄一郎訳）『ビッグデータの正体』18頁（講談社、平成25年）

また、ビッグデータの特徴を示す「3つのV」として、Volume（量：データの量）、Velocity（速さ：データの出入りするスピード）、Variety（多様性：データの範囲、種類、源泉）が挙げられることがある。また、これにVariability（可変性：データの変遷）、Veracity（真実性：信用できるデータかどうか）を加えて「5つのV」といわれることもある[3]。

2 ビッグデータの活用

(1) 内外の活用事例

ビッグデータ技術の応用として、国内外で次のようなサービスや活用事例が報告されている[4]。

ア 国外の事例

- ・電子機器・家電等の販売価格について、インターネット上のオンラインショップから価格データを大量に収集すると同時に、SNS、ブログやニュース記事等を収集分析し、価格の推移を予想するサービス
- ・航空便について、交通統計局のデータ、航空交通管理システム司令センターの警報、運行状況を伝えるサイトのデータ、気象局の天気予報データなどを元に、航空会社が発表する前にフライトの遅れを予測するサービス
- ・インターネットオークションのサイトにおいて、成約に至った売買のみならず、すべてのユーザーについて、商品の閲覧の履歴、入札の有無などのサイト内での行動履歴を記録、分析して、サイト運営に役立てている事例
- ・ソーシャルゲームのサイトにおいて、ユーザーのサイト内での行動を記録し、ユーザー名、性別、友人リストなどを元に、ユーザーがどこでゲームを止めてしまったか、どのようにしてゲームのユーザーが拡大したか、ゲームのユーザー1人当たりの売上額などを分析し、ゲームの開発、売上げの向上に結びつけている事例
- ・電力会社において、各家庭の電気使用量の計測をデジタル化し、双方向の通信機能や管理機能を持つ電力メーター（スマートメーターといわれる）

---

3 岡村久和監修『IoT時代のビッグデータビジネス革命』27頁（インプレス、平成30年）
4 事例は主に、城田・前掲（注1）による。

を各戸に設置して、エネルギー消費量をリアルタイムで計測して送信し、電力需要を把握、分析して、電力需要の予測、料金プランの設定等に用いている事例

・マーケティング企業において、スーパーマーケットと提携し、ポイントカードを用いて、消費者の購買履歴データを把握し、買物パターン（購入した商品、点数、来店頻度、購入額など）を分析、他の顧客のパターンと比較して、顧客ごとに最適なクーポン券を発行するなどして、顧客の購買意欲を増し、売上げ向上を狙う事例

イ　国内の事例

・建設機器のメーカーにおいて、販売した建設機器の管理にGPSや各種センサーを用い、機器の現在位置、稼働状況、消耗品の交換時期などを遠隔監視し、これらのデータをインターネットを経由して集約・分析し、顧客にメンテナンスの必要時期などを知らせることで、保守サービス、部品生産の効率化に生かし、さらにはこれらのデータで機器の稼働状況を把握することで与信管理、債権回収にも活用している事例

・インターネット上で情報サービスを提供している企業において、従来「仮説を定立し、データを整備してこれを集計し、その後に分析する」という過程で行っていたマーケティング手法を、ビッグデータの技術を用いて「1年半分のアクセスログを管理し、そのすべてを分析する」ことで、マーケティングに必要な時間を短縮し、分析精度を上げている事例

ウ　ビッグデータの価値

ビッグデータの活用は、上記に挙げた事例にとどまらず、膨大なデータを蓄積し分析することで、医療分野における風邪・インフルエンザの流行の予測、交通分野における渋滞予測、資源エネルギー分野におけるエネルギー利用の最適化、経済分野における株式市場の予測、工業分野におけるシステム故障・異常の予測、言語分野における自動翻訳、音声認識などにも応用が可能である。ビッグデータの活用は、適切に行われるのであれば、これまで不可能であった予測やサービスを可能にするものであり、事業の創出や企業の生産性を高めるというのみならず、広く一般の消費者も恩恵を受けることができるものである。

⑵ IoTの利用によるビッグデータの蓄積

IoT (Internet of Things) とは、「モノのインターネット」といわれ、コンピュータなどの情報・通信機器だけでなく、家電や自動車、ビルや工場など、世界中の様々な「モノ」に通信機能を持たせ、インターネットに接続したり相互に通信することにより、自動制御、遠隔計測などを行うことをいう。

IPv6の普及や通信モジュールの小型化により、あらゆるモノ（機器や設備など）に通信機能を持たせることが可能となった。これは、単にそうした機器や設備を通信により遠隔制御できるというだけでなく、機器や設備からのデータを受信し、受信したデータを蓄積していくことができることを意味する。

今後、IoTがより普及していくことにより、これまでより低コストで膨大なデータを蓄積できるようになることが予想される。

⑶ AI技術への活用

AI技術における機械学習（深層学習を含む）においては、膨大な学習用データが必要となる（AI技術の詳細に関しては、5章を参照)。

これまで、ビッグデータの活用は、コンピュータによるデータ処理を前提としつつも、人間の知識や経験による分析・予測が行われることが多かった。一方、AI技術においては、学習用プログラムにより作成された学習済みモデルに基づき、認識や予測が行われる。その学習のために膨大な量のデータが必要とされるところ、学習用データにおいてもビッグデータが活用されている。

⑷ ビッグデータ利活用の展望

平成29年6月に閣議決定された「未来投資戦略2017」では、我が国の「長期停滞を打破し、中長期的な成長を実現していく鍵」はSociety5.0の実現にあり、そのために「第4次産業革命（IoT、ビッグデータ、人工知能（AI)、ロボット、シェアリングエコノミー等）のイノベーションを、あらゆる産業や社会生活に取り入れる」必要があるとしている[5]。ここでビッグデータは、

---

5 平成29年6月9日閣議決定「未来投資戦略2017―Society5.0の実現に向けた改革―」1頁

IoTやAIと並んでイノベーションの中核に位置付けられており、我が国において、ビッグデータの利活用は今後ますます重視されていくものと思われる。

また、海外企業においてはデータを新たな経営資源として活用しようとする動きが活発化しており、ビッグデータを適切に利活用していくことは、国際競争力を高めるためにも必須であるといえる。

〔西川　達也〕

Q2 ビッグデータと個人情報保護、営業秘密保護等

Question

ビッグデータの取得、活用、第三者への提供に当たって、どのような点に留意すればよいでしょうか。

Answer

ビッグデータの取得、活用、第三者への提供は、個人情報が含まれる場合には、個人情報保護法の規定に従って行う必要があります。また、国外からの個人データの取得に当たっては、国外法の検討も必要です。また、ビッグデータの取得、活用、第三者への提供に際しては、個人情報保護法の規定のみならず、プライバシー権の侵害や他の法令の違反に当たらないかについても留意が必要です。

Commentary

1 はじめに

ビッグデータも「データ」の集まりである。ビッグデータを形成する個々のデータは、民間企業、公的機関などが収集し、保有しているものであり、そこには、個人の実生活やインターネット上での行動の記録（ライフログ）、企業の営業秘密なども含まれる。データの取得、活用、第三者への提供においては、個々のデータを法令に従って取り扱うことが必要となる。

もっとも、ビッグデータは、かつてないほどの大量かつ広範なデータを扱うこと、またビッグデータの利活用が進むことによりデータ自体が価値を持ち、取引の対象となり得ることから、その取扱いには特有の問題点がある。ここでは、主にビッグデータ特有の問題点を扱う（ライフログと個人情報については本章**1-Q1**を参照。）。

2 パーソナルデータの保護

(1) 視点と従前の経緯

インターネット上及び実生活上において記録され蓄積された個人のデータ

(以下「パーソナルデータ」という。)が本人と紐づけられれば、他者に知られたくない個人の経済状況、趣味、嗜好、他人との繋がりや行動パターンなどが手に取るように知られてしまうことになる。パーソナルデータの保護については、まず個人情報保護法による規制が問題となる。

もっとも、従前の個人情報保護法のもとでは、ビッグデータの利活用の急速な発展に伴い、法制度上は適法と考えられても、大量広範なデータを相互に参照することにより個人の特定が可能となり、個人の権利が侵害されるということが起こり得た。一方、ビッグデータの利用が社会的に有用であるにもかかわらず、当該パーソナルデータの利用が適法であるか否かが不明確であるためビッグデータへの利用が躊躇されるという場面も生じていた。

そこで、各省庁等での議論を経て、平成27年9月、「匿名加工情報」の概念を導入するなどビッグデータを利用しやすくするとともに、情報漏洩に対する罰則を新設した改正個人情報保護法(以下「平成27年改正法」という。)が成立し、平成29年5月から施行されている。

⑵ 個人情報保護法上の規制

ア 個人情報とは

個人情報保護法(以下「法」とする。)においては、個人情報とは、生存する個人に関する情報であって、①当該情報に含まれる氏名、生年月日その他の記述等(文書、図画若しくは電磁的記録)により特定の個人を識別することができるもの(他の情報と容易に照合することができ、それにより特定の個人を識別することができることとなるものを含む)(法2条1項1号)及び、②個人識別符号が含まれるもの(法2条1項2号)と定義される。

イ 個人識別符号

②の「個人識別符号」とは、

(a) 特定の個人の身体の一部の特徴を電子計算機の用に供するために変換した文字、番号、記号その他の符号であって、当該特定の個人を識別することができるもの(法2条2項1号)

(b) 個人に提供される役務の利用若しくは個人に販売される商品の購入に関し割り当てられ、又は個人に発行されるカードその他の書類に記載され、若しくは電磁的方式により記録された文字、番号、記号その他の符号であって、その利用者若しくは購入者又は発行を受ける者ごとに異なるものとなるように割り当てられ、又は記載され、若しくは記録されることにより、特定の利用者若しくは購入者又は発行を受ける者を識別することができるもの（法2条2項2号）

と定められている。

(a)の例として、DNA配列、静脈の形状、指紋、掌紋が、(b)の例として、基礎年金番号、免許証番号、個人番号（マイナンバー）などがある[1]。

平成27年改正前は、②に当たる条項がなく、符号によって管理された情報は、①により特定の個人を識別することができなければ、個人情報には該当しないと解釈することもできたことから問題となっていたが、立法によって手当てされた。

ウ　要配慮個人情報

平成27年改正法では、「要配慮個人情報」という概念が導入された。

要配慮個人情報とは、「本人の人種、信条、社会的身分、病歴、犯罪の経歴、犯罪により害を被った事実その他本人に対する不当な差別、偏見その他の不利益が生じないようにその取扱いに特に配慮を要するものとして政令で定める記述等が含まれる個人情報をいう」と定義される（法2条3項）。

要配慮個人情報の取得や第三者提供には、原則として本人の同意が必要であり（法17条2項）、オプトアウトによる第三者提供は認められていない（法23条2項）。

エ　個人情報データベースの一部除外

また、平成27年改正法では、個人情報データベースに関して、法2条4項本文の括弧書きで、個人情報データベースに当てはまるもののうち、「利用方法からみて個人の権利利益を害するおそれが少ないものとして政令で定めるものを除く」としている。

そして、これを受けた個人情報保護法施行令3条の規定により、市販の電話帳、住宅地図、職員録、カーナビゲーションシステムなどは個人情報データベースに当たらないこととされている[2]。

オ　データの取得

個人情報取扱事業者（法2条5項参照）は、個人情報の取得に際して、利用目

1　個人情報保護委員会「個人情報の保護に関する法律についてのガイドライン（通則編）」6頁以下（平成28年11月、平成29年3月一部改正）

2　例示は、個人情報保護委員会・前掲（注1）17頁より

的の特定（法15条1項）、適正な取得（法17条）、取得に際しての利用目的の通知等（法18条）の義務を負う（各義務の詳細については、本章**1−Q1**の解説を参照。）。

ビッグデータに関していえば、個人情報を本来のデータ取得の目的と異なる目的（ビッグデータ技術を利用した将来予測など）に用いる場合もあり得るところ、利用目的の変更は、変更前の利用目的と関連性を有すると合理的に認められる範囲を超えて行ってはならないとされている（法15条2項）。

カ　データの活用

(ア)　ビッグデータへの利活用

個人情報取扱事業者は、個人情報の利用に当たって、個人データ（法2条6項参照）の内容の正確性の確保（法19条）、安全管理措置（法20条）、従業者の監督（法21条）の義務を負う。

個人情報の利用目的を変更した場合は、変更された利用目的について、本人に通知し、又は公表しなければならない（法18条3項）。すなわち、個人情報の取得の際に、事業者が当初の利用目的については通知等を行っていたとしても、その後別の目的でビッグデータに利用する場合であって、そのデータが個人情報である場合は、改めて変更された利用目的について、本人に通知又は公表しなければならない。

(イ)　委託先の監督

ビッグデータの処理を外部に委託する場合（後述の「第三者への提供」とは異なるので注意。）は、個人情報取扱事業者は、委託された個人データの安全管理が図られるよう、その委託先を監督する義務を負う（法22条）。

キ　データの第三者への提供

(ア)　概　要

ビッグデータの利活用が進めば、企業などが蓄積している様々なデータの集まりは、従来以上に大きな価値を持つことになる。そして、そのようなデータは、取引（第三者への提供）の対象となる。鉄道会社が、非接触式ICカードによる乗車券システムの利用データ（生年月、性別、乗降駅名、利用日時）を、第三者に提供したことが大きな話題となった[3]。

個人データを第三者に提供するには、原則としてあらかじめ本人の同意を

3　東日本旅客鉄道株式会社「Suicaに関するデータの社外への提供について」（平成25年7月25日）（http://www.jreast.co.jp/press/2013/20130716.pdf）

得なければならない（法23条1項）。また、本人の求めに応じて個人データの第三者への提供を停止することとしている場合であって、第三者に提供すること、提供される個人データの項目、提供方法、本人の求めに応じて第三者への提供を停止することをあらかじめ本人に通知し、又は本人が容易に知り得る状態に置いている場合は、本人の同意を要しないものとされている（オプトアウト、法23条2項）。もっとも、前述のとおり、平成27年改正法では、要配慮個人情報については、オプトアウトは認められないこととされた。

また、平成27年改正法では、オプトアウトを行うには、上記の要件を満たすほか、同改正で新設された個人情報保護委員会への届出が必要とされている（同上）。

(イ) 匿名加工情報

a 匿名加工情報とは

平成27年改正法においては、ビッグデータの利活用推進のため「匿名加工情報」という概念が導入された。

匿名加工情報とは、個人情報を個人情報の区分に応じて定められた措置を講じて特定の個人を識別することができないように加工して得られる個人に関する情報であって、当該個人情報を復元して特定の個人を再識別することができないようにしたものをいう（法2条9項）。

b 匿名加工情報の作成

匿名加工情報を作成するに当たり、

① 当該情報に含まれる氏名、生年月日その他の記述等により特定の個人を識別できるもの（他の情報と容易に照合することができ、それにより特定の個人を識別することができることとなるものを含む。）である個人情報（法2条1項1号）の場合には、特定の個人を識別することができないように個人情報を加工することが、

② 個人識別符号が含まれる個人情報（法2条1項2号）の場合には、当該個人情報に含まれる個人識別符号の全部を削除すること

が、それぞれ必要とされる（法2条9項1号、同2号）。

①は、特定の個人を識別することができなくなるように当該個人情報に含まれる氏名、生年月日その他の記述等を削除することを意味し、②は、当該個人情報に含まれる個人識別符号の全部を特定の個人を識別することができき

なくなるように削除することを意味する[4]。

例えば、①は、氏名、生年月日、住所が含まれる個人情報を加工する場合は、氏名を削除し、生年月日を生年月のみとして、住所を○○県△△市に置き換えることなどが想定される。②の個人識別符号については、当該個人識別符号単体で特定の個人を識別できるため、当該個人識別符号の全部を削除又は他の記述等へ置き換えて、特定の個人を識別できないようにしなければならない。他の記述等に置き換える場合は、元の記述等を復元できる規則性を有しない方法による必要がある。

c　匿名加工情報の作成についての義務

匿名加工情報を作成する個人情報取扱事業者には、匿名加工情報について、①適切な加工をする義務（法36条1項）、②安全管理措置を講じる義務（法36条2項、同6項）、③当該匿名加工情報に含まれる個人に関する情報の項目及び第三者への提供の方法を公表する義務（法36条3項、同4項）、④識別行為の禁止の義務（法36条5項）が定められている。

d　匿名加工情報取扱事業者

匿名加工情報については、個人情報取扱事業者のほかに、新たに匿名加工情報取扱事業者という概念が導入されている。

匿名加工情報取扱事業者とは、匿名加工情報データベース等を事業の用に供している者のうち、国の機関、地方公共団体、独立行政法人の保有する個人情報の保護に関する法律で定める独立行政法人等及び地方独立行政法人法で定める地方独立行政法人を除いた者をいうとされる（法2条10項）。

匿名加工情報取扱事業者については、①匿名加工情報を第三者提供するときは、提供する情報の項目及び提供方法について公表するとともに、提供先に当該情報が匿名加工情報である旨を明示しなければならない（法37条）、②匿名加工情報を利用するときは、元の個人情報に係る本人を識別する目的で、加工方法等の情報を取得し、又は他の情報と照合することを行ってはならない（法38条）、③匿名加工情報の適正な取扱いを確保するため、安全管理措置、苦情の処理などの措置を自主的に講じて、その内容を公表するよう努めなければならない（法39条）ことが、それぞれ定められている。

4　個人情報保護委員会「個人情報の保護に関する法律についてのガイドライン（匿名加工情報編）」3頁以下（平成28年11月、平成29年3月一部改正）

3 欧米での議論

⑴ 米 国

ア 消費者プライバシー権利章典

米国では、パーソナルデータの保護に関して、分野横断的な法律は存在せず、分野ごとの個別法と自主規制を基本としている。独立行政委員会であるFTC（Federal Trade Commission：連邦取引委員会）が、自主規制の遵守についての監督、排除措置、課徴金の賦課等の執行措置を行っている。

2012年2月には、ホワイトハウスにより「消費者プライバシー権利章典」（The Consumer Privacy Bill of Rights）の概要が提示され、パーソナルデータについて、①個人ごとのコントロール、②透明性、③コンテキストの尊重、④セキュリティ、⑤アクセスと正確性、⑥対象を絞った収集、⑦説明責任に関する各権利が定義された。かかる7つの原則は、2015年2月に公開された消費者プライバシー権利章典法案でも踏襲されている。

イ FTC3要件

また、FTCは、レポート「急速に変化する時代における消費者プライバシーの保護（Protecting Consumer Privacy in an Era of Rapid Change）」（2012年3月）において、①データが合理的に非識別化（de-identify）するための措置をとる、②そのデータを再識別化（re-identify）しないことを公に約束する、③そのデータの移転を受ける者が再識別化することを契約で禁止する、との要件を満たせば、保護されるパーソナルデータには当たらないとの考えを示しており、FTC3要件と呼ばれる。

⑵ EU

ア データ保護指令

EUでは、1995年10月、分野横断的にパーソナルデータ保護に関し、「データ保護指令」（Directive 95/46/EC of the European Parliament and Council of 24 October 1995 on the protection of individuals with regard to the processing of personal data and on the free movement of such data）が採択されている。同指令28条では、各加盟国にデータ保護のための独立した監督機関の設置を義務付けている。また、同指令25条は、EU域内から第三国への個人データの移転は、原則として第三国が十分なレベルの保護措置を確保していることを条件としており、同指令29条は、「十分なレベルの保護措置」の要素の一つとして、独立した機関の形態をなす外部監督の制度の存在を挙げている。

イ　eプライバシー指令

2002年7月には、データ保護指令の特則として、「eプライバシー指令」(Directive 2002/58/EC of the European Parliament and Council of 12 July 2002 concerning the processing of personal data and the protection of privacy in the electronic communications sector (Directive on privacy and electronic communications)) が採択されている。同指令は、2009年に一部改正され、クッキー等により利用者の行動履歴を収集する行為について、「ユーザーの端末に蓄積された情報は、ユーザーにその利用目的について明確かつ包括的な情報が提供された上で、事前に同意を得た場合に限り使用が許可される」というオプトイン形式での厳格な対応を求めている。

ウ　EU一般データ保護規則 (GDPR)

こうした中で、2012年10月21日、データ保護指令を抜本的に改正する「個人データの取扱いに係る個人の保護及び当該データの自由な移動に関する欧州議会及び理事会の規則（一般的データ保護規則）の提案」(Proposal for a Regulation of the European Parliament and of the council on the protection of individuals with regard to the processing of personal data and on the free movement of such data [General Data Protection Regulation]) が公表された。同規則は、2016年4月27日に採択され、2018年5月25日より施行された。

同規則では、第三国への個人データの移転について、より規制を強化し、第三国からEU域内の検索エンジン、SNS、クラウドなどを運営する企業に対して、EU内で処理すべき個人に関する情報の提供の要求があった場合は、どのようなデータであっても移転する前にEU加盟国政府の監督機関の許可を受けなければならないとされている。さらに、忘れられる権利 (the right to be forgotten) を内包するとされる「消去する権利」(the right to erasure) が明文化されている。

日本とEU域内との間で個人データの移転をするには、個人情報保護法における条件を満たさなければならないと同時に、EU一般データ保護規則におけるEU域外への移転についての規定の条件を満たさなければならないこととなる。

4 オープンデータ

オープンデータは、国、地方公共団体及び事業者が保有する官民データのうち、国民誰もがインターネット等を通じて容易に利用（加工、編集、再配布等）できるよう、次のいずれの項目にも該当する形で公開されたデータと定義されている[5]。

① 営利目的、非営利目的を問わず二次利用可能なルールが適用されたもの
② 機械判読に適したもの
③ 無償で利用できるもの

ビッグデータの活用領域が広がることで、データ自体が貴重な資源となり、ビッグデータは「21世紀の新しい石油」ともいわれている。海外においては、政府や自治体などの公的機関が保有している統計データ、地理情報データ、生命科学などのデータを公開して社会全体で大きな価値を生み出すために共有しようという取組みが行われている[6]。

我が国においても、平成28年に制定された官民データ活用推進基本法に基づき、国及び地方自治体はオープンデータに取り組むことが義務付けられ、省庁や各自治体がデータカタログサイトを公開するなどしている。

また、海外では、民間により人口統計、環境、金融、小売、天気、スポーツなどのデータの円滑な流通を促すためのデータ取引市場「データマーケットプレイス」が開設されつつある[7]。我が国でも、こうした民間におけるデータ共有へ動きが期待されるところである。

5 その他の留意点

⑴ 他の法令との関係

ビッグデータの利活用においては、パーソナルデータに関する法的問題点に限らず、その他の法的問題についても留意するべきである。

---

5 「オープンデータ基本指針」（平成29年5月30日高度情報通信ネットワーク社会推進戦略本部・官民データ活用推進戦略会議決定）
6 ビクター・マイヤー＝ショーンベルガー、ケネス・クキエ著（斎藤栄一郎訳）『ビッグデータの正体』227頁（講談社、平成25年）
7 前掲（注6）245頁

ア　プライバシー権の侵害

本章**1-Q1**でも述べられているとおり、プライバシー権の保護と個人情報保護法による規制とは別個の制度であり、パーソナルデータの提供等が個人情報保護法に違反しない場合であっても、プライバシー権の侵害に当たる可能性はあり得る。

イ　不正競争防止法

企業によって秘密として管理されている生産方法、販売方法その他の事業活動に有用な技術上又は営業上の情報が非公知といえる場合は、営業秘密に当たる（不正競争防止法2条6項）。

例えば、企業の顧客名簿をビッグデータに用いるため、不正に取得したり（同法2条1項4号乃至6号）、不正に開示・提供する（同法2条1項7号乃至9号）ことは、営業秘密に対する不正競争として、不正競争防止法により保護されている。

ウ　電気通信事業法

ISP（インターネット・サービス・プロバイダ）などの通信事業者が、ネットワークを通過するパケット情報（メールの送受信やウェブサイトの閲覧など）を検査することをディープ・パケット・インスペクション（DPI）という。悪意あるウェブサイトとの通信やファイル交換ソフトなど他のユーザーの通信に障害をもたらす通信を発見し制限するためなどに用いられている。

ディープ・パケット・インスペクション（DPI）によって得られたパケット情報を、記録・蓄積しビッグデータとして利用することは、個人のインターネット上での行動を逐一監視し得ることとなり、プライバシー権の侵害に当たるだけでなく、憲法上保証され、電気通信事業法（4条1項以下）によっても厳格に保護されている通信の秘密を侵すものといえる。DPIを用いた行動ターゲティング広告について、総務省の「利用者視点を踏まえたICTサービスにかかる諸問題に関する研究会　第二次提言（平成22年5月）」54頁以下では、利用者の明確かつ個別の同意、透明性の確保等の要件の下に認められる余地を示しているが、より大量広範なデータが蓄積されるビッグデータに用いることは、より厳格に判断すべきであり、認められる余地は極めて少ないと考えるべきである。

エ　著作権法

ビッグデータとして利用されるデータが著作物である場合は、著作権法による保護の対象となる。顧客名簿等のデータが、編集物著作権（同法12条）、データベースの著作物（同法12条の2）に当たる可能性があるので注意が必要である。

⑵ ビッグデータの管理

ビッグデータの利活用が進み、活用領域が広がるようになると、ビッグデータを取り扱う事業者は、これまでになかった大量広範なデータを管理することになる。こうしたデータからパーソナルデータが流出した際は、もし匿名化がなされていたとしても、複数のデータを分析統合することで再識別化され、本人とデータとが紐付けられる可能性が十分にある。個人の私生活上の通信記録、位置情報、ウェブサイトの閲覧履歴、ショッピングサイトの購入履歴などが本名と紐付けられ公表された際は、データを管理していた事業者は、一企業の顧客名簿等が流出した場合と比べて莫大な損害賠償義務を負担することになりかねない。

ビッグデータの取扱いにおいては、そのデータの大量広範性から、法令に従うのは当然のこととして、こうしたデータの流出を防ぐべく可能な限りの事業者内部の対策・統制が必要である。

⑶ ビッグデータ社会のリスク

本章**2–Q1**で述べたとおり、ビッグデータ技術においては相関関係の重視が一つの特徴となっている。ビッグデータの利活用が進んだときには、従来では不可能であった大量のデータに基づく将来予測が可能となる。そうした中で、一定の犯罪に及ぶ人物と個人の性格や傾向との相関関係や、特定の病気に罹患する人物と個人の先天的な特徴との相関関係などが分析され、一定程度の説得力を持つことも考えられる。ビッグデータを過度に重視することにより、特定の個人や集団が事実上の制裁を受けたり、社会的に不利益な取扱いを受ける可能性は潜在的に生じてくる。

ビッグデータに基づく分析を過度に重視して、政府や企業が個人に不利益を帰することや差別的取扱いがなされることがないように、ルールを策定する必要性も生じてくると思われる。

〔西川　達也〕

第4章

SNS利用と情報セキュリティに関する法的論点

SNS利用と企業のポリシー・ガイドラインの策定・運用等

Question

ソーシャル・ネットワーキング・サービス（SNS）の利用に関して、企業等はSNSポリシー・ガイドラインを策定し、従業員等の発言に注意喚起をする必要があるといわれますが、企業等のSNSポリシー・ガイドラインの策定・運用のあり方と情報漏洩対策について教えてください。

Answer

いわゆる「炎上」によって企業イメージが甚大なダメージを受けてしまうことは少なくありません。事前対策としてSNSポリシーを策定し、炎上が起きてしまった時の対処方法、炎上が起きにくい運用・管理体制を普段からチェックし、実際に起きた際には事前準備に沿って迅速に対応することが肝要です。

Commentary

1 問題の所在

インターネット上のコミュニケーション・ツールとして、数年前から世界的な規模で急速に広がりを見せた「ソーシャル・ネットワーキング・サービス（SNS）」であるが、国の内外問わず、現在も一層の隆盛を見せており、各SNSでの利用者数は年々増加の一途をたどっている。「ソーシャル・ネットワーキング・サービス（SNS）」とは、社会的な目的を持ったネットワークをインターネット上で構築するサービスの総称であるが、個人の連絡手段や情報の集約・共有手段であるほか、現在では多くの企業も公式アカウントで参入し、社内情報の地域間格差を解消する社内コミュニケーション・ツールとしての利用や、有効なプロモーション手段として活用するに至っている。

他方、数年前から、ネット上でいわゆる「炎上」[1]や「祭り」が発生し

1 「炎上」とは、ネット用語で、サイト管理者の想定を大幅に超えて非難・批判・誹謗・中傷などのコメントやトラックバックが殺到することであり（田代光輝「ブログ炎上」佐伯胖監修『学びとコンピュータハンドブック』（東京電機大学出版局、平成20年）参照）、なんらかの不祥事をきっかけに、ネット社会から当該サイトが爆発的に注目を集める事態または状況を指す。「祭り」ともいう。

て、企業側がその対応に追われ公式に謝罪するといった事例が頻発しており、現在も県議、市議等といった特別の立場にある人物の投稿が問題となってニュース報道になるなど、SNSに関するトラブル事例は枚挙にいとまがない。しかも、「炎上」が発生するのは必ずしも「公式アカウント」に限らない。平成30年11月に報道された市議の投稿の際は、投稿手段が匿名アカウント、いわゆる「裏アカ」であったことも話題となった。

このような現状を踏まえて、企業としては対従業員との関係で「炎上」・「祭り」対策を検討し、従業員のSNS利用による営業秘密と顧客の個人情報の漏洩を防止し、市場の信頼とブランド・イメージの維持に努める必要がある。そこで、本項では、SNSポリシーやガイドラインのサンプルを示し、作成上の留意点、それに伴う社内システムの整備等の問題について検討する。

2 SNSポリシー・ガイドラインの策定

(1) 具体例

まず、第一に、SNSポリシー・ガイドラインの策定は、「炎上」を回避し、また起きたものに対応する企業の危機管理上も重要な方法である。たとえば、日本コカ・コーラ株式会社は、「ソーシャルメディアの利用に関する行動指針」をウェブ上に公開しているが、ポリシー全体の構成としては、①「個人の立場で、ソーシャルメディアを利用する場合の基本指針」と、②「コカ・コーラシステムを代表する立場で、各ブランドや企業についてソーシャルメディアと通じて語る場合の基本指針」の大きく分けて2つのカテゴリーに分け、①については、(i)「本行動指針の基本理念」と(ii)「ソーシャルメディアに関するコカ・コーラからのコミットメント」を理解した上で、(iii)「社員及び協力会社によるソーシャルメディアの利用について」を遵守することとされている[2]。(ii)「ソーシャルメディアに関するコカ・コーラからのコミットメント」では、同社が考えるソーシャルメディア・コミュニティでの価値観が語られており、次に、(iii)「社員及び協力会社によるソーシャルメディアの利用について」は、コカ・コーラシステムにおいて展開する各ブランドについてネット上で語ることの影響度を充分に理解することと、その最終的な責

2 詳細については、日本コカ・コーラ株式会社「ソーシャルメディアの利用に関する行動指針」参照のこと。(https://www.cocacola.co.jp/company-information/social-media-guidelines2)

任の所在、最後的な事後処理は企業であるコカ・コーラシステムが負わなければならないことに注意を喚起している。

以上が上記①「個人の立場で、ソーシャルメディアを利用する場合の基本指針」が適用される場合についてであるが、さらに、上記②「コカ・コーラシステムを代表する立場で、各ブランドや企業についてソーシャルメディアと通じて語る場合の基本指針」については、「コカ・コーラシステム認定ソーシャルメディア担当者に対して求めること」として、特に企業の公式アカウントで発言する人のための指針として、コカ・コーラシステムを代表する立場である自覚が強調されている。

この他にも、ポリシー、ガイドラインの策定にいち早く対応している外資系リーディング・カンパニーの規定ぶりとしては、IBMの「ソーシャル・コンピューティングのガイドライン」[3]、インテルの「ソーシャルメディア・ガイドライン」[4]等も参考となるので参照されたい。

⑵ 小 括

以上のとおり、すでに策定、実施が行われている企業の「ポリシー」「ガイドライン」の具体例としては、当該企業が考えるところの理念、心構え等が事柄の性質上、多分に抽象的、規範的な表現も含みながら示されているといえる。いずれも就業規則のようないわゆる「条文」的な書きぶり、体裁ではなく、会社の理念として示したいこと、価値観、考え方、企業カラーといった要素を示すような内容・構成となっている。これには、「ポリシー」「ガイドライン」の策定に際しては、①従業員等が個人端末で個人アカウントから、個人的立場で発言する場合と、②企業の業務担当者が、企業を代表する立場で発言する場合の双方を含み、さらに①については、本来、個々人の自由領域であることが大前提となることと関係があるものと思われる。

要するに、上記に述べたようなトラブル・紛争事例に対応するには、従業員等の個人の「表現の自由」やプライバシー権が尊重されるべき領域に一部

---

3 IBM「ソーシャル・コンピューティング・ガイドライン」(https://www.ibm.com/blogs/think/jp-ja/social-computing-guideline/)
4 インテル「ソーシャルメディア・ガイドライン」(https://www.intel.co.jp/content/www/jp/ja/legal/intel-social-media-guidelines.html)

踏み込まざるを得ないことから、抽象的な理念、価値観、企業カラーを強調して従業員等の企業メンバーとしての自覚と理解・協力を求める、といった「お願い」モードの書きぶりになったものと思われる。

3 SNSポリシー・ガイドライン策定上の問題点

⑴ 企業内の組織とソーシャルメディア担当者の問題

さらに、企業のSNS活用において課題となっているものとしては、以上のポリシー・ガイドライン策定のほか、対応する企業内の組織をどのように確立し、メディア担当者を置くか、という「組織と人」の問題がある。現在もSNS専任担当者については、ほとんどの企業が他の業務との兼任で、専門の部署がないままにSNSの運用を行っているというのが現状である。

⑵ 企業から寄せられた質問事項

次に、ソーシャルメディア・ガイドライン策定に関して質問募集を行い、約50社ほどの上場企業から寄せられた質問事項をまとめたところ、担当者の疑問点がわかりやすく表れているものと思われるので、その質問事項例と一応の回答を以下に紹介する。

① 〈社内SNSの利用規約を作成するに当たって留意しておくべき事項及び記載しておくべき事項として、どのような点が考えられるか〉

まずは、問題はSNSの利用に際して、①企業の代表者・担当者としての立場の発言の場合と、②個人の立場の発言とに分けて検討すべきである。

①については、業務の一環であることから、比較的マニュアル化しやすく、縛りもかけやすいといえるが、②については、(i)会社のインフラ、パソコン等を利用した行為は原則禁止とするにしても、企業による各従業員等のパソコン、メールのモニタリングや監視の適法性については、慎重な対応と注意が必要であるし、(ii)個人端末による個人アカウント利用の場合は、原則自由であって、個人の表現の自由、プライバシー権との関係に慎重な配慮をしなければならない。

② 〈最近の流行に乗って、一般従業員向けと公式アカウント運用者向けそれぞれについて、ソーシャルメディア・ポリシーを策定しようと考えているが、従業員によるSNSの炎上問題は、プライベート時間であっても会社に迷惑をかけるような行為をするなという点において、飲酒運転によって人身事故を起こして企業名が報道されるのと似ているように感じる。飲酒運転などは、就業規則における「犯罪等の行為によって会社に迷惑をかけたら懲戒」という規定でカバーされているものと思うが、なぜ、特別に「ソーシャルメディア・ポリシー」なるものを策定する必要があるのか。「ソーシャルメディア・ポリシー」を策定する目的・狙いは何か。また、社外にもポリシーを公開している企業があるが目的は何か〉

ポリシー・ガイドライン策定のメリットについては、先にも述べたとおり、現実問題として不用意な発言から誹謗中傷その他の「炎上」「祭り」が発生し、企業のイメージダウン、信用失墜が多数発生している以上、これを予防し、発生したものに対する対応マニュアル、危機管理方法をあらかじめ整備しておくことは大いに重要である。また、上述のポリシー・ガイドラインの具体例にもあったように、社外にもポリシーを公開しているのは、対社員・従業員等はもちろんのこと、ユーザー、顧客向けにも、このような基本理念や指針をあらかじめ打ち出しておくことは、取引関係にも付随する注意事項として意味があり、一定の教育・啓蒙（リスクマネジメント）効果、事故発生時の懲戒処分の根拠、内部統制構築義務の一環という効果もあるものと思われる。また、企業の社会的責任を重んじる立場からも一般社会に向けて発信することはむしろ推奨される。

③ 〈私的利用に関して、会社が規制・制約する妥当性と、その程度範囲、従業員を制約するに当たり、就業規則若しくは会社規程にはどこまで定める必要があるか〉

「ポリシー」「ガイドライン」は、①「企業の代表者・担当者としての立場」の発言の場合と、②「個人の立場」の発言とに分けて検討し、②の私的利用と発言については、会社のインフラ、パソコン等を利用した私的行為は原則禁止と縛りをかけたとしても、企業による各従業員等のパソコン、メールのモニタリングや監視の適法性については、慎重な対応と注意が必要である。

この点、企業の実務対応上望ましい点として、「アクセス・ログ」チェックの適法性にも注意しなければならない。また、全く私的領域、すなわち個人端末による個人アカウント利用の場合は、原則、個人の自由であって、これに対する過度な規制は表現の自由、プライバシー権との衝突問題があるということに配慮しなければならない。他方、対外的な会社の信用を傷つけ、社会的な体面を著しく損ない、会社に経済的な著しい損害を与えた場合には、就業規則の懲戒事由の「体面汚損条項」などに該当することの説明､周知や、個々人としても会社の「ポリシー」「ガイドライン」を遵守すべき「誓約書」の提出を促すことも必要であろう。

④〈社外の従業者（派遣社員、外注業者等）のSNS利用に関する諸問題として､(i)相手先会社とどのように・どこまで取り決めをしておくのが妥当か、(ii)会社の逸失利益の損害賠償請求は可能か、(iii)「該当する従業員を当社業務に当たらせない」ことは可能か､(iv)派遣社員は、当社の指示下にあるが、有事において、派遣会社に責任を求めることは可能なのか、(v)インターンシップ、共同開発の「学生（大学生）」に対する制約はどのような形でしておくのがよいか〉

基本的には人材派遣契約、外注業者との業務委託契約上の条件、義務如何ということになるが、やはり、この場面でも、企業理念、企業カラーを打ち出した「ポリシー」と「ガイドライン」は相手方企業に明確に示し、相手方にも同意を取ったり、ポリシーの遵守を契約条件としておくことは重要であろう。また、インターンシップ、産学連携等の場面でも同様と思われる。

他方、実際に発生した「炎上」でどのような損害賠償請求、逸失利益の主張が可能かは、ケースバイケースで一般論にまとめるのは難しい。また、損害賠償額の算定の主張・立証についても、必ずしも容易ではない例があるものと思われる。

⑤〈業務上、SNSを利用する従業員の就業管理について、自宅や通勤時間中の書き込み等について業務時間の配慮はどこまで行う必要があるか〉

基本的には、SNS担当者としても、「就業時間内」での処理が原則となるであろう。しかし、「炎上」発覚時などの初動対応が必要な場合など、誰が、どこを責任の所在としてまず何をするか、次に必要なことは何か等々の緊急時の対応をあらかじめマニュアルを用意しておくことも必要である。

そのような対応マニュアルが完備していれば、時間外業務についても緊急マニュアル発動時とそれ以外の平常時の評価がしやすいものと思われる。

⑥ 〈WEBモニタリング調査について、(i)「WEBモニタリング調査」で、どのような時（タイミング）に、どのような対応を取るべきなのか、何か指標（基準）はあるのか、(ii)調査の対象には、Twitter、Facebook、2chなどがあるが、本当に2chに書かれているレベル（匿名の不満・中傷内容）まで対応するのか。また、書かれている内容で、どのような内容であれば、真剣に対応すべきなのか。(iii)海外のグループ会社には、日本本社からどのようなアプローチをすべきか。どこまで、日本本社が関係すべきか〉

企業が、対従業員との関係で、また企業自身のSNS利用において「炎上」「祭り」を防止し、営業秘密の漏洩を防止し、顧客の個人情報を守り、市場の信頼とブランド・イメージの維持に努めるためには、まずはWEBモニタリング調査は最初の一歩ともいうべき作業であり、たとえて言うなら「火の見櫓」での監視・見回り作業は頻繁であることが望ましい。

この点、アジャイルメディア・ネットワーク㈱の企業調査によると、後述のとおり、モニタリングの周期については、いまだ充分とはいえない現状がある。様々な媒体をどこまでつぶさに調査すべきかは、企業の業種や商品・営業等の分野にもより、一概にはいえずケースバイケースであろう。また、インターネットに国境はなく、情報はグローバルに瞬時に世界を巡ることに思いを致せば、海外のグループ会社に対しても、明確に日本本社の理念、基本方針を提示し、周知徹底させ遵守を促すことは大いに重要かと思われる。

4 企業の実務対応

以上の質問事項等から見えてくることを総括し、企業の実務対応上望ましい点や留意点を以下にまとめる。

⑴ モニタリングの周期

SNS利用に係る企業調査によると、「炎上」対策の事前・初動作業であるモニタリング調査の実態としては、SNS利用企業で「日次」で調査を行っている企業が36%、「週次」が18%、「隔週」が6%、「その他」が40%という結果が出ている。上述のとおり、Webモニタリング調査は、炎上の際の「火の見櫓」の火消し役なのであるから、発見、初動対応のために、できるだけ短いサイクルで行うべきと思われる。

⑵ 「アクセス・ログ」チェックの適法性

前項は、広大なインターネット上の海原で、対外的な第三者のアクセスによる「炎上」発見のために企業が組織的に行う対策の問題であるが、視点を変えて、社内の従業員等が社内インフラを常識の範囲を超えて過度に私的利用を行っていないかの監視の視点からは、従業員等の「アクセス・ログ」を企業側がチェックする場合の適法性の問題も考えておく必要がある。この点、企業の私用メール閲覧訴訟（F社Z事業部（電子メール）事件・東京地裁平成13年12月3日判決）[5]や、労働政策研究・研修機構事件判決（東京地裁平成16年9月13日判決、東京高裁平成17年3月23日判決）[6]で示された、「監視の目的、手段・態様と監視対象者の不利益を比較考量して、社会通念上相当な範囲を逸脱した監視がなされた場合にプライバシー権の侵害となる。」との規範が参考となる。

⑶ SNSポリシー、ガイドラインの策定

ポリシー・ガイドラインの策定がすべてを予防・解決してくれるわけではないが、野放しにしなければ防ぐことができたかもしれない事例は多々見かけるところである。

会社としてSNSを使用するかどうかにかかわらず、顧客や従業員は使用している以上、SNS利用の野放しは避け、企業としての立場を明確に提示するべきであろう。上述の具体例を参考に、各企業のカラーや実情に合ったSNSポリシー、ガイドラインを策定することが望ましい。その際、従業員

---

5 労判826号76頁、竹地潔・ジュリ臨時増刊1246号205頁（平成14年度重要判例解説）
6 労判882号50頁、労判893号42頁

の有する個人の「表現の自由」との関係で、「就業規則」「誓約書」等により、従業員によるSNS利用をどこまで制限することが許されるのかは、その規定ぶりには注意が必要である。

そして、上記の「モニタリング調査」と「ポリシー・ガイドライン」は、車の両輪であって、両方を適切に行ってこそ一定の効果が望めるものである。上述の企業調査の結果のように、ポリシーを設けっぱなしで、モニタリングをしていない企業が多く見受けられるが、それでは適切な危機管理は難しい。

一例としてごく簡単なガイドラインのサンプルを作成、文末に収録したので、「誓約書」例や「就業規則」の体面汚損条項等とともに参考とされたい。

⑷ アカウント、IDの届出制

企業内の業務用IDや公式アカウントは届出制にするのが通常と思われるが、従業員等の個人IDや個人アカウントを届出制等にするのは、個人のプライバシー権侵害の観点から大いに問題がある。IDやアカウントの届出制と、モニタリングの告知を行うと、体制としては従業員に対する強力な警告になり、監視の効果は上がるものと思われるが、他方、私生活上の行為に対する過度な監視になることに注意が必要である[7]。

⑸ 組織上・運営上の人員整備

モニタリングの「火の見櫓」から「炎上」の火種をいち早く見つけたら、速やかに適切な措置をとって、燃え広がりを押さえ、鎮火に導くためには、誰が、どのように意思決定者に伝達し、初動でどのように対処し、企業の内外に発信するのかをあらかじめ決めておく必要がある。組織内の担当部署、担当責任者、意思決定者等の構成は、企業内の内部統制の問題である。

また、情報漏洩の事後対策としても、緊急性により対応マニュアルを用意しておくことが望ましい。

⑹ 社員教育

上記⑴ないし⑸と併せて、企業対従業員等間の対話、社員研修などを通し

---

7 森亮二「従業員によるソーシャルメディア利用のリスクとその対応」NBL972号21頁

たポリシー、ガイドラインの周知徹底が大切なことは言うまでもない。

(7) 懲戒処分

最後に、従業員等の不適切なSNS利用で実際に「炎上」や、営業秘密漏洩等が発生してしまった場合の事後処理問題として当該従業員等の懲戒処分の問題があるが、この点については、別途次項のテーマとして取り上げる。

5 終わりに

SNSの利用に当たっては、一般論としては、まず、その各々のサービスの特徴をよく理解する必要がある。「Facebook」「Twitter」「Youtube」等々、各々に固有の特徴がある[8]。そして、従業員が企業所有のインフラを利用する場合はある程度の規制はかけやすいが、実際上、従業員が書き込み・発言等をする場合のほとんどは、従業員個人のSNS の個人IDによるものであり、使用する端末は個人端末である。

したがって、企業としては、ポリシー、ガイドラインの策定上、射程範囲をどうしても個人のプライバシー権、表現の自由の領域に一部踏み込んでいかざるを得ないところにこの規程作成の難しさがある。実際のポリシーの具体例でも紹介したとおり、企業理念、価値観やカラーを強調し、企業の構成員としての理解と協力を求めるような書きぶりもこの点に由来するものであろう。

そもそも、企業として、従業員に対し、規則等で「SNSを使用禁止」にすることは、個人の表現の自由にも関わり大いに問題がある。仮に会社のパソコンから個人アカウントへのアクセスを禁止するとしても、昼休みに従業員が個人の携帯端末等からアクセスすることまでは禁止できないと考えるのが常識的なところである。むしろ、「SNS禁止」ではなく、社員に対して適切なポリシー、ガイドラインを策定し、企業側の告知と、従業員側との対話の中で、その内容についての理解と周知徹底を図っていくことが何より重要と思われる。

〔藤田　晶子〕

---

8 その点の詳細については、拙稿「ソーシャル・ネットワーキング・サービス（SNS）に関する法律問題と内外の裁判例等について」法律実務研究27号85頁（東京弁護士会、平成24年4月）

（サンプル）

「ソーシャル・ネットワーキング・サービス（SNS）ガイドライン」

昨今、会社の従業員が業務に関連して行ったソーシャル・ネットワーキング・サービス（SNS）への投稿・発言により、あるいは、会社の従業員が必ずしも自分の業務に関連するかどうかにかかわらず、個人のアカウントから個人端末を利用して行った投稿・発言により、インターネット上でいわゆる「炎上」や「祭り」が発生し、企業の営業秘密や顧客情報の漏洩、営業上の信用失墜などの被害が後を絶ちません。そこで、当社もこのような社会事情を慮り、「炎上」のような事態を防止し、適切なソーシャル・ネットワーキング・サービス（SNS）の活用を促進するため、以下のガイドラインを作成しました。

1　本ガイドラインにいう「SNS」とは

本ガイドラインにいう「SNS」とは、個人的なブログ・メッセージボード・Twitterのようなマイクロブロギングサイト・Facebook・MySpace・LinkedIn のようなソーシャル・ネットワーキング・サイトやその他のウェブサイトおよびチャットフォーラムを含み、また、それらに限らず、全てのインターネットベースのコミュニケーション媒体が含まれます。

2　当社の業務担当者として、業務に関し、会社の公式アカウントからSNSに投稿・発言する場合

⑴　当社の業務担当者として、業務に関連して、会社のアカウントを使用して投稿する場合は、当社が別途細則を定める所定のSNS研修を受講して修了し、会社のアカウント使用権限者としての有効な認定を受けることが前提となります。

⑵　SNSへの投稿・発言は、インターネット上での発信情報が世界中の人々が閲覧可能であることを充分に認識し、いったん発信した情報は、事実上撤回できないことに思いを致してください。

⑶　SNSへの投稿・発言は、従来のメディアに比べて、圧倒的な情報拡散力があり、瞬く間に世界中に広がることに思いを致してください。また、SNSそれぞれのサービスの特徴・機能について、よく理解しましょう。

⑷　SNSへの投稿・発言は、常に毎回、当社を代表する立場であることを明らかにしてください。

⑸　上記⑵の投稿・発言は、必ず記録を取り、保存してください。

⑹ SNSへの投稿・発言は、第三者や他社の権利を侵害しないよう充分に注意してください。

⑺ SNSへの投稿・発言についてのトラブル事例のケース・スタディとして、別紙の事例をよく検討してみてください（別紙・具体例記載）。

⑻ 業務担当者として、当社に対する苦情・誹謗中傷や、いわゆる「炎上」を発見した場合は、直ちに別紙「緊急時マニュアル」の要領に従って、責任担当部署（○○○）に連絡してください。

3 上記1に該当しない、個人のアカウントから個人端末を利用してSNSに投稿・発言する場合

⑴ 上記**2**⑵と同様に、SNSへの投稿・発言は、インターネット上での発信情報が世界中の人々が閲覧可能であることを充分に認識してください。いったん発信した情報は、たとえ発言を取り消し・削除したとしても、事実上撤回できないことに思いを致してください。

⑵ SNSへの投稿・発言は、従来のメディアに比べて、圧倒的な情報拡散力があり、瞬く間に世界中に広がることに思いを致してください。また、SNSそれぞれのサービスの仕組み特徴・機能について、よく理解しましょう。

⑶ 個人のアカウントから個人端末を利用して個人的な投稿・発言した場合でも、当社の業務に関連がある事柄で、思いのほか、当社の営業・業務上の秘密漏洩につながったり、当社の企業ブランド・イメージに影響を及ぼすことがありますので、注意してください。

また、過去の「炎上」事件にも見られるとおり、不注意な投稿により、発信者自身の写真・住所・氏名等のプライバシーがネット上で公開されてしまうなどの事態が起きていますので、そのような被害を被らないように気を付けましょう。

⑷ SNSへの投稿・発言についてのトラブル事例のケース・スタディとして、別紙の事例をよく検討してみてください（別紙・具体例記載）。

⑸ SNSへの投稿・発言は、送信前にまず一呼吸置いて、内容を確認しましょう。

⑹ 自らの個人的なSNSへの投稿・発言により、何らかの問題が発生した場合には、直ちに責任担当部署（氏名○○○○）に連絡してください。

以上

Q2 企業の体面汚損と社員等の懲戒処分

Question

社員等のソーシャル・ネットワーキング・サービス（SNS）上の発言による「炎上」、それに伴う解雇処分についての裁判例はあるのでしょうか。従業員等の発言による「炎上」事件が発生した場合の企業の懲戒処分について解説してください。

Answer

社員等によるSNS「炎上」と懲戒処分については、海外判例が多数見受けられるものの、まだ日本の判決例は見当たりません。しかし、解雇処分等を争ういくつかの裁判例が適正な懲戒処分や、「体面汚損条項」の運用上の参考となります。

Commentary

1 問題の所在

ソーシャル・ネットワーキング・サービス（SNS）の利用に際し、企業が策定する「ポリシー・ガイドライン」の策定方法、運用のあり方が重要であることは言うまでもないが、さらに、従業員等の不適切なSNS利用で不祥事が起きてしまった場合の事後処理問題として、「炎上」や営業秘密漏洩等が発生してしまった場合の当該従業員等の懲戒処分の問題がある。

昨今のトラブル事例においても、当該従業員等の処分については、「炎上」調査後のプレスリリースで、「当該従業員には厳しい処分を下すとともに、全従業員へのお客様情報の守秘義務等に関する教育を再度徹底し、再発防止に全力を挙げて取り組んでまいります。」「関係者に対して適正なる処分を行うとともに、このような事態を二度と引起さないよう対応策をしっかり検討した上で、社員へのコンプライアンス教育と意識改革の更なる徹底を図って参ります。」などと発表され、関係者の処分に触れられており、企業の適切な実務対応が必要とされる場面でもある。

この点、米国の裁判例では、従業員等のSNS上の発言が企業の設けているSNSポリシー、ガイドライン規程に抵触したことを理由として解雇されたのを裁判で争った例が見受けられるが、我が国の裁判例としては、未だSNS利用に基づく事案は見当たらない。そこで、本項では実際の米国裁判例の事案の概要と訴訟経過をご紹介し、併せて我が国で問題になった際に参考となり得る従業員等の懲戒処分関係の参考判例を挙げておくこととする。

2　米国のSNS関連裁判例

(1)　企業の「SNSポリシー」訴訟～米国全国労働関係局（NLRB）v. American Medical Response of Connecticut（AMR社）事件～

（事案の概要）[1]

本件は、米国で最も普及している代表的なSNSであるFacebookの利用に関し、従業員のSNS利用上の発言について、当該企業が設けていたSNSポリシーに基づいて従業員を解雇したという案件につき、米国全国労働関係局(The National Labor Relations Board"NLRB")が、企業側が雇用に際して従業員に対し過度に厳格なSNSポリシーを策定することは、従業員が雇用条件について企業と話し合う権利を妨げ、全国労働関係法（"NLRA"）第7条に抵触するとして、「American Medical Response of Connecticut（"AMR社"）」という米国会社を訴えたという事件である。

事案の概要・事実経過は、下記のとおりである。

American Medical Response社（AMR又は雇用者という。）は、コネチカット州ニュー・ハーベンで、緊急医療サービスを提供している民間会社であり、従業員の Dawnmarie Souza氏は、11年のベテラン救急医療師で、組合の構成員であった。

2009年11月7日、Souza氏と彼女のパートナーは、勤務シフトで交通事故現場の勤務に対応し、事故車両の運転者Xは怪我をしていないと言って救助を拒んだため、二人は現場を去り、事件をAMRに報告した。ところが、その後、警察署での調べ中、運転者Xが事故による体調不良を訴えたため、Souza氏とそのパートナーは、結局、運転者Xをイエール・ニュー・ヘブン病院へ

1　BARNES & THORNBURG LLP btlaw.com
http://www.btlaw.com/files/Uploads/Documents/Japanese%20Alerts/Alert_Japanese_2011-02-facebook.pdf#search='全国労働関係局と雇用者との示談'

移送した。病院でSouza氏は、看護師に、運転者Xは軽微な事故に巻き込まれた旨説明したところ、運転者Xの夫は、本事故は重大で、妻は精密検査を要求していると反論した。

Souza氏とパートナーは、その仕事を終え、11月8日朝早くにAMRに戻ったが、施設に入るとすぐに上司のFrank Filardoから電話で運転手Xが巻き込まれた事故について協議するため彼の事務室へ来るよう連絡があり、Souza氏に対して苦情が来ていること及び彼女が懲戒される可能性があることを伝えた。

そして、11月8日(日)の勤務終了後、Souza氏は、彼女のこの件についての上司とのやり取りに関して、彼女のFacebookページ上でいくつかのコメントを投稿した。彼女の最初の投稿は、

「まるで悪夢のようだわ。会社が上司を17（AMRのコードで精神病患者のこと。）だと認めればいいのに。」だった。

AMRの上司が答えた。「何が起きたの？」

そして、現在のAMRの従業員が投稿した。「今はどう？」

Souza氏は答えた。「Frankはバカだ。」

かつての同僚が書き込んだ。「私はそこを辞めてよかったよ。」

そして、現在の同僚が言った。「ああ。彼が背後にいるんでしょ。」

「そうよ。彼はいつもいやな奴。」

最後に現在の同僚がSouza氏に言った。「がんばれ！（Chin up !)」

ところで、AMR社が設けていた従業員のSNS利用に関するポリシーは、従業員がインターネットに自分の写真を掲載することを禁じ、まずは会社からの許可が必要と思わせる表現をしており、また、AMR社とその上司、同僚、及び競合他社等について、名誉毀損的、差別的、抽象的なコメントを禁じる旨の条項を設けていた。下記にその抜粋を紹介する。

C.ブログ及びインターネット投稿ポリシー（Blogging and Internet Posting Policy）

AMR従業員ハンドブックは、また、「ブログ及びインターネット投稿ポリシー」と題する条項を含んでいる。

・従業員は、事前に、企業情報部（Corporate Communications）のEMSC副

社長の書面による承諾を得ない限り、当社のユニフォーム、会社のロゴ又は救急車を含みこれに限られない方法で、インターネットを含めこれに限られないメディアによって、会社を表現した自らの写真を投稿してはならない。
・従業員は、会社又は上司、同僚及び、又は競争会社と協議する際に、信用を落とす、差別的な、中傷的なコメントを行なってはならない。

そして、このようなSNSポリシーを背景に、同社従業員のSouza 氏は、勤務時間外に彼女自身のFacebookページに会社の上司の悪口を載せ、これに対して同僚らがコメントし、さらにまた同僚らのコメントにも応じたことを理由として同社を解雇されるという事態となった。会社側は、「ブログ及びインターネット投稿ポリシー」をSouza氏の解雇の理由として挙げたのである。

これに対し、NLRBは、Souza氏の解雇は、労働者側が法律で保護されている行為に対して、これを無視した不当な解雇であるとして、AMR社のSNSポリシーを違法として訴えた。さらに、NLRBは、Souza氏が「Weingarten権（会社が従業員の業務を調査する際、労働組合に代表させる権利）」を否定された点についても違法であるとして同社を訴えたとのことである。

他方、AMR社は、Souza氏の解雇には、複数の深刻な他の理由も含まれており、単に「Facebook」に掲載したコメントのみによるものではない、との反論をしていた。

（訴訟経過）

本件の経過としては、弁論開始直前の2011年3月7日、AMR社とNLRAは、示談を結ぶことになり、和解が成立したことによって訴訟としては終結している。本件は、企業側の営業秘密、企業イメージの維持・管理と、社外かつ就労時間外のソーシャル・ネットワーキング・サービス利用に関する従業員側の権利との関係、利益調整を方向付けるものとして、全米の労働者の注目を集めていた。しかしながら、裁判の前日に突然、当事者間の示談が成立し、終結を迎えている。

その内容について、NLRBのプレスリリースによると、「同社は、広範囲に規制しすぎているポリシーを改善し、就労時間外に社外で、従業員が給与、就労時間、雇用状態等について、同僚、その他と話し合うことを不当に制限せず、それらの行為を懲戒、解雇などの対照としないものとすることに合意した。」「同社はまた、組合による代表の要求を拒否したり、組合代表を要求したことに対して、従業員に懲罰をほのめかしたりしないことを約束した。尚、本件訴訟の解雇については、従業員と会社間で、プライベートな別個の示談が結ばれた。」とのことである。

このNLRB v. AMR社事件では、企業としては日頃からSNSに対する姿勢、ポリシーを確立しておくことが重要であるということが指摘されており、本件は、訴訟事件の先例としては裁判規範を残すことなく和解終結してしまったものの、企業における従業員に対するSNSポリシーのあり方について、いくつかの検討すべき点を示唆するものであると思われる。

(本件から示唆されている留意点)

本件については、SNSポリシー、ガイドライン策定に関連して、下記の諸点が指摘されている（HRM PARTNERS, INCのサイトより要約・抜粋）[2]。

① ポリシーは、その範囲を定義すべきであり、個人的なブログ・メッセージボード・Twitterのようなマイクロブロギングサイト・Facebook・MySpace・LinkedInのようなソーシャル・ネットワーキング・サイトやその他のウェブサイト及びチャットフォーラムを含む（それらに限らず）すべてのインターネットベースのコミュニケーション媒体が含まれるということを説明することが必要である。

② ポリシーは、裏書と証明書の使用における連邦取引委員会（Federal Trade Commission略してFTC）の新ガイドラインに従い、雇用主についての情報を伝える際は、常に雇用主の従業員である旨を開示する義務があることを従業員に再確認させるべきである。この方法で従業員が自身について特定すると、発言が彼ら自身の考えや意見を反映していることを明確に後押しすることとなる。

③ ポリシーでは、従業員が雇用主の守秘情報あるいは顧客の個人情報を開示する事を禁止していることを、企業秘密・著作権・商標登録情報の開示を禁止していることと合わせて再認識させるべきである。

2 HRM PARTNERS, INCのサイトより抜粋
（http://hrm-partners.com/hr-news/social-media-policies-the-nlrb?lang=ja?&lang=ja）

④ ポリシーは、賃金や雇用の契約条件を話し合ってもよいことを従業員へ通知するべきである。
⑤ ポリシーは、オンライン上のコメントは雇用主だけでなく、従業員個人や同僚にも影響を及ぼす事を従業員に対して喚起するべきである。したがって、従業員に対してはすべてのソーシャルメディア内における自身の発言及びそれらの発言がどのように他人へ影響を与えることになるかについて注意深く考慮するように求めても良いと思われる。
⑥ 各従業員のNLRA法上保護される権利を理解し尊重することを述べる免責となる文章も追記することを勧めるものである。
⑦ また、ソーシャルメディア・ポリシーの必要な変更に加え、従業員の仕事に関してソーシャルメディアを使用して伝える事が解雇あるいは懲戒処分に繋がる恐れがあるとする就業規則内の全ての懲戒ポリシーは問題を引き起こすかもしれず、見直しが必要である。

⑵ New York Party Shuttle, LLC and Fred Pflantzer (Case 02－CA－073340 May 2, 2013 DECISION AND ORDER) ～Facebook投稿による解雇事件訴訟～

（事案の概要）

本件の被告である米国・ニューヨーク市のNew York Party Shuttle, LLCは、On Board Toursの名のもとにニューヨーク市で様々なガイドツアーを提供する事業を運営している（同社のCEO及び法務担当はC. Thomas Schmidtであり、ニューヨークでの業務を直接統括しているのはDonald Whiteである。両者が法に定める統括者であり、代理人であると規定されている。）。他方、原告のPflantzer氏は、被告の会社で2011年10月にツアーガイドとして就業を開始しており、本件の担当の行政法判事からは、彼を被告会社の「従業員」であると認定されている。そして、2012年2月11日頃、被告は、Pflantzer氏が、⒜電子メールを使用してニューヨークの他の雇用者の従業員と雇用条件について論じようとしたこと、⒝ソーシャルメディアを通じて被告の従業員や他の雇用者の従業員と雇用条件につき意見交換したことにより、組合活動及び保護された協調活動に従事したことを理由に同氏を解雇したという事案である。詳しい事案の内容は下記のとおりである。

被告New York Party Shuttle, LLCはツアーバスを所有し、ツアーバスのリースも行っており、その保守責任を負っているが、通常約17～18人のツアーガイド及び約8～9名のバスドライバーが就労している。記録によればPflantzer氏及び他のツアーガイドもすべて、時間給で給与を受け取っており、社会保険料等や連邦所得税及び州所得税を控除した金額で社の小切手を受け取っていた。

ツアーガイドは、通常、翌週の稼働について、毎週木曜日にDonald White氏に通知する。White氏は通常、その回答として、各ツアーガイドとドライバーに毎週土曜日又は日曜日に1週間のスケジュールを配付する。その際、担当するルートを決定し、調和のとれたチームを作るようにドライバーとガイドとのペアリングなどを決定する。被告会社は、多種多様なツアーやルートを提供しており、それぞれ管理者が決定している。すなわち、ツアーの経路が設定されたらドライバーもガイドもそれを変更する選択権はない。

2011年2月11日、Pflantzer氏はNew York Party Shuttleで働き始める前に辞めたCity Sightsという会社の従業員に電子メールを送った。このメールについては被告会社の誰にも送られていない。また、このメールの内容とかなりの部分重複した内容で、同日彼はFacebookのNYC Tour Guidesというサイトにメッセージを投稿した。Facebook投稿の内容は、以下のとおり。

「僕は最近OnBoard Toursの電話するなリストに入ってしまった。CitySightsにいた頃、我々は皆CSの恐怖話を聞いていて大部分は真実だった。しかし信じようと信じまいと、OnBoard Toursに比べたらCSは従業員天国だ！ OnBoardには健康保険もなく、傷病休暇もなく、有給休暇や福利厚生もまったくない。安全とはいえないバスで走り回り、PAシステムのような便利はものはなく、ひどい時はシートもない。従業員を守る組合もないので、恣意的な懲戒処分や、請求権のないあからさまな解雇が行われている。もし会社が買収されたとしても、仕事を保障する後継人条項がないという事態が生じるのではないかと思う。おそらく一番ひどいことは小切手が不払いになること。そうだ。不払いになることだ。言わずもがなだが、組合結成を訴えてみたところどうなったかというと、仕事に呼ばれなくなってしまった。作業表から僕の名が消えてしまったのだ。あからさまな解雇ではないが、事実上のお払い箱である。USWU1212の仕事を守る素晴らしい働きに脱帽である。皆知ってのとおり、我々には組合を作るという国が認めた権利がある。現在は機能障害を起こしているこの会社を訴えるためにNLRBに申立をしている状況。この会社には絶対求職しない方がいい。すべての人からボイコットされるべきだ。」

その後、原告の不当労働慣行の訴えに対して、被告のC. Thomas Schmidt氏は地域事務所に対し、「Pflantzer氏は反抗的、職業倫理に反する行為その他軽微な違反のために2011年に何度も再指導しなければならなかった。彼はツアーの成功のためにきわめて重要な、社のプロの運転手としての態度を維持できないことも多かった。これらの問題については懲戒処分というほどでもなかったので、その処分は取らなかった。2012年2月10日の時点で上記の問題にもかかわらず、Pflantzer氏は、明らかに社に損害を与えようとして社に関する虚偽の中傷を含む内容のきわめて職業倫理に反する書面の通信文を多くの関係者に送った。その結果、彼には、もはや社で働く資格はなくなった。しかし、この決定は社における過去の彼の記録に基づくものであり、2012年2月11日の社の従業員以外の第三者に対してネガティブな投稿を送信した際に示した職業倫理に反する行動に基づくものである。保護された活動には何ら関係がない。」と述べた。加えて、被告会社は、2月に行われたPflantzer氏を起用しない決定は2012年2月の彼の投稿がなければなされなかっただろうという立場を繰り返し述べた。

（判決・その後の経過）

以上の事案に対し、行政法判事RAYMOND P. GREENは、2012年9月19日、結論として下記の判断を示した判決を下した。

1. 組合活動を理由にPflantzer氏を解雇したことにより被告は法第8条(a)(3)と(1)に抵触している。
2. 被告が犯した不当労働慣行は法第2条(6)(7)に定める商取引に影響を及ぼす。

対処

被告が不当労働慣行に関わったことが判明したため、それらの行為を撤廃し、法の方針を発効させるために定められた差別是正措置を取るよう命令せねばならない。

被告は差別的に労働者を解雇したため、当該労働者に復職を認め、差別の結果生じた所得その他の給付の逸失額全額を補償しなければならない。未払給与はF. W. Woolworth Co., 90 NLRB (1950) に基づき、New Horizons for the Retarded, 283 NLRB 187(1987)に定める利率に基づく利息を加算し、Kentucky River Medical Center, 356 NLRB No.8 (2010) に定める毎日複利により算定される。

これらの事実認定及び結論並びに全記録に基づき、下記の推奨を発する（以下略）。

そして、この判決を受け、2013年5月2日、米国全国労働関係局（The National Labor Relations Board "NLRB"）は、被告会社に対し、上記判決に基づく措置命令を発令した。

（小　括）

本件は、上記の事案とは異なり、同社が策定するSNSポリシーを介してではなく、従業員のSNS上の発言からダイレクトに事実上の「解雇」に結び付けた事案であったが、労働法上従業員に保障された権利を侵害するような懲戒処分を性急に行った場合には、解雇無効の判断がされ、是正の措置命令が下されるという一例である。

3 参考となり得る国内裁判例

以上は海外の参考判例ではあるが、従業員等のSNS利用に際して問題が生じた場合に、適切な調査もせずに、度を超した懲戒処分を性急に行った場合は我が国でも当然に問題となり得るであろう。特に懲戒解雇については慎重な判断が必要である（労働契約法15条、同16条）[3]。

我が国の裁判例としては、上述のとおり、未だ従業員等のSNS利用関連の裁判例は見当たらないが、(1)従業員等の私生活上の行為によって企業の社

3 労働契約法
第15条（懲戒）
使用者が労働者を懲戒することができる場合において、当該懲戒が、当該懲戒に係る労働者の行為の性質及び態様その他の事情に照らして、客観的に合理的な理由を欠き、社会通念上相当であると認められない場合には、その権利を濫用したものとして、当該懲戒は、無効とする。
第16条（解雇）
解雇は、客観的に合理的な理由を欠き、社会通念上相当であると認められない場合には、その権利を濫用したものとして、無効とする。

会的信用毀損が問題とされた事例と、⑵社内パソコン等の企業内インフラを従業員が利用した場合の懲戒事例とについて、SNS利用の際の裁判規範として参考になり得る判例を以下に挙げる。

⑴　従業員の私生活上の行動により会社の社会的信用に損害が生じた場合の懲戒処分～日本鋼管事件（最高裁昭和49年3月15日判決）[4]～

従業員の私生活上の行動によって会社の社会的評価が低下したり、企業秩序が乱された場合、その行動が懲戒の対象とはなり得るものの、「当該行為の性質、情状のほか、会社の事業の種類・態様・規模、会社の経済界に占める地位、経営方針及びその従業員の会社における地位・職種等諸般の事情から綜合的に判断して、右行為により、会社の社会的評価に及ぼす悪影響が相当重大であると客観的に評価される場合でなければならない。」と判示する日本鋼管事件（最高裁昭和49年3月15日判決）の規範が参考となる。

（事案の概要）

本件の事情は、被告会社の従業員であり労働組合員でもある原告らが、いわゆる「砂川事件」に関与して逮捕されたことを理由に、原告らの行為が会社の社会的評価を若干低下せしめ、「会社の対面を著しく汚したもの」として懲戒解雇された。これに対し、原告らが被告会社に対し、雇用契約に基づく権利を有することの確認を求めて提訴したところ、原審はこれを認容したので、これを不服として会社側が上告したという事案である。

（判　旨）

以上の事案に対して最高裁は、「本件についてみると、被上告人らは、在日アメリカ空軍の使用する立川基地の拡張のための測量を阻止するため、他の労働者ら約250名とともに、一般の立入りを禁止されていた同飛行場内に不法に立入り、警備の警官隊と対峙した際にも、集団の最前列付近で率先して行動したというものであって、反米的色彩をもつ集団的暴力事犯としての砂川事件が国の内外に広く報道されたことにより、当時上告会社が巨額の借款を申し込んでいた世界銀行からは同会社の労使関係につき砂川事件のことを問題とされ、また、国内の他の鉄鋼関係会社からも同事件について批判を

4　判時733号23頁

受けたことがあるなど、上告会社の企業としての社会的評価に影響のあったことは、原判決の確定するところである。しかし、原判決は、他方において、被上告人らの前記行為が破廉恥な動機、目的に出たものではなく、これに対する有罪判決の刑も最終的には罰金2000円という比較的軽微なものにとどまり、その不名誉性はさほど強度ではないこと、上告会社は鉄鋼、船舶の製造販売を目的とする会社で、従業員約3万名を擁する大企業であること、被上告人らの同会社における地位は工員（ただし、被上告人坂田は組合専従者）にすぎなかったことを認定するとともに、所論が砂川事件による影響を強調する前記世界銀行からの借款との関係については、上告会社の右借款が実現したのは同時に申込みをした他の会社より3箇月ほど遅延したが、被上告人らが砂川事件に加担したことが右遅延の原因になったものとは認められないとしているのである。

以上の事実関係を綜合勘案すれば、被上告人らの行為が上告会社の社会的評価を若干低下せしめたことは否定しがたいけれども、会社の体面を著しく汚したものとして、懲戒解雇又は諭旨解雇の事由とするには、なお不十分であるといわざるをえない。」と判示して、原判決を支持して、上告を棄却した。

なお、以上の事例のように、懲戒処分を行うには、就業規則に懲戒事由が規定されている必要があり、一般的には、「不名誉な行為により会社の体面・信用を傷つけたとき」等の「体面汚損条項」が根拠とされるので、本項末尾にサンプルを収録した[5]。

⑵ 勤務時間中の社内パソコン等の利用によるメール送受信と懲戒処分～職務専念義務違反～

ア グレイワールドワイド事件

企業内のパソコン等の設備を用いてインターネット上に発信・投稿をした場合は、グレイワールド事件判決（東京地裁平成15年9月22日判決）[6]が参考となろう。事案は、世界的広告企業のグループ企業である被告会社に勤務していた原告が、被告から無期限出勤停止を命じられ、その後懲戒解雇された

5 就業規則の「体面汚損」条項のサンプル、社員に提出を要請する「誓約書」のサンプルは本項末尾を参照。
6 労判870号83頁

ため、同解雇の効力を争ったという事案である。

これについて、裁判所は、「労働者は、労働契約上の義務として就業時間中は職務に専念すべき義務を負っているが、労働者といえども個人として社会生活を送っている以上、就業時間中に外部と連絡をとることが一切許されないわけではなく、就業規則等に特段の定めがない限り、職務遂行の支障とならず、使用者に過度の経済的負担をかけないなど社会通念上相当と認められる限度で使用者のパソコン等を利用して私用メールを送受信しても上記職務専念義務に違反するものではないと考えられる。

本件について見ると、被告においては就業時間中の私用メールが明確には禁じられていなかった上、就業時間中に原告が送受信したメールは1日あたり2通程度であり、それによって原告が職務遂行に支障を来したとか被告に過度の経済的負担をかけたとは認められず、社会通念上相当な範囲内にとどまるというべきであるから、上記(ア)のような私用メールの送受信行為自体をとらえて原告が職務専念義務に違反したということはできない。」と判示し、さらに、被告の対外的信用を害しかねない上司の批判を繰り返したこと、また、背信性は低いものの、他の従業員の競合他社への転職をあっせんしたことは就業規則上の解雇事由に当たるとした上で、原告が、本件解雇時までに約22年間にわたり被告のもとで勤務し、その間、特段の非違行為もなく、むしろ良好な勤務実績を挙げて被告に貢献してきたことを併せ考慮すると、「本件解雇が客観的合理性及び社会的相当性を備えているとは評価し難い」として、結論として、本件解雇は「解雇権の濫用」に当たり無効であると判断した。

イ　K工業技術専門学校事件

他方、福岡高裁平成17年9月14日判決（K工業技術専門学校（私用メール）事件）[7]は、控訴人が経営する専門学校に教師として雇用されていた被控訴人が、勤務先のパソコンを使用してインターネット上のいわゆる出会い系サイトに投稿して大量の私用メールを送受信したことを理由として、控訴人会社より懲戒解雇されたことから、これが権利濫用であり無効であると主張して、原告に対し、雇用契約上の地位の確認及び未払賃金などを請求した事案である。その控訴審において、裁判所は、「5年間で1650件のメール受信、4年3ヶ月

7　判タ1223号188頁

で1330件の送信、メールの内容としては女性に性的に露骨な関係を求める内容」という事案であって、「解雇権の濫用に当たらない。」と判示している。

ウ 労働政策研究・研修機構事件

また、東京高裁平成17年3月23日判決（労働政策研究・研修機構事件）[8]では、特殊法人（独立行政法人労働政策研究・研修機構）職員が私用目的のパソコン利用があり、退職手当が減額されたという事案において、私的利用の程度は軽微であり、自己都合退職を理由とする減額は認められるものの、職務専念義務違反（私的目的でのパソコン利用）及び労務提供義務不履行（有給休暇を理由とする企業秩序違反事件調査への不従事）を根拠とする減額は裁量の逸脱濫用に当たり違法無効であるから、退職職員は退職金未払分及び遅延損害金の支払を請求できる、と判示した裁判例もある。

最終的には、事案の内容によりケースバイケースであり、個別事情の総合考慮により「社会的相当性の範囲かどうか」を判断することになるものと思われる。

〔藤田 晶子〕

---

8 労判893号42頁

【参考書式例】誓約書

株式会社　○○商事
代表取締役社長
○○　○○　　　殿

誓　約　書

このたび貴社社員として入社するにあたり、以下の事項を厳守することを、ここに誓約致します 。

記

1. 貴社の「就業規則」その他の諸規定・「ガイドライン」の定めを厳守すること。
2. 貴社の信用と品位を失墜させぬよう行動すること。
3. 業務上知り得た機密情報、営業秘密、個人情報を他へ漏らさないこと。
4. 同僚と協力し、職場の秩序を保つこと

以上

○年○月○日

住所　東京都○○区○番○号
氏名　○○　○○　　　　印

【参考書式例】就業規則（抜粋）（体面汚損条項サンプル）

〈就業規則〉

（制裁の種類）

第○○条　制裁の種類は次のとおりとする。

⑴ けん責　始末書を提出させ将来を戒める。

⑵ 減給　始末書を提出させ減給する。ただし、1回につき平均賃金の1日分の半額、総額においては1賃金支払期の賃金額の10分の1を超えない範囲でおこなう。

⑶ 出勤停止　始末書を提出させ、○日以内の出勤を停止する。出勤停止期間中の賃金は支給しない。

⑷ 降格　始末書を提出させ、職務の地位を下げる。

⑸ 諭旨退職　懲戒解雇に相当するが、退職願の提出をするよう勧告する。これに応じない場合は懲戒解雇とする。

⑹ 懲戒解雇　予告期間を設けずただちに解雇する。この場合において労働基準監督署長の認定を受けたときは、予告手当を支給しない。

（制裁）

第○○条　次のいずれかに該当するときは、けん責、減給、出勤停止または降格に処する。ただし、反則の程度が軽微であるか、または特に考慮すべき事情があるか、もしくは本人が深く反省していると認められる場合は制裁を免じ、けん責にとどめることがある。

⑴ 正当な事由なくして1ヵ月に○回以上遅刻・早退・私用外出をし、もしくは○日以上無断欠勤が引き続いたとき、またはしばしば職場を離脱したり突然の自己欠勤をし、業務に支障をきたしたとき

⑵ 勤務に関する手続き・届出を偽り、または怠ったとき

⑶ 業務に対する誠意を欠き、職務怠慢と認められたとき

⑷ 就業時間中に許可なく私用を行ったとき

（以下、略）

㉒ 従業員として会社の体面を著しく損なったとき

2. 次のいずれかに該当するときは、懲戒解雇に処する。ただし、情状により諭旨退職にとどめることがある。

⑴ 前条の違反が再度に及ぶとき、または情状重大と認められるとき

⑵ 重要な経歴を偽り、その他不正な方法を用いて採用されたとき

⑶ 正当な事由なくして無断欠勤が引き続き14日以上に及んだとき

⑷　業務上の横領を行い、背任行為があったとき

（以下、略）

㉑　その他、前各号に準ずる程度の不都合な行為により、従業員としての体面を汚し、会社の名誉および信用を傷つけ、会社に金銭・信用・体面上のいずれかにおいて著しい損害を与えたとき

 SNSと利用者の個人情報・個人の権利保護

Question

ソーシャル・ネットワーキング・サービス（SNS）の普及に伴って、利用者側の「個人情報保護」の重要性や、著作権等の個人の権利保護の問題が指摘されていますが、どのような法律問題でしょうか。

Answer

各SNSには様々な機能、特徴があり、それを理解した上で利用する必要があり、最近ではSNSの基本的機能で日常的に使われている機能による利用行為が、他人の権利（著作者人格権）を侵害するとの裁判例も出ています。

Commentary

1 問題の所在

インターネット上で世界的な規模の広がりを見せている「ソーシャル・ネットワーキング・サービス（SNS）」に関する法律問題としては、従業員等のSNS利用と企業のポリシー・ガイドラインの策定・運用の問題や社員等に対する懲戒処分の問題だけでなく、SNSの利用者自身の個人情報保護、著作権等の権利保護、と、事業者の広告媒体や通信販売の手段として利用される際の消費者保護の問題がある。次々とネット上に登場して市場でシェアを競い合っているSNSは種々あるが、「ソーシャル・ネットワーキング・サービス（SNS）」と一括りにいっても、各SNSごとに様々なシステムの特徴があり、利用者、消費者側が利用開始の前に規約等で十分に理解、把握した上で利用開始することは難しく、利用者の大半はそのような各SNSごとの固有の特徴をよく認識せずに参加しているという実態がある。独立行政法人国民生活センター[1]等に寄せられる消費者相談例や、後述の海外裁判例から窺える示唆などからもSNS事業者による広報・啓蒙活動だけでなく、利

1 独立行政法人国民生活センター（http://www.kokusen.go.jp/）

用者、消費者側の意識改革が求められている。

2 個人情報保護・権利保護（著作権等）に関する留意点

(1) Facebookの場合

ア Facebookの機能・特徴

Facebookとは、2004年2月4日に設立、米国カリフォルニア州パロアルト所在のFacebook, Inc.が運営・提供するSNSであり、Facebookは、各SNSに共通の基本的な機能として、①プロフィール機能、②メッセージ送受信機能、③ユーザー相互リンク機能、④ユーザー検索機能、⑤日記（「ブログ」）機能、⑥コミュニティ機能等を備えているが、他のSNSと比較して、以下のとおりの特徴がある。

まず、他のSNSと比較して特徴的な機能の1つとして、「いいね！」ボタンというシステムがある[2]。「いいね！」ボタンとは、ユーザーが目にしたコンテンツに対し「いいね！」と意思表示する機能であるが、「シェア」ボタンや「コメント」がテキスト文字を入力したり、何かを添付する必要があるのに対し、「いいね！」ボタンの使い方は、基本はただクリックするだけという簡便さである。ユーザーが「いいね！」ボタンをクリックすると、自分の掲示板や友達のお知らせなどに連動して掲載され、その結果がさまざまな場所に表示されることになるため、たくさんの人が「いいね！」と言っているものは自然と世間の関心が集まり、たくさんの場所に表示されるということになる。

しかし、「いいね！」ボタンには、そのユーザーの名前で当該コンテンツを推薦するという意味も含まれているので、「いいね！」ボタンを押した人の評価という価値が付加される効果があり、「いいね！」された対象にはその押された回数も表示されるため、商品の購買行動や口コミに影響を与えるなどの効果がある。したがって、このボタンを押すことは、知らず知らずのうちに、商業的広告に部分的に協力していくようなところがある。しかもFacebookのページのいたるところに設置されている。このような点から「い

---

2 当初、「いいね！」ボタンの機能はFacebookに特徴的な、他のSNSにはない機能であったが、2011年8月、Googleが「＋1ボタン」をGoogle＋に統合し、ソーシャルミニブログサイトであるTwitterもフォローボタンを設置、mixiは2010年4月に「イイネ！」機能を付加するなど、後発で他のSNS各社も追随して、類似の機能を設置している。

いね！」ボタンの設置・運用については、事業者の広告ツールとしての利用につながっており、後述の米国裁判例のように、未成年者のユーザーと商業広告利用の問題に関する訴訟事件が起きている。

さらに、ユーザーの「実名登録制」を採っていることが最大の特徴であろう。その「実名登録制」とも関連して、Facebookがユーザーに提供する「繋げる」サービスには、時々目を見張るものがある。たとえば、Facebookのサービスを利用していると、Facebook自体がユーザーの個別のパソコンにデータとして保存されているメールアドレス情報を取得して、登録したメールアドレスを手がかりに、「知り合いかも？」と、Facebook内のユーザーの知り合いを見つけて告知・紹介、連絡を取るように促してくるというシステムがある。このシステムは、ユーザーがFacebook上で「友達検索ツール」等を利用すると、ユーザー個人のパソコン内のメールソフトに登録されているアドレス帳がFacebook上に自動的にアップロードされていることによるものであることを知った上で利用しているユーザーは少ない。ただし、Facebook上にアップロードされているアドレス帳データは、Facebookのページ上で確認できる。したがって、むやみな「友達申請」を防止するためには、「招待とインポートした連絡先を管理」のページにアクセスし、Facebookのサーバーに丸ごとアップロードされてしまっている自分のアドレス帳を確認して削除する必要がある。

プライバシー権の問題、個人情報保護の問題は、現代社会の様々な場面で普遍的な法律問題ではあるが、サービス業者のシステムの運用如何によっては、ユーザーのプライバシー保護はもちろんのこと、業者自身の個人情報取得の方法が大いに問題となる。SNSの利用方法、個人情報公開の設定については、ユーザー側の慎重さが要求されるということである。

イ　Facebookをめぐる米国裁判例

次に、上述のFacebookの特徴との関係で、Facebookの本国の米国において訴訟事件が発生しているので、以下に事案の概要・訴訟経過を紹介する。

㋐　ROBYN COHEN, et al, v. FACEBOOK事件[3]
(Class Action）～未成年者親権者集団訴訟～

(事案の概要)

本件は、2010年8月にカリフォルニア州ロサンゼルス中央地区裁判所に提起された集団訴訟で、未成年者の親権者らによる集団訴訟である。すなわち、Facebookには、上記の特徴で触れたとおり、ユーザーがどんな記事アップデートでも、ホーム画面に表示される自己又は他人のストリーム内の記事について“Like”(「いいね！」ボタン)を押すことができる仕組みになっている。そして、その“Like”ボタンは、画面に表示される様々な広告表示にも“Like”できることから、その広告がFacebookのページにリンクされていると、ある者が“Like”したことがアップデートとして友人たちにも告知されるシステムになっている。要するに、誰がどんな広告表示に“Like”したかが友人登録しているメンバーに知れわたるシステムである。このように、“Like”ボタンを押すことが、一種の仲間達への推薦、宣伝広告の役割を果たすことになり、この点を捉えて、原告である未成年者の親権者、後見人たちは、未成年者の名前や“Like”したことを事業者が広告に使う場合は、未成年者の保護者の同意を要することであり、Facebookはその同意権を無視している、未成年者の名前や写真を悪用しており、未成年者が保護者の同意なく商業広告等を“Like”する（「いいね！」する）ことは違法である旨主張して提訴した。

これに対し、Facebookは、「この訴訟はまったく無意味であり、弊社は断固戦う。告訴は法の趣旨と『Facebook』の運用方式を誤解している。たとえば、原告は未成年者が検索エンジンを通じてFacebookをマーケティングしていると主張しているが、弊社は未成年者が自分のプロフィールを検索エンジンに含めることを禁じている。」等述べて反論している。

⑷ PERRIN AIKENS DAVIS v. FACEBOOK, INC., 事件[4]
(Class Action) ～ログアウト後のモニタリング訴訟～

（事案の概要）

本件は、Facebookが、ログアウト後のユーザーの活動をコンピュータの「クッキー」の機能を使って密かに追跡していたとして、ユーザーのプライ

---

3 In The Superior Court of the state of Carifornia for the County of Los angeles-Central District CaseNo. BC444482
訴状は以下で参照できる。
http://techcrunch.com/2010/08/27/lawsuit-teens-facebook-like/

4 In The United States District Court for the Northern District of California San Jose Division Civil Action No.CV-11-04834

バシー権侵害等を理由に提起されている集団訴訟である。アメリカ国内に住むFacebookのユーザーの代理として、イリノイ州のエイキンス・デービスという人物らが、カリフォルニア州サン・ホセの連邦裁判所に提起しているものであるが、原告らの訴えによると、Facebookは、そのシステム上の利用条件として、「クッキー」（“cookie”）ファイルをコンピュータにインストールして使用しているユーザーに対して、ログオン中はIDの特定やアプリケーションの使用状況、ウェブサイトでの相互交流等の情報を追跡するが、そうしたクッキーは、ユーザーがFacebookからログオフしたら削除される建前・約束となっていた。しかしながら、実際は、Facebookはクッキーによってログオフした後もユーザーの活動を追跡調査していたことが発覚した。そして、そのようなFacebookの行為は、「通信の秘密」を守り、盗聴の規制をする連邦法や、コンピュータによる不正行為防止法違反に当たるとして、こうした追跡を裁判所命令で止めさせるように求めているという事件である。

2011年10月1日付けの「Bloom Berg Business week」記事[5]によると、「オーストラリアのテクノロジー・ブロガーが、同社（Facebook）が慣習としてログアウトしたメンバーをモニタリングしていると暴露して、初めて同社はこれを認めた。もっとも、ブロガーは1年前に被告に注意していたが、」との報道がされている（“This admission came only after an Australian technology blogger exposed Facebook’s practice of monitoring members who have logged out, although he brought the problems to the defendant’s attention a year ago,”）。これに対し、Facebook側は、「こうした訴えにはメリットが無く、しっかりと我々は闘うだろう」（“We believe this complaint is without merit and we will fight it vigorously,”）と広報担当者がメールで声明を発表しているという。他方、原告の1人、デビッド・ストライト氏は「彼らが冒した過ちへの補償と再発防止を保証して貰う事が我々のゴールだ」（“our goal is to seek redress for the wrongs they have committed and to ensure it doesn’t happen again.”）
と述べていると紹介されている[6]。

5 http://www.businessweek.com/news/2011-10-01/facebook-targeted-in-group-privacy-suit-over-internet-tracking.html

(訴訟経過)

本件は、2012年5月19日付けの報道で、同様の趣旨のプライバシー権侵害訴訟が21件、合計150億ドル(1兆1900億円)もの集団訴訟に膨れあがっている旨報道されており、本稿執筆中には裁判所の判断は未確認である。このような原告の主張が事実であると認定されれば、これは大いに問題とされ、今後の経過が気になるところである。上述の「友達申請」とアドレス帳の自動アップロードの例も併せ考えると、同サービスの運営方法、ユーザーの個人情報の取り扱い方には今後も注意を払い検証を重ねていく必要があるものと思われる。

ウ 小 括

以上をまとめると、Facebookの特徴と裁判例等から当面考えられる問題・注意点は、①「いいね!」ボタンのシステムと広告・商業的利用への配慮、②「実名登録制」であることの理解・認識、③ Facebook自身のサービス運用の在り方とプライバシー権の問題、個人情報保護の問題などである。

⑵ Twitterの場合

ア Twitterの機能・特徴

「Twitter」とは、エヴァン・ウィリアムズが設立した米国カリフォルニア州サンフランシスコ所在のオブビアウス社(「Obvious」現・「Twitter, Inc.」)が、2006年7月から開始したソーシャル・ネットワーキング・サービス(SNS)の1つである。基本的に直近の3200件迄しか閲覧できないという制限があり、基本的な使い方は、各ユーザーが自分の近況や感じたことなどをリアルタイムに投稿、「ツイート(tweet)」し、それに対して他のユーザーが「リツイート(retweet)」したり、「リプライ(reply)」すなわち「返信」することで、メールや「instant messenger」[7]等に比べると、「ゆるい」コミュニケーションが生まれると説明されている。

Twitterは、ホームページや「ブログ」と、「チャット」との中間のようなシステムで運営されており、文字情報だけでなく画像もリンク情報として送

---

6 「DON」記事 http://blog.livedoor.jp/takosaburou/archives/50630876.html

7 コンピューターネットワークにつながった複数のコンピュータでリアルタイムにメッセージのやり取りができるアプリケーションプログラムのこと。

信は可能であるが、最大の特徴は基本的に最大140字以内の短文投稿であるという点である。これを上記のFacebookの文字数制限と比較すると、投稿の文字数上限は6万字「以上」とされているので[8]、同じ「SNS」といっても、運用の違い、ユーザーによる利用のされ方の違いは大きいものと思われる。Twitterの場合は、一時的に同期的に、つまり「チャット」のように、ほぼリアルタイムで通信が行われ、同期型と非同期型が混在した媒体であるとか、利用者が必要に応じて同期的な通信することを選択できるという意味で「選択同期」であるなどの説明がされることがあるが、要するに、Twitterは、他のSNSサービスと比較して、通信媒体としての即時性（＝リアルタイム性）に優れているということである。上述の「リツイート（retweet）」「リプライ（reply）」機能は、基本的に投稿された情報を各々の「フォロワー」全員にいちいち表示するため、即時性（＝リアルタイム性）とも相俟って大きな威力を発揮し、各々の「フォロワー」に表示されたツイート（tweet）の情報は急激に世界中のTwitterネットワークに拡散する。

以上、Twitterの特徴をまとめると、①最大140字以内の文章という短文情報、②上記①とも相俟った通信の「即時性＝リアルタイム性」、③「リツイート」機能等による手軽で圧倒的な「情報の拡散力」ということになろう。

イ Twitterと国内訴訟事件

Twitterに関しては、個人の権利である著作権に関連して、平成30年に以下の裁判例があり、Twitterの基本的な機能である「リツイート」行為について、知財高裁から、著作者人格権侵害（氏名表示権[9]、同一性保持権[10]）を認める判決が出ており、関係者間で大いに注目を集めている。

㋐ リツイート事件（知財高裁平成30年4月25日判決）[11]
（原審：東京地裁平成28年9月15日判決）[12]

（事案の概要）

職業写真家であるX（原告）が、自身の撮影した写真を自身の運営するウェブサイトに掲載した。掲載した写真には©マークや著作者名を記していたと

---

8 Facebook公認ナビゲーションサイト（http://f-navigation.jp/column/008.html）
9 著作権法19条1項
10 著作権法20条1項
11 平成28年（ネ）第10101号・裁判所ウェブサイト
12 平成27年（ワ）第17928号・裁判所ウェブサイト

ころ、このXの写真を見たAはXに無断でXのウェブサイトから写真を自身のファイルに保存し、AのTwitterのアカウントに「インラインリンク」[13]という形で掲載した。

このインラインリンクは、Xのウェブサイトにジャンプするリンクではなく、AのTwitter上に画像をそのまま表示するTwitterにおいて一般的な画像の添付方法である。さらに、Aのファイルで表示される写真には、Xが記載していたはずの©マークや氏名がトリミングにより切り取られているものであった。このトリミングが行われたことを知らない善意の第三者達、B_1、B_2（Twitterユーザー）がAのインラインリンク付きツイートをリツイートした。これらを見たXは、「ツイートしたAだけでなくRTしたB_1、B_2にも著作権が侵害された」として、ツイートを行ったAや、Aのツイートをリツイートした B らに対して訴えを起こしたいとは思うものの、匿名性ゆえにこれらを行った人物が特定できなかった。人物の特定ができなかったために、Twitterの制度、運営、ユーザーの情報管理を行っている法人Yら、①Twitter Japan株式会社と②Twitter, Inc.（米国Twitter社）を相手に訴えを起こしたという事案である。

Xは、Twitterのユーザー、A、B_1、B_2らの行った行為、発信内容によって、①著作権（複製権、公衆送信権など）、②著作者人格権（氏名表示権、同一性保持権）が侵害されたとしてプロバイダ責任制限法に基づき米国Twitter社、Twitter Japan社に対してユーザー、A、B_1、B_2らの発信者情報（メールアドレス）の開示を求めた。

（主な争点）

Aのツイート行為を善意の第三者が「リツイート」し発信することは公衆送信権の侵害と成り得るか。

（裁判所の判断）

インラインリンクの仕組み上、リンク先のコンテンツのデータはユーザーのコンピュータに直接送信され、リンク元のサーバーへの送信や蓄積は行わ

13　インラインリンクとは、ユーザーの操作を介することなく、リンク元のウェブページが立ち上がった時に、自動的にリンク先のウェブサイトの画面又はこれを構成するファイルが当該ユーザーの端末に送信されて、リンク先のウェブサイトがユーザーの端末上に自動表示されるように設定されたリンクをいう。

れない。このため一般的には、インラインリンクの設定は、著作権侵害にはならないと考えられてきた。リツイートもインラインリンクの一つであると判断されている。

しかし、「リツイート」によってタイムライン上の写真の表示画像が変更され、また、氏名が消えたが、これらは、リツイートの結果として送信されたHTMLプログラムなどによって位置や大きさが指定されたためであるなどとして、リツイートしたユーザーが著作者人格権侵害の主体と判断された。

すなわち、同一性保持権侵害の成否については、「表示される画像は、思想又は感情を創作的に表現したものであって、文芸、学術、美術又は音楽の範囲に属するものとして、著作権法2条1項1号にいう著作物ということができるところ、（略）表示するに際して、HTMLプログラムやCSSプログラム等により、位置や大きさなどを指定されたために、（略）本件リツイート者らによって改変されたもので、同一性保持権が侵害されているということができる。」「本件リツイート行為は、本件アカウントAにおいて控訴人に無断で本件写真の画像ファイルを含むツイートが行われたもののリツイート行為であるから、そのような行為に伴う改変が『やむを得ない』改変に当たると認めることはできない。」として、侵害を肯定した。

また、氏名表示権侵害の成否については、「控訴人の氏名が表示されなくなったものと認められるから、控訴人は、本件リツイート者らによって、本件リツイート行為により、著作物の公衆への提供又は提示に際し、著作者名を表示する権利を侵害されたということができる。」として、侵害を肯定した。

（判旨）

「流通情報のデータのみが送信されている本件写真について、本件リツイート者らを自動公衆送信の主体と認めることはできず、著作権法23条2項の公衆伝達権の侵害行為自体がなく、その幇助もないが、本件アカウント2については、流通情報の画像が改変され、控訴人の氏名が表示されてなく、<u>著作者人格権の侵害がある</u>ということができる。」

「控訴人は本件アカウント1から5に本件写真を表示させた者に対し著作権又は著作者人格権の侵害を理由として権利行使し得るところ、上記の者の特定に資する情報を知る手段が他にあるとは認められないから、発信者情報の開示を受けるべき正当な理由があると認められ」、控訴人請求は、「被控訴人米国Twitter社に対して、（略）電子メールアドレスの開示を求める限度で理由があり、その余は理由がないから、これと異なる原判決を変更する」こととする。

ウ 小 括

以上のとおり、代表的なSNS企業2社についてご紹介したが、台頭しつつある人気のSNSはライン、インスタグラム等々、他にもある。一括りに「ソーシャル・ネットワーキング・サービス（SNS）」といっても、基本理念や運用のあり方は様々であって、それぞれに固有の特徴がある。

したがって、利用者はSNSの利用に当たってその各々の特徴をよく理解した上で、個人情報や著作権等の他人の権利、営業秘密等の管理等を徹底する必要がある[14]。この点、直近の裁判例によると、当該SNSの基本的機能だからといって当然に他人に権利の侵害に当たらないと判断するのは早計であることを窺わせている。

〔藤田　晶子〕

14 拙稿「ソーシャル・ネットワーキング・サービス（SNS）に関する法律問題と内外の裁判例等について」法律実務研究27号（東京弁護士会、平成24年3月）

第5章

AIに関する法的論点

AI化に対する政府の取組等

Question

現在は第3のAI（人工知能）ブームの到来の中で、新たな技術の進展が進んでいますが、それに伴う法整備についてはまだ追いついていません。政府では平成28年10月からは「AIネットワーク社会推進会議」（総務省）が、平成30年5月からは「人間中心のAI社会原則検討会議」が開催され、AIの開発及び利活用において留意することが期待されている事項について検討が重ねられているようですが、具体的にはどのような論点が問題となっているのかを教えてください。

Answer

AIに関する技術開発と利活用が急速に進展する中、今後、AIシステムがインターネット等を通じて他のAIシステム等と接続し連携する「AIネットワーク化」が進展していくことにより、社会的な課題の解決など人間や社会・経済に多大な便益がもたらされることが期待されている。他方、AIの判断のブラックボックス化や制御喪失などのリスクが懸念されるとともに、人々のAIに対する不安などが、AIの開発及び利活用の促進やAIネットワーク化の健全な進展の阻害要因となるのではないかと懸念されている。そこで政府は①主として生命・身体の安全、権利・利益等を守るための課題、②主として人間とAIとの関係等に関する課題、③主として技術的な観点からの解決が求められる課題、④主としてデータに関する課題を踏まえ、「AI利活用原則案」を取りまとめた。今後はそこで示された10の原則（①適正利用の原則、②適正学習の原則、③連携の原則、④安全の原則、⑤セキュリティーの原則、⑥プライバシーの原則、⑦尊厳・自律の原則、⑧公平性の原則、⑨透明性の原則、⑩アカウンタビリティーの原則）の内容に関し整理された論点を踏まえた検討をするとともに、今後の課題として①AIの開発及び利活用並びにAIネットワーク化の健全な進展に関する事項、②AIネットワーク上を流通する情報・データに関する事項、③AIネットワーク化が社会・経済にもたらす影響の評価に関する事項、④AIネットワーク化が進展する社会における人間を巡る課題に関する事項について検討を続けていくことになる。

Commentary

1 はじめに

昨今では、AIに関する報道を目にしない日がないほど、AIに関する技術開発と利活用が目まぐるしく進展している。また今後、AIシステムがインターネット等を通じて他のAIシステム等と接続し連携する「AIネットワーク化」の進展により、社会や経済に多大な便益がもたらされることが期待されている。一方、AIやAIネットワーク化については、不透明化や制御喪失などリスクも懸念されている。そこで平成28年2月から6月までAIネットワークを巡る社会的・経済的・倫理的・法的課題をAIネットワーク化検討会議において議論してきた。

こうした中、平成28年4月に日本で開催されたG7香川・高松情報通信大臣会合において、ホスト国である日本はAI開発原則のたたき台を紹介し、各国関係閣僚による議論が行われた。その結果、G7において「AI開発原則」及びその内容の説明からなる「AI開発ガイドライン」の策定に向け、引き続きG7各国が中心となり、OECD等国際機関の協力も得て議論していくことで合意した。その後、欧米各国においても、AIに関する社会的・経済的・倫理的・法的課題をめぐる検討が本格化し、国際的な議論が加速している。

少子高齢化などの課題を抱える日本は、AIを積極的に開発し利活用することにより様々な課題を解決するとともに、その知見を活かしつつAI開発ガイドライン案などAIネットワーク化のガバナンスの枠組みについて国際的に議論を提起することにより、国際社会に大きく貢献することに鑑み、総務省では、平成28年10月より「AIネットワーク社会推進会議」を開催し、国際的な議論のためのAI開発ガイドライン案の検討その他AIネットワーク化のガバナンスの在り方の検討を行うとともに、具体的な利活用の場面を想定したAIネットワーク化の影響の評価を行ってきた。

また、平成28年12月28日から平成29年1月31日まで実施した国際的な議論のためのAI開発ガイドライン案の策定に向けて「整理した論点に関する意見募集」で提出された意見、平成29年3月13日及び14日に開催した国際シンポジウム「AIネットワーク社会推進フォーラム」における議論並びに平成29年6月14日から同年7月7日まで実施した「報告書2017（案）に関する意見募集」で提出された意見等を踏まえ、同推進会議において、報告書2017を取りまとめた。

2 「AIネットワーク社会推進会議」（総務省）の概要

その後、平成29年10月から「AIネットワーク社会推進会議」を開催し、①AI開発ガイドライン（仮称）の策定に向けた国際的な議論のフォローアップ、②AIネットワーク化が社会・経済にもたらす影響の評価を継続すること、③AI利活用において留意することが期待される事項に関する検討（「AI利活用原則案」及び各原則に関する論点整理）等を検討し、平成30年6月12日から約2週間、意見募集を実施した上で報告書2018を公表した。この報告書を「人間中心のAI社会原則検討会議」で紹介した。

⑴ AI開発ガイドライン（仮称）の策定に向けた国際的な議論

AI開発に関わる国際的な議論も活発である。

ア OECD（経済協力開発機構）

OECDは、平成29年10月26日から27日にかけて、フランス・パリにおいて、総務省との共催により、AIの普及が社会にもたらす機会と課題、政策の役割と国際協調について議論を行うべく、AIに関する政策をテーマとする国際カンファレンス「AI:Intelligent Machines, Smart Policies」を開催した。

また、平成29年11月21日から22日にかけて、デジタル経済政策委員会（Committee on Digital Economy Policy：CDEP）が開催され、OECDのAIに関する今後の取組について議論が行われた。

さらに、平成30年5月16日から18日にかけてCDEPが開催され、事務局より「社会におけるAI」と題する分析レポートが報告された。分析レポートにおいては、本推進会議の検討状況及びAI開発ガイドライン案のOECD、G7等への展開について紹介されている。

イ G7

G7は、平成29年9月25日から26日にかけて、イタリア・トリノで開催された。G7情報通信・産業大臣会合の閣僚宣言において、AIの進歩が経済及び社会に莫大な便益をもたらすことを認識するとともに、デジタル経済におけるイノベーション及び成長を主導する人間中心のAIというビジョンを共有し、「附属書2：我々の社会のための人間中心のAIに関するG7マルチステークホルダ交流」において同ビジョンを一層発展していくことが合意された。

また、平成30年3月27日から28日にかけて、カナダ・モントリオールで開催されたG7イノベーション大臣会合において、「未来の仕事に備える(Preparing for Jobs of the Future)」をテーマに、IoT、ビッグデータ、AI等の新たなイノベーションが社会・経済や労働市場に及ぼす影響について議論が行われ、その成果が議長サマリーの形で取りまとめられた。

⑵ AIネットワーク化が社会・経済にもたらす影響

AIネットワーク化が社会・経済にもたらすインパクト（主に良い影響、便益）及びリスクに関し、AIシステムの具体的な利活用の場面（ユースケース）を想定した評価（シナリオ分析、エコシステムの展望）を実施（先行的評価（災害対応、移動（車両）、教育・人材育成等10領域））した。

シナリオ分析については①まちづくり、②健康、③モノの3分野について利用者の視点からの評価をした。シナリオ分析から得られた示唆としては、自動運転により取得される移動履歴やカメラ映像等について、プライバシーに配慮しつつ、データの積極的な利活用が期待されること。プロファイリング結果により、就職や転職、結婚などにおいて、不当に不利な立場に陥ることのないようにセーフティネットの検討が必要であること。特に高齢者に有益なAIシステムの利活用と考えられるため、高齢者のリテラシーを向上させる方策などが求められることである。

エコシステムの展望では、AIネットワーク化の進展に伴い形成されるエコシステムを展望し、AIの利活用における便益や課題を整理した。そこでは、①主として生命・身体の安全、権利・利益等を守るための課題、②主として人間とAIとの関係等に関する課題、③主として技術的な観点からの解決が求められる課題、④主としてデータに関する課題に分類して展望し、これらの課題を踏まえ、「AI利活用原則案」を取りまとめた。

⑶ AI利活用において留意することが期待される事項に関する検討（「AI利活用原則案」及び各原則に関する論点整理）[1]

AIの利活用において留意することが期待される事項について、検討の背景・経緯を概観した上で、AIの利活用において関係する主体を整理するとともに、「AI利活用原則案」を取りまとめ、各原則の内容に関する論点を整理している。「AI利活用原則案」の項目及び論点は、次のとおりである。

① 適正利用の原則

（論点）AIサービスプロバイダ及びビジネス利用者は、AIのリスクを適切に評価した上で生産性の向上や業務の効率化のためAIの積極的な利活用を検討するなど、AIの便益とリスクの適正なバランスに配慮することが期待されるのではないか。

② 適正学習の原則

（論点）利用者及びデータ提供者は、利用するAIの特性及び用途を踏まえ、AIの学習等に用いるデータの質（正確性や完全性など）に留意することが期待されるのではないか。

③ 連携の原則

（論点）AIネットワークサービスのプロバイダは、利用するAIの特性及び用途を踏まえ、AIネットワーク化の健全な進展を通じて、AIの便益を増進するため、AIの相互接続性と相互運用性に留意することが期待されるのではないか。

④ 安全の原則

（論点）医療や自動運転など人の生命・身体・財産に危害を及ぼし得る分野でAIを利活用する場合には、利用者は、想定される被害の性質・態様等を踏まえ、必要に応じてAIの点検・修理及びAIソフトのアップデートを行うことなどにより、AIがアクチュエータ等を通じて人の生命・身体・財産に危害を及ぼすことのないよう配慮することが期待されるのではないか。

⑤ セキュリティの原則

（論点）利用者は、AIのセキュリティに留意し、その時点での技術水準に

---

1 AIネットワーク社会推進会議「報告書2018―AIの利活用の促進及びAIネットワーク化の健全な進展に向けて―」（平成30年7月17日）参照

照らして合理的な対策を講ずることが期待されるのではないか。

⑥ プライバシーの原則

（論点）利用者は、AIを利活用する際の社会的文脈や人々の合理的な期待を踏まえ、AIの利活用において他者のプライバシーを尊重することが期待されるのではないか。

⑦ 尊厳・自律の原則

（論点）利用者は、AIを利活用する際の社会的文脈を踏まえ、人間の尊厳と個人の自律を尊重することが期待されるのではないか。

⑧ 公平性の原則

（論点）AIサービスのプロバイダ、ビジネス利用者及びデータ提供者は、AIの判断結果により、人種・信条・性別等によって個人が不当に差別されないよう、AIの学習等に用いられるデータの代表性やデータに内在する社会的なバイアスに留意することが期待されるのではないか。

⑨ 透明性の原則

（論点）例えば、自動運転車など人の生命・身体・財産に危害を及ぼし得る分野で利活用する場合には、事故の原因究明や再発防止に必要な範囲において、AIの入出力を記録・保存することが期待されるのではないか。

⑩ アカウンタビリティの原則

（論点）AIサービスのプロバイダ及びビジネス利用者は、人々と社会からAIへの信頼を獲得することができるよう、消費者的利用者、間接利用者、AIの利活用により影響を受ける第三者等に対し、利用するAIの性質及び目的等に照らして、相応のアカウンタビリティを果たすよう努めることが期待されるのではないか。

3 「人間中心のAI社会原則検討会議」（内閣府）の概要

政府は、AIをより良い形で社会実装し共有するための基本原則となる「人間中心のAI社会原則」を策定し、同原則をG7、OECD等の国際的な議論に供するため、AIに関する倫理や中長期的な研究開発・利活用などについて、産学民官による幅広い視野からの調査・検討を行うことを目的として、人工知能技術戦略会議の下に、「人間中心のAI社会原則検討会議」を設置し、平成30年5月8日に第1回会合が開催された。

上記会議の内容は、「人間中心のAI社会原則」については、国内の産学民官による次に掲げる取組等を参考にしつつ平成30年12月には原則案を取りまとめ、平成31年以降はパブリックコメントを考慮した上でUNESCOハイレベル会合や同年6月のG20サミット、同年12月のG7サミットで公開していく予定である。その際、国際的な議論に供する観点からは、海外における各種指針等も参考にするとともに、必要に応じて外国企業等からも意見を聴取している。

① 総務省AIネットワーク社会推進会議の「国際的な議論のためのAI開発ガイドライン案」(**2**(1)で述べたとおり。)
② 人工知能学会の「倫理指針」
③ 日本経済団体連合会の「AI活用原則」

(1) 人工知能学会の「倫理指針」

ア 目 的

人工知能学会倫理委員会(以下「倫理委員会」という。)では、平成26年の委員会設置以来、人工知能研究あるいは人工知能技術と社会との関わりを広く捉え、それを議論し考察し、社会に適切に発信していくことを進めて来ている。

平成29年の前半には、こうした趣旨に基づき、倫理委員会内での議論を倫理綱領案という形でまとめ、幅広く意見を募集した。その後、それを踏まえた改訂作業を進め、12月には改訂版の倫理綱領案を策定した。さらに、それをもとに再度、倫理の専門家や編集委員会からの意見を聴取し、修正を経た上で、平成29年2月28日、人工知能学会理事会において「人工知能学会倫理指針」が承認された。

イ 意 図

倫理委員会の大きな目的は、人工知能技術のもたらす正負のインパクト両面に関し、社会には様々な声があることを理解し、社会から真摯に学び、理解を深め、社会との不断の対話を行っていくことである。

ウ 第9条(人工知能への倫理遵守の要請)

「人工知能が社会の構成員またはそれに準じるものとなるためには、上に定めた人工知能学会員と同等に倫理指針を遵守できなければならない。」

人工知能学会倫理委員会では今回の倫理指針で特徴的なものは第9条であると考えているようである。倫理委員会としては、人工知能が将来どのような形で社会に使われるかは様々な可能性があるが、鉄腕アトムやドラえもんが人工知能研究に大きな夢を与えた日本においては、社会の中で「構成員」として認められる人工知能の形は、比較的多くの人がイメージしやすく、人類のための人工知能という本倫理指針の趣旨が理解されやすいものだと考えている。さらに、こうした第9条を置くことで、人々に「社会の構成員とは何か。」「人工知能が倫理指針を遵守するとはどういうことか。」とさまざまな疑問を投げかけ、それが社会全体での人工知能技術の理解を深め、また人工知能の社会の中でのあるべき姿への議論が深まることにつながるのではないかと考えているようである[2]。

⑵ 日本経済団体連合会（以下「経団連」という。）の「AI活用原則」

AI研究や開発において、日本企業は海外と比較してかなり遅れていることを踏まえ、日本企業のAIとその関連分野における国際的な産業競争力を向上させる必要がある。そのため、①社会的インパクト、②公共財としてのAI、③産業競争力の向上を目標に他の原則との整合性も取りつつ、産業界の考え方を明確化していく予定である[3]。

4 今後の課題[4]

最後に今後、予定されている課題について述べておく。

⑴ AI開発及び利活用並びにAIネットワーク化の健全な進展に関する事項

AI開発ガイドライン（仮称）の策定、AI利活用に関する指針の策定、関係するステークホルダが取り組む環境整備に関する課題、AIシステム又はAIサービス相互間の円滑な連携確保、競争的なエコシステムの確保、利用者の利益の保護、技術開発に関する課題

---

2 人工知能学会ウェブサイト「人工知能学会　倫理指針」について参照
3 一般社団法人日本経済団体連合会産業技術本部「Society5.0実現に向けたAI活用原則の策定について」（平成30年5月8日）参照
4 AIネットワーク社会推進会議・前掲（注1）参照

⑵ AIネットワーク上を流通する情報・データに関する事項

セキュリティ対策、プライバシー及びパーソナルデータの保護、コンテンツに関する制度的問題の解決（学習用データの作成の促進に関する環境整備等）

⑶ AIネットワーク化が社会・経済にもたらす影響の評価に関する事項

AIネットワーク化が社会・経済にもたらす影響に関するシナリオ分析、AIネットワーク化の進展に伴う影響の評価指標及び豊かさや幸せに関する評価指標の設定、AIシステムの利活用に関する社会的受容性の醸成

⑷ AIネットワーク化が進展する社会における人間をめぐる課題に関する事項

人間とAIとの関係の在り方に関する検討、ステークホルダ間の関係の在り方に関する検討、AIネットワーク化に対応した教育・人材育成及び就労環境の整備、AIに関するリテラシーの涵養及びAIネットワーク・ディバイドの形成の防止（特に高齢者など情報弱者のリテラシーの向上を図るための方策の検討等）、セーフティネットの整備などである。

〔光安　陽子・本井　克樹（監修）〕

◆参考文献

総務省AIネットワーク社会推進会議「報告書2018―AIの利活用の促進及びAIネットワーク化の健全な進展に向けて―」（平成30年7月17日）
総務省総務省情報通信政策研究所「AI利活用原則案」（平成30年7月31日）
総務省HP
内閣府HP

Q2 自動運転をめぐる新たな法制度とは～民事責任法制度を中心に～

Question

AIを利用した自動運転技術の進展が近年加速化していますが、自動運転車の絡んだ交通事故に関して誰が責任を負うことになるのでしょうか。それに伴い自動車損害賠償保障法等の既存の法制度の見直しが必要となるのでしょうか。また、自動運転の進展とともに事故が起こったときの法的責任について何が問題となりますか。

Answer

自動車事故を起こした場合の民事責任は、現行法では①民法709条による責任、②民法415条による責任、③自動車損害賠償保障法3条による責任、④製造物責任法3条による責任である。しかし、自動運転化が進むと運転者はその範囲で自動運転車の自動機能が正常に機能していると信頼することができ、①については、その分、運転者の注意義務が軽減され、現在より運転者の注意義務違反が認められにくくなり、過失の立証が困難にならないか。②③については、自動運転車における運行供用者に課される注意義務の内容等をどう考えるか。④については、運行供用者責任が認められにくくなる一方でメーカーの責任が問われる機会が増えると予想されるところ、自動運転車の事故において自動運転車の「欠陥」を証明することは非常に困難にならないか等の問題がある。これらの状況を踏まえて、今後の法制度としては、既存の法制度をできる限り活用しつつも、自動車損害賠償保障法等の既存の法制度の見直しが必要となることも考えられる。自動車運転システム中心の新たな救済制度の構築を検討していくことが望ましい。

Commentary

1 はじめに

ここでは、AI時代の到来の中でも、もっとも発展が著しくかつもっとも我々の生活に密着している自動運転をめぐる問題、特に自動運転車が交通事故を起こした時の責任の所在について検討する。まず、本稿で言及する「自動運転車」とは自家用自動車の運行において人間が担っていた運転の一部又は全部が、車両搭載の自動運転装置によって代替された状態、すなわち車両に乗り込んだ搭乗者が自動運転装置の搭載された車両（自動運転車両）を用いて一定の距離を異動するという形態を想定し、いわゆる無人運転（遠隔型自動運転システム）については範疇外[1]とする。

2 自動運転化のレベル

(1) 「官民ITS構想・ロードマップ2018」における定義

「官民ITS構想・ロードマップ2018」では、自動運転レベルの定義についてSAE[2] InternationalのJ3016[3]（2016年9月）及びその日本語参考訳であるJASO TP18004[4]（2018年2月）の定義を採用する。その概要は次表のと

レベル	概　要	安全運転にかかる監視、対応主体
運転者が一部又は全ての動的運転タスクを実行		
レベル0 運転自動化なし	・運転者が全ての動的運転タスクを実行	運転者
レベル1 運転支援	・システムが縦方向又は横方向のいずれかの車両運転制御のサブタスクを限定領域において実行	運転者
レベル2 部分運転自動化	・システムが縦方向及び横方向両方の車両運動制御のサブタスクを限定領域において実行	運転者
自動運転システムが（作動時は）全ての動的運転タスクを実行		
レベル3 条件付運転自動化	・システムが全ての動的運転タスクを限定領域において実行 ・作業継続が困難な場合は、システムの介入要求等に適切に応答	システム （作業継続が困難な場合は運転者）
レベル4 高度運転自動化	・システムが全ての動的運転タスク及び作動継続が困難な場合への応答を限定領域において実行	システム
レベル5 完全運転自動化	・システムが全ての動的運転タスク及び作動継続が困難な場合への応答を無制限に（すなわち、限定領域内ではない）実行	システム

1　藤田友敬「自動運転をめぐる民事責任法制の将来像」藤田友敬編『自動運転と法』275頁参照（有斐閣、平成30年）

2　Society of Automotive Engineers

3　SAE International J3016（2016）"Taxonomy and Definitions for Terms Related to Driving Automation Systems for On-Road Motor Vehicle".

4　公益社団法人自動車技術会「JASO　テクニカルペーパ自動車用運転自動化システムのレベル分類及び定義」（平成30年2月1日）

おりである。この定義は自動運転化の進展について述べるときに多用されるものであるので挙げておくが、ここでいう1〜5のレベルと後述の民事責任とは必ずしも一致するわけではない。しかし、通常よく用いるレベルであることから、本稿においてもレベルと述べるときはこの定義におけるレベルを指すものとする。

なお、J3016における関連用語の定義は以下のとおり。

語　句	定　義
動的運転タスク（DDT:Dynamic Drivig Task）	・道路交通において、行程計画並びに経由地の選択などの戦略上の機能は除いた車両を操作する際に、リアルタイムで行う必要がある全ての操作上及び戦術上の機能。 ・以下のサブタスクを含むが、これらに制限されない。 1）操舵による横方向の車両運動の制御 2）加速及び減速による縦方向の車両運動の制御

3　運行供用者と自動運転車メーカーの民事責任

⑴　民事責任の種類

民事責任の中には①民法709条による責任、②民法415条による責任、③自動車損害賠償保障法（以下「自賠法」という。）3条による責任、④製造物責任法3条による責任がある。また自動車事故の種類にはⅰ)対人事故とⅱ)対物事故の2種類がある。

【①民法709条による責任】

民法709条は、「故意又は過失によって他人の権利又は法律上保護される利益を侵害した者は、これによって生じた損害を賠償する責任を負う。」と定める。自動車運転者が過失によって他人に人的又は物的損害を生じさせた場合には、民法709条による不法行為責任を負う。対人事故の場合は③の自賠法の運行供用者の責任が適用されることになるが、対物事故の場合には自賠法の適用はないので、不法行為責任の問題となる。

この場合、被害者が加害者の「過失」を主張・立証しなければならないことになるが、安全運転にかかる監視、対応主体がシステムとなるレベル3以上の自動運転車の事故の場合には、自動運転車の行動が一定の範囲で自動化されるので、運転者はその範囲で自動運転車の自動機能が正常に機能していると信頼することができ、その分、運転者の注意義務が軽減されると想定される。したがって、現在より運転者の注意義務違反が認められにくくなり、過失の立証が困難になることが考えられる[5]。

【②民法415条による責任】

民法415条は、「債務者がその債務の本旨に従った履行をしないときは、債権者は、これによって生じた損害の賠償を請求することができる。債務者の責めに帰すべき事由によって履行をすることができなくなったときも、同様とする。」と定める。債務不履行責任は、自動車運転手と被害者との間の責任追及の問題ではなく、事故車両の所有者が負傷等した場合に、所有者が売主であるメーカー等に対して、④の製造物責任の追及と並行して採り得る問題となろう[6]。

この場合には「契約の内容に適合しない」目的物（改正民法（債権関係）562条）をメーカー等が給付したといえるかについても検討を要する。例えば、すでに普及が始まっている衝突被害軽減ブレーキ（自動車に搭載したコンピュータが常時前方の警戒を行い、前方に障害物を感知した場合には、音声などの方法により運転者に対する警告を発し、衝突が不可避とシステムが判断した時点でコンピュータが自動的にブレーキをかけ被害の軽減を図るものの自動的に停車させ衝突を回避するわけではない[7]）において、正常に作動する衝突被害軽減ブレーキが装備された自動車が引き渡されなかった以上、そのような正常に作動しない衝突被害軽減ブレーキが装備された自動車を購入した者との関係では、契約の内容に適合した目的物が引き渡されていないという意味で債務不履行責任となる。それを「欠陥」と呼ぶかどうかは別にして、適切に作動しない衝突被害軽減ブレーキが装備された自動車の引渡しは、債務の本旨にしたがった履行とはいえず、売主は損害賠償責任を負うことになる（民法415条）[8]。改正民法（債権関係）415条では、後段部分について、「その債務の不履行が……債務者の責めに帰することができない事由による」ときは損害賠償責任を負わないと定める。よって、帰責事由のないことを債務者が立証すれば免責されることになる。

5　近内京太「自動運転自動車による交通事故の法的責任～米国における議論を踏まえた日本法の枠組みとその評価～（下）」国際商事法務44巻11号（平成28年）1610頁参照
6　藤田・前掲（注1）164頁
7　藤田・前掲（注1）142頁
8　藤田・前掲（注1）164頁

【③自賠法3条による責任】

自賠法3条は、「自己のために自動車を運行の用に供する者は、その運行によって他人の生命又は身体を害したときは、これによって生じた損害を賠償する責に任ずる。」と定め、原則として運行供用者の無過失責任を認めている。ただし、i)自己及び運転者が自動車の運行に関し注意を怠らなかったこと、ii)被害者又は運転者以外の第三者に故意又は過失があったこと並びにiii)自動車に構造上の欠陥又は機能の障害がなかったこと、i)ii)iii)のすべてを証明したときは、免責が認められるとしている。

ア　自賠法の責任主体である「運行供用者」についてどのように考えるか

自賠法3条にいう「自己のために自動車を運行の用に供する者」とは、自動車の使用についての支配権を有し、かつ、その使用により享受する利益が自己に帰属する者をいう（最（三小）判昭和43年9月24日民集92号369頁、判タ228号112頁）ところ、運行利益の帰属についてはレベル3以上の自動車についても認められると思われるが、運行支配については、レベル3以上の自動運転車については認められるかが問題となる。この点、判例では、自動車の保有者がその自動車を運転し事故を起こした者を認識すらしていなかったとしても、当該状況において自動車の所有者が当該自動車の運行を容認していたとみられる場合には、その者は運行供用者に当たると解されている[9]。そうするとレベル3以上の自動運転車において所有者が実際に自ら運転を制御していなくても、少なくとも自動運転車を保有し、かつこれを使用し、又は運送サービスに供している者は、運行支配しているといえるであろう。よって、自動運転車の場合においても運行供用者は存在するので、完全自動運転車が登場したとしても自賠法上の責任追及は可能である[10]。

イ　自賠法の保護の対象（「他人」）をどのように考えるか

自賠法3条の責任は「他人」の生命又は身体を害したときに生じるところ、「他人」とは、「自己のために自動車を運行の用に供する者及び当該自動車の運転者を除く、それ以外の者をいう。」とされているため[11]、運行供用者及び運転者自身が死傷した場合には、自賠法3条の責任は生じないが、レベル

9　最（一小）判昭和48年12月20日民集27巻11号1611頁、最（二小）判平成20年9月12日判タ1280号110頁
10　藤田・前掲（注1）134頁、近内・前掲（注5）1612頁参照
11　最（二小）判昭和42年9月29日裁判集民88号629頁

3以上の自動運転車の場合等で運行供用者及び運転者が運転にほとんど関与していない場合には、現行の自賠法を改正して自賠法上の責任を認めるべきではないか或いは製造物責任法によるメーカー側の責任追及及び販売者の瑕疵担保責任又は任意保険（人身傷害保険）等[12]で対応するかが問題となる[13]。

ウ 「自動車の運行に関し注意を怠らなかったこと」について、どのように考えるか（ⅰ）自己及び運転者が自動車の運行に関し注意を怠らなかったこと）

現在、運行供用者には、関係法令の遵守義務、自動車の運転に関する注意義務、自動車の点検整備に関する注意義務等が課されているが、自動運転車における運行供用者には、いかなる注意義務が課されるかが問題となる。

この点、自動運転化が進むにつれて運転に関する注意義務は減少すると想定されるが、点検整備に関する注意義務、すなわち、自動運転システムが故障しないように自動車の機能を維持する注意義務やソフトウェアやデータ等をアップデートする、自動運転システムの要求に応えて自動車を修理すること等の注意義務を負うことが考えられる[14]。

エ ハッキングにより引き起こされた事故の損害（自動車の所有者等が運行供用者責任を負わない場合）について、どのように考えるか（ⅱ）被害者又は運転者以外の第三者に故意又は過失があったこと）

自動車の所有者等が必要なセキュリティ対策等を怠っていたことが原因でハッキングによる事故が生じた場合には、所有者等に過失が認められるので、運行供用者の責任は免除されない。他方、構造上の欠陥又は機能障害や保守点検義務違反等が認められない場合は、自動車の所有者等は運行供用者責任を負わない。また、メーカー等も製造物責任を負わないため、被害者は不法行為責任を追及するしかないのだろうか。その場合に被害者の救済はどうなるかが問題となる[15]。

---

12 記名被保険者、その家族又は保険証券記載の自動車に搭乗中の者が、自動車事故で死傷した場合に、過失割合にかかわらず、死傷した者が被る損害について、実損害額（治療費、休業損害、精神的損害、逸失利益等を含む）の全額が限度額の範囲で填補される任意保険をいう。（任意保険加入者の約9割が加入（損害保険料率算出機構「2016年度自動車保険の概況」より。）

13 佐藤典仁「自動運転における損害賠償責任に関する研究会の論点整理」NBL1102号（平成29年）57頁参照

14 佐藤・前掲（注13）58頁参照

15 佐藤・前掲（注13）56頁参照

この点、盗難車による事故の場合は、被保険者である保有者に運行供用者責任を問えないことから政府の保険事業により損害が填補される（自賠法72条1項後段）と同様に政府の保障事業で対応することが望ましいと思われる。

オ　外部データの誤謬、通信遮断等により事故が発生した場合、自動車の「構造上の欠陥又は機能の障害」といえるか（ⅲ)自動車に構造上の欠陥又は機能の障害がなかったこと）

自動運転化が進展し、自動運転機能に依拠することが許容される範囲が広がるほど運行供用者の過失に代わって、構造上の欠陥又は機能の障害の有無が問題となる。

「構造上の欠陥又は機能の障害」とは、保有者らにとって日常の整備点検によって発見することが不可能なものも含み[16]、運行当時の自動車に関する機械工学上の知識と経験によってその発生の可能性があらかじめ検知できないようなものを除く、自動車自体に内在していたものをいうと解されている[17]。そもそも自動運転車もあらゆる事故を完全に防止できるわけではなく、どの程度まで安全性が要求されるかが問題となる。自動運転車の安全な運行には、外部データの誤謬、通信遮断等の事故が発生した際に自動的に路肩で安全に停止すること等も含まれると考えられるが、車両が満たすべき安全性の基準については、今後の自動運転技術の進展等によることになろう[18]。よって、かかる安全性を確保できていない自動運転車については、「構造上の欠陥又は機能の障害」があるとされる可能性もある。

【④製造物責任法３条による責任】

製造物責任法３条は、「製造業者等は、その製造、加工、輸入又は前条第三項第二号若しくは第三号の氏名等の表示をした製造物であって、その引き渡したものの欠陥により他人の生命、身体又は財産を侵害したときは、これによって生じた損害を賠償する責めに任ずる。」と定める。ここでいう「欠陥」とは、「当該製造物の特性、その通常予見される使用形態、その製造業

16　大分地判昭和47年3月2日判タ285号197頁
17　東京高判昭和48年5月30日判時707号59頁
18　国土交通省自動車局「自動運転における損害賠償責任に関する研究会」報告書22頁（平成30年3月）

者等が当該製造物を引き渡した時期その他の当該製造物に係る事情を考慮して、当該製造物が通常有すべき安全性を欠いていることをいう。」（製造物責任法2条2項）。

自動運転車の「欠陥」の判断に当たっては、前述のように「通常有すべき安全性」が問題となるが、通常有すべき安全性をどのように評価するのか等についてはそれ自体問題がある[19]。安全性の基準として何についてどのような安全性が問題となるか。契約上の責任としての契約不適合であったということが、そのまま製造物責任法における通常有すべき安全性につながるのか。また、製造物責任における責任要件である「通常有すべき安全性」の有無が自賠法3条の免責要件としての「構造上の欠陥」に直結するか等である[20]。これらの問題点があることを念頭に置きつつ自動運転車の「欠陥」の有無を判断すると、以下の3点について留意することが考えられる[21]。

ア 「欠陥」の考慮要素の1つである「製造物の特性」には、当該製造物から生じる損失・利益の比較考量も含まれ得る。すなわち、自動運転車によってもたらされる交通事故の減少という社会的利益を「欠陥」の有無の判断において考慮することもできると解されている[22]。

イ 「欠陥」の考慮要素の1つである「製造物の特性」や「その通常予見される使用形態」には、当該製造物から生じる危険を防止するための警告の必要性も含んでいると解されている。自動車メーカーは、運転者が正常に機能することを信頼することができる自動運転機能を適切に判断した上で、運転者が信頼することができない機能（システムの発するサインのモニタリングが必要である等）については、それを取扱説明書等により、適切に明示することにより、一定程度製造物責任のリスクをコントロールすることができると期待されている[23]。

---

19 窪田充見編『新注釈民法⒂』612頁以下［米村滋人］参照（有斐閣、平成29年）
20 藤田・前掲（注1）172–177頁
21 近内・前掲（注5）1613–1614頁参照
22 アメリカでは設計上の欠陥として、第3次不法行為法利ステイトメントでは、合理的な代替設計を採用することによって製品から予見可能な損害が発生する危険性を減少させ、または回避することが可能であったにもかかわらず、当該代替設計を採用しなかったことにより製品が合理的な安全性を欠いている場合に認められるとされている。これは、ある設計から生じる製品の危険性がその効用を上回るか否かを問題とするリスク効用基準を採用するものとされている。以上藤田・前掲（注1）94頁、佐藤智晶『アメリカ製造物責任法』48–50頁参照（弘文堂、平成23年）

ウ　現行の製造物責任法の下においては、自動運転車の事故において自動運転車の「欠陥」を証明することは非常に困難になるものと予想される。自動運転車の事故について訴訟になると、裁判所は、製造物の「欠陥」の厳格な立証を被害者に求めるが、「欠陥」の立証に成功する例は極めて少ない[24]。他方、メーカー側は、「当該製造物をその製造業者等が引き渡した時における科学又は技術に関する知見によっては、当該製造物にその欠陥があることを認識することができなかったこと。」（製造物責任法4条1号）を証明して免責されることも予想される。

⑵　現状と問題点

以上のように我が国では対人事故の場合であれば自賠法上で無過失責任に近い形で責任が認められているので、今後、自動運転車のレベルが向上したとしても第一次的には同法によって損害の賠償は賄えるといえる。自賠法の賠償上限額は、3000万円（死亡による損害）ないし4000万円（介護を要する後遺障害による損害）（自動車損害賠償保障法施行令2条）はアメリカの無過失責任保険における1000ドルから4000ドルという水準に比較して高額である。また、損害額無制限の任意保険への加入率も高い現状からすれば、被害者としては、運行供用者に対して責任追及すれば充分な賠償額を得られるとも考えられよう[25]。もっとも、対物事故については、自賠法の適用がないので、民法の原則に従って、加害者に対しては民法709条による責任を、メーカーに対しては民法415条又は製造物責任による責任を追及していくしかない。

ただし、製造物責任については、立証責任が被害者側にあること及び証拠がメーカー側に偏在しており、立証が困難であることから、今後も責任追及は容易ではないといえる。

また、第一時的には運行供用者がまず被害者からの請求に応じ、その上で自動車に構造上の欠陥があるような場合、運行供用者からメーカーへの求償が可能であるという流れは当然であるが、この方法も自動運転化が進展する

23　前掲（注22）と同じく、表示・警告上の欠陥は、合理的な表示・警告がなされていなかったために、製品から予見可能な損害が発生する危険性を減少させ、又は回避することができなかった場合に認められる。以上藤田・前掲（注1）94頁

24　半田吉信「自動車の欠陥と製造物責任」ジュリ1107号（平成9年）136頁

25　近内・前掲（注5）1614頁参照

にしたがって、運行供用者が当該車両の運行を実質的に支配する程度は軽減し、事故の直接の原因は自動運転システムに求められるという状況が増加する[26]と、求償をめぐる法律関係（求償の相手方及び範囲、運行供用者からの求償に対応してメーカーが製造物責任についての保険に加入する等）が複雑化し、そのためのコストも軽視できない[27]。

4 望ましい解決方法と法改正の必要性

それでは、今後、どのような解決方法が考えられるか。被害者救済の観点と現行制度との親和性の観点から検討する。

⑴ アメリカの場合

アメリカでは運転者の責任と製造物責任があるが、自動運転化が進むにつれて運転者の責任が生じる場面は減少すると想定される一方でメーカーの製造物責任が増加し、自動運転の技術の採用が遅れる危険性があると危惧されている[28]。そのための解決策としては、製造物責任の判断基準を変更するなど現行法の制度内での解釈を変更する方法と新規に製造物責任を限定する方向で法制度を創設し、同時に適切な損害保険制度を組み合わせる制度の創設が望ましいといわれているようである[29]。

⑵ 自賠法の救済範囲の拡充

日本ではまず、現行の自賠法の救済範囲を拡充することが考えらえる。前述のように、自動運転のレベルの向上に伴い、運転者自身の注意義務は徐々に軽減され、運行供用者の注意義務違反を理由に不法行為責任を追及することは困難になる可能性があり、自賠法3条の賠償範囲に対物事故が含まれな

26 運転者が自動運転装置に任せきりにすることが許容される以上、運転者の過失が認められるのは自動運転装置のメンテナンスや自動運転装置からの警告に気づかなかったといった場合に限られることになる。このため、自動運転車が事故を起こした場合のほとんどは、自動車の構造上の欠陥・機能の障害によるか、運行供用者が責任を負わないかのいずれかになると考えられる。藤田・前掲（注1）278頁（脚注7）

27 藤田・前掲（注1）189–193頁

28 近内京太「自動運転自動車による交通事故の法的責任～米国における議論を踏まえた日本法の枠組みとその評価～（上）」国際商事法務44巻10号（平成28年）1453頁参照

29 近内・前掲（注28）1457頁参照

いことの弊害は増加すると思われる。

また、レベルの向上に伴い、運行供用者や運転車が運行にほとんど関与していない場合には同人らに注意義務違反が認められず、それにもかかわらず事故が生じた場合に自賠法３条の「他人」に当たらず、その損害が自賠法上救済されないことの合理性がこれまで以上に問題になってくることも考えられる。

よって、自賠法を改正して、賠償範囲に対物事故及び運行供用者や運転者自身の人身事故についても填補対象に含めるとするのはどうか[30]。

⑶ 求償をめぐる法律関係の一元化（新システムの導入）

もっとも、第一時的には自賠法による損害賠償請求を推奨し、被害者への救済が終わった後に運行供用者がメーカーに求償する場合には求償に伴う訴訟の提起をする等の費用がかかる一方で、必ずしも求償できないというリスクを負うことになる。すなわち、自賠法の免責３要件の１つである③自動車の構造上の欠陥・機能の障害の有無については、自動運転システムの仕様等に関する十分なデータを有するわけではない運行供用者が、求償訴訟において製品の蓄積データを有するメーカーからの反証によって敗訴するというケースが続出する可能性も捨てきれない。また、逆に本来は自動運転システムが安全性を備えていたにもかかわらず、被害者からの責任追及訴訟において運行供用者が構造上の欠陥・機能の障害がないことの証明ができず敗訴し、損害賠償責任を負う一方で、メーカーには求償できないというケースもあろう[31]。これは被害者救済という側面からは望ましくない。

他方、第一時的な責任をメーカー側に負担させるのは、製造物責任の追及のハードルが現状でも高いことからすれば、レベル３以上の自動運転車に限り運行供用者の責任を転嫁させる目的で被害者側の立証責任軽減または転換する等の製造物責任の特則などを設けるのは、自動運転車以外の製造物責任との整合性との観点からも理論的な説明が困難である。その一方で、アメリカのようにメーカーの製造物責任が増大し、自動運転の技術の採用が遅れる危険性があるという心配は訴訟の仕組み上、日本では少ないことからすれば、

---

30 近内・前掲（注５）1615頁参照
31 藤田・前掲（注１）276–281頁

メーカーの製造物責任の軽減を図る必要性も薄い。

そこで、従来の運行供用者責任を維持しつつ、新たに自動車メーカー等にあらかじめ一定の負担を求める仕組みを設けることが考えられる。事故時の損害は、現行の自賠責保険や自動運転車に適合する形式で改正された自賠責保険及び任意の自動車保険により、無過失責任の下で一元化し、被害者救済を明確にするものとし、メーカー等はこれらの保険の基金に拠出金を提供するという仕組みを設けることはどうか[32]。この方法では現行法の仕組みを相当程度生かしつつ、求償をめぐるコストの軽減や迂遠な手続を回避することができると思われる。このシステムを採用した場合の今後の検討課題としては、①自賠責保険料の中にメーカー等の保険料を含める場合、どのように保険料を算出するか。車両のコントロールにおいて自動運転システムが占める割合によって算出することでよいか。予測される事故率に従って保険料率を算出することが可能か。②メーカーから確実に保険料を徴収できるか。③自動運転のレベルによって異なる制度が適用されることになるが、自賠責保険制度に混乱が生じないか等であろう[33]。

5 自動運転をめぐるその他の法的問題点

最後に、自動運転車が危険を回避する場合、所謂「トロッコ問題」(制御不能となったトロッコが、直進すれば5人、右折すれば1人と衝突する場合、どう判断させるか) というようなコンフリクトの場面でどう判断するかについても付言する。

この点、ドイツの交通デジタルインフラ省は、平成29年1月に各界の専門家の意見を聞いて、同年6月にドブリント大臣に20の倫理規則を報告した[34]。この倫理規則8は「人間の生命対生命に関する決断のように、真の窮地にある場合の決断は、予測できない行為状態にある当事者の実際の具体的な状況に応じて行われる。したがってこの決断は、明確に規定され得るものではなく、倫理的に疑いがない方法でプログラミングされるものでもない。(中略) 人間の運転者は、一人または複数の他人を救うために、緊急事態に

---

32 近内・前掲（注5）1615頁、佐藤・前掲（注14）55–56頁参照
33 佐藤・前掲（注13）55頁参照
34 藤田・前掲（注1）74–81頁参照

おいて一人の命を犠牲にした場合に、違法に行為したとしても、必ずしも帰責事由ある行為をしたとはいえない。このように時間的に遡って考慮する特別な事情を評価する法の判断は、抽象的一般的な先行判断に置き換えることはできず、それゆえに対応するプログラミングに変換することもできない。(後略)」と述べ、人の生命に関する究極の判断はプログラミングによるのではなく、人間のみが行うことができるとしている。

自動運転化、ひいてはAI社会化が到来したとしても、究極的な倫理的判断をするのはやはり人間になるということか。

〔光安　陽子・本井　克樹（監修）〕

AIと知的財産法

Question

近年、AIを活用した新たな製品の開発やサービスの提供が進んでいるようですが、AIを活用したビジネスは知的財産法によってどのように保護されるのですか。

Answer

AIを活用したビジネスに関しては、学習用データ、AIプログラム、学習済みデータセット及びAI生成物のそれぞれについて、著作権法、特許法又は不正競争防止法等により保護される場合があります。なお、著作権法及び不正競争防止法については、平成30年5月に、AIを活用したビジネスに影響を及ぼす改正法案が成立しています。

Commentary

1 学習用データの保護

(1) 保護の必要性

学習用データは、通常膨大な数の生データの集合体又はこれを加工したものである。生データの収集自体や収集された生データを学習用に加工する作業には、一定のコストやノウハウを要するのが通常である。機械学習の開発に当たっては、データの前処理に必要な時間が8割で、そのほとんどを占めているとの指摘もある[1]。

そこで、一定のコストをかけ、又はノウハウを集積させた学習用データに対する法的保護が問題となる。

(2) 著作権法による保護

ア 検討すべき著作物

学習用データが検索のために「体系的に構成したもの」(著作権法2条1項

1 古川直裕「機械学習システム開発における法務(上)」NBL1119号(平成30年)68頁

10号の3）であり、その「情報の選択又は体系的な構成」に創作性が認められる場合には、「データベースの著作物」に該当する（著作権法12条の2第1項）。情報の選択又は体系的な構成における創造性が問題になった裁判例としては、職業別電話帳データベースの著作物性を肯定した事案[2]や自動車データベースの著作物性を否定した事案[3]等がある。

学習用データが「データベースの著作物」に該当しない場合でも、個々のデータが著作物に該当すれば著作権法による保護を受けることができる。例えば、学習用データが画像データである場合には、「写真の著作物」（著作権法10条1項8号）に該当する可能性がある。この点、写真は被写体をカメラで撮影し、その機械的科学的作用に依存するところが大きいが、被写体の選択、構図の組立て方、被写体となる人物にどのようなポーズや表情をとらせるか、光量の調整、シャッター速度の捉え方などに創作性が認められるため、著作物性が認められる。もっとも、単に美術作品を忠実に撮影した場合、証明写真、カタログ写真など、写真が複製を目的に使用されている場合には、その写真は著作物性を欠くとされている[4]。裁判例をみると、原作品がどのようなものかを紹介するために、できるだけ忠実に再現することを目的として撮影された版画全体の写真の著作物性が争われた事案[5]では著作物性が否定されている。一方で、一般住宅の販売に使用されるカタログに掲載された一般住宅の写真の著作物性が争われた事案[6]や、自然の中に生息している野性のイルカを被写体として撮影した写真の著作物性が争われた事案[7]では著作物性が肯定されている。これらの裁判例も参考にして、学習用データとして用いることを目的に撮影された写真の著作物性を判断する必要がある。

イ データベースの著作物と他の著作物との違い

データベースの著作物に該当する場合と、個々のデータが著作物に該当するに過ぎない場合とでは、情報解析のための複製等の例外規定（著作権法47条の7）が適用される余地があるか否かという大きな違いがある。

---

2 東京地判平成12年3月17日判時1714号128頁
3 東京地判（中間判決）平成13年5月25日判時1774号132頁
4 小倉秀夫＝金井重彦『著作権法コンメンタール』314頁［金井重彦・中谷裕子］（レクシスネクシス・ジャパン、平成25年）
5 東京地判平成10年11月30日判時1679号153頁
6 大阪地判平成15年10月30日判時1861号110頁
7 東京地判平成11年3月26日判時1694号142頁

個々のデータが著作物に該当するに過ぎない場合には、情報解析、すなわち多数の著作物その他の大量の情報から、当該情報を構成する言語、音、影像その他の要素に係る情報を抽出し、比較、分類その他の統計的な解析を行うことのために複製等をすることが可能であり、AIプログラムによる学習は「統計的な解析」（比較や分類）に該当するものと考えられる。

そのため、個々のデータが著作物に該当するとしても著作権法による保護は必ずしも十分とはいえず、その具体的な例として「宮崎駿監督のジブリ映画の特徴を解析して、同監督のスタイルで新しい映画を生成するAIを開発するために、同監督の映画すべてをコンピュータに入力したとする。これは他人の著作物を無断で複製したということになるが、この規定によって適法となる。また、鳥山明氏の画風を解析して、同氏のスタイルで新しい漫画を生成するAIを開発するために、同氏の漫画作品すべてをコンピュータに入力することも、この規定により適法となるのだ。」との指摘がある[8]。

ウ　平成30年著作権法一部改正

「著作権法の一部を改正する法律案」が平成30年5月18日に成立し、同月25日に公布された。

改正される条項のうち、平成31年1月1日に施行される改正著作権法の30条の4の柱書は、「著作物は、次に掲げる場合その他の当該著作物に表現された思想又は感情を自ら享受し又は他人に享受させることを目的としない場合には、その必要と認められる限度において、いずれの方法によるかを問わず、利用することができる。ただし、当該著作物の種類及び用途並びに当該利用の態様に照らし著作権者の利益を不当に害することとなる場合は、この限りでない。」と定め、同条2号で「情報解析（多数の著作物その他の大量の情報から、当該情報を構成する言語、音、影像その他の要素に係る情報を抽出し、比較、分類その他の解析を行うことをいう。第47条の5第1項第2号において同じ。）の用に供する場合」と定める。なお、現行法の47条の7は、本号へと整理されている。

本号により、AIの開発のための学習用データとして著作物をデータベースに記録する行為が著作権者の許諾なく行えることがより明確になった上、（著

8　早稲田大学知的財産法研究所ウェブサイト・上野達弘「機械学習パラダイス」（https://rclip.jp/2017/09/09/201708column/）（平成29年9月9日）

作権法47条の7では認められていなかった）収集した学習用データを第三者に提供（譲渡や公衆送信等）する行為についても、当該学習用データの利用がAIの開発という目的に限定されていれば、権利者の許諾なく行えるようになった[9]。

なお、著作権法47条の7のただし書きで例外とされている「情報解析を行う者の用に供するために作成されたデータベースの著作物」を利用する行為については、引き続き改正著作権法の30条の4の柱書ただし書きの例外に該当すると考えられる。

このように、AIの開発を目的とする場合については、著作権者の許諾なく行える行為は拡大している。かかる傾向は、AI関連ビジネスを行う者の立場から見れば、新たなデータの利用という観点からは有利に働き得るものの、すでに収集したデータの著作権による保護という観点から不利に働き得ることになる。

⑶ 特許法による保護

そもそも、個々のデータが、「電子計算機による処理の用に供する情報であってプログラムに準ずるもの」として「プログラム等」（特許法2条4項）に該当するかという問題があり、これに該当しない場合も少なくないと考えられる。仮に、「プログラム等」に該当するとしても、情報の単なる提示が存する状態については技術的思想と評価し得ないため、個々のデータは「発明」に該当せず、特許法による保護を受けないと解される[10]。

なお、一見すると情報の単なる提示に留まるようにみえる場合であっても、提示手法自体に特定の構成や技術的特徴を伴っている場合には、技術的思想と評価され得るが[11]、かかる評価を得られるデータはさほど多くはないと考えられる。

⑷ 不正競争防止法による保護

ア 営業秘密による保護

前記**1**・⑵及び⑶で述べたとおり、学習用データを著作権法又は特許法で

---

9 文化庁長官官房著作権課「平成30年著作権法改正の概要」NBL1130号（平成30年）7頁（注7）
10 中山信弘＝小泉直樹『新・注解特許法（上）［第2版］』29頁［平嶋竜太］（青林書院、平成29年）
11 東京高判平成11年5月26日判時1682号118頁参照。なお、データ構造の事例として「音声対話システムの対話シナリオのデータ構造」があり（特許・実用新案審査ハンドブック附属書B第1章コンピュータソフトウエア関連発明97～101頁）、実際にデータ構造の特許が認められているものとして特許第4962962号がある。

保護することは容易でないため、「営業秘密」として扱い不正競争防止法により保護することが考えられる（不正競争防止法2条1項4～9号、同条6項）。

「営業秘密」の要件の1つである秘密管理性に関しては、従来、秘密であることの明示とアクセス制限の2点が求められると解されてきたが、特に後者が厳格に求められることで営業秘密該当性のハードルが必要以上に上がってしまったのではないかとの指摘もあり、経済産業省が公表している営業秘密管理指針では、ある情報を秘密として管理しようとする意思が、具体的状況に応じた経済合理的な秘密管理措置によって当該情報に触れる者に明確に示され、秘密管理意思に対するそれらの者の認識可能性が確保されていれば秘密管理性はあるとの解釈が示されている[12]。

より具体的には、秘密管理の対象となる情報とそうでない情報を合理的に区別した上で、秘密であることを明示したり、アクセス制限を行ったり、秘密保持契約を締結したりするなどの秘密管理措置が必要であるとの指摘[13]や、データの秘密管理性に関し、AIに与えるデータを営業秘密として保護する場合には、提供する際に、営業秘密の範囲を特定し、当事者間で秘密保持契約を締結し、秘密管理性を保つ必要があるとの指摘[14]等がある。

イ　平成30年不正競争防止法一部改正

利活用が期待されるデータは、一定の条件の下で社外に広く提供することが前提となるため、前記**1・⑷・ア**で述べたような秘密管理性を維持することは困難である。そこで、「不正競争防止法等の一部を改正する法律案」が平成30年5月23日に成立し、同月30日に公布された。

AI関連ビジネスとの関係では、平成31（2019）年7月1日に施行される「限定提供データ」に係る不正競争行為の新設が重要である。すなわち、ビッグデータを念頭に、商品として広く提供されるデータや、コンソーシアム内で共有されるデータ等、事業者が取引等を通じて第三者に提供する情報を保護対象とし、「限定提供データ」として、「業として特定の者に提供する情報として電磁的方法……により相当量蓄積され、及び管理されている技術上又は

12　経済産業省「営業秘密管理指針」（平成15年1月30日、全部改訂：平成27年1月28日）（http://www.meti.go.jp/policy/economy/chizai/chiteki/pdf/20150128hontai.pdf）

13　奥邨弘司「人工知能における学習成果の営業秘密としての保護」土肥一史古稀『知的財産法のモルゲンロート』218頁（中央経済社、平成29年）

14　人工知能法務研究会『AIビジネスの法律実務』143頁（日本加除出版、平成29年）

営業上の情報（秘密として管理されているものを除く。）」（改正不正競争防止法2条7項）と規定した上で、①不正アクセスや詐欺等の不正の手段によりデータを取得し、その取得したデータを使用・開示すること（不正取得類型）、②業務の委託等を通じて正当に入手したデータについて不正の利益を得る目的やデータ提供者に損害を加える目的（図利加害目的）を持って、横領・背任に相当するような態様でそのデータを使用・開示すること（信義則違反類型）、③不正な経緯が介在していることを知りながら取得したデータを使用・開示すること（転得類型）等、真に悪質性の高い行為を「不正競争」として位置付けている（改正不正競争防止法2条1項11～16号）[15]。かかる改正法の考え方を明確化するガイドラインを策定するため経済産業省に「不正競争防止に関するガイドライン素案策定WG」が設置されているが、本稿執筆時点（平成30年12月）では当該ガイドラインは公表されていない。

このように、データに対する不正競争防止法による保護は拡大傾向にあるものの、その範囲は未だに限定的である。その背景には、AI関連ビジネスを念頭に、新たなデータの利用促進という観点と、既存のデータ保有者の保護という観点のバランスをどのように図るかという難題がある。

2 AIプログラムの法的保護

(1) 保護の必要性

AIプログラムについては、その多くがオープン・ソースとして利活用されている状況であるとされており、また、現行知財制度上「プログラムの著作物」及び「物（プログラム等）の発明」として、著作権法及び特許法によりそれぞれ保護されるとされている[16]。

確かに、AIプログラムの多くはオープン・ソース・ソフトウェアとして公開されているようである。代表例として、米Googleが公開しているディープラーニングなどを実行できる機械学習システム「TensorFlow」がある[17]。もっとも、日本の企業にも独自にAIプログラムを開発又は改良し、製品化

---

15 経済産業省知的財産政策室「不正競争防止法平成30年改正の概要」NBL1126号（平成30年）15-19頁

16 知的財産戦略本部「知的財産推進計画2017」（平成29年5月）（https://www.kantei.go.jp/jp/singi/titeki2/kettei/chizaikeikaku20170516.pdf）

17 TensorFlowウェブサイト（https://www.tensorflow.org/）

する動きはある。例えば、株式会社エイシングのDBT（Deep Binary Tree）がある[18]。これらの製品は、独自の開発によりオープン・ソース・ソフトウェアとして公開されているAIプログラムにはない特長を有しているからこそ商品価値があるのであり、かかる経済的利益の保護について検討する必要がある。

⑵ 著作権法による保護

AIプログラムは、それがある程度複雑な構造を持ったものであれば創作性が認められ、「電子計算機を機能させて一の結果を得ることができるようにこれに対する指令を組み合わせたものとして表現したもの」としてプログラムの著作物（著作権法10条1項9号・同法2条1項10号の2）に該当するものが多いと考えられる。

なお、「ある程度複雑な構造」が要求されるのは、単なる「プログラム言語、規約及び解法」には著作権法による保護が及ばないからである（著作権法10条3項）。

⑶ 特許法による保護

特許法29条2項は、「特許出願前にその発明の属する技術の分野における通常の知識を有する者が前項各号に掲げる発明に基いて容易に発明をすることができたときは、その発明については、同項の規定にかかわらず、特許を受けることができない。」と定め、進歩性を要件としている。

特許庁の審査基準によれば、進歩性は、引用発明に基づいて当業者が本願発明に容易に想達できたことの論理づけができるか否かをメルクマールとするが、ソフトウェア関連開発については特有の考え方が追加されている。すなわち、ソフトウェア関連発明の分野では、所定の目的を達成するためにある特定分野に利用されている方法、手段等を組み合わせたり、他の特定分野に適用したりすることは、普通に試みられていることである。したがって、種々の特定分野に利用されている技術を組み合わせたり、他の特定分野に適用したりすることは当業者の通常の創作活動の範囲内のものである。よって、

---

18 株式会社エイシング「エッジデバイスに実装可能な機械動作予測システム統計解析ツール」（https://docs.wixstatic.com/ugd/add976_4f6edd6b31e54a07a8e24f0e0a078248.pdf）

組合わせや適用に技術的な困難性（技術的な阻害要因）がない場合は、特段の事情（顕著な技術的効果等）がない限り、進歩性は否定される[19]。そして、前記**2**・⑴で述べたとおり、AIプログラムの多くは、オープン・ソース・ソフトウェアとして公開され、さらに開発が継続されている。

したがって、開発したAIプログラムを特許法により保護しようとする場合、現在急速に研究が進み、公開されているAIプログラムの技術から容易に想達できないことが必要となると考えられる。

⑷ 不正競争防止法による保護

AIプログラムが「営業秘密」に該当すれば、不正競争防止法により保護される。AIプログラムを利用して学習済みモデルを製作し、これを搭載した製品を販売するというAI関連ビジネスのみを行っているのであれば、AIプログラムそのものが秘密管理性の要件を充たすことは必ずしも難しくはないと考えられる。

しかし、独自のAIプログラムを開発した場合には、AIプログラムそのものを製品として販売（ライセンス）をすることも想定され、そのような場合には秘密管理性の要件についてより慎重な検討が必要となる。AIプログラムの秘密管理性については、そもそも秘密管理性には秘密の所在場所についての限定はないのであるから、暗号があって発信者の協力がなければ容易に内容を知りえないものは、秘密管理性を満たしていると考えて良いように思える、との指摘がある[20]。

3 学習済みモデルの法的保護

⑴ 保護の必要性

学習済みモデルとは、「AIのプログラムとパラメータ（係数）の組み合わせ」として表現される関数であるとされる。

---

19 特許・実用新案審査ハンドブック附属書B「第1章コンピュータソフトウエア関連発明」27頁。なお、発明該当性に関して挙げられているものであるが、プログラムの事例として「商品の売上げ予測プログラム」があり（同52～56頁）、実際にニューラルネットワーク処理プログラムの特許が認められているものとして特許第3816762号がある。

20 福井健策＝石山洸『知財実務の動き AIネットワーク化の近未来予想と知的財産権』年報知的財産法2016-2017（平成28年）8頁

学習済みモデルは、学習自体にマンパワーと時間を要し、多大な投資と労力を投じることが必要であり、また、学習の手法により精度が変わるため、AI関連ビジネスにおいては重要な知的財産と考えられる。

⑵ 著作権法による保護

学習済みモデルをAIプログラムとパラメータ（係数）との組み合わせと考えるのであれば、それはパラメータを組み込んだAIプログラムとして、前記**2**・⑵で述べたAIプログラムと同様に「プログラムの著作物」に該当するとの見解もあり得る。

しかし、「プログラムの著作物」に該当すると解するためには、AIプログラムとパラメータ（係数）が「有機的な結びつきの総体」と捉えられることが前提となり[21]、そのような評価が可能であるかを慎重に検討する必要がある。また、学習済みモデルの「プログラムの著作物」該当性について、いわゆるIBFファイル事件[22]や電車線設計プログラム事件[23]を踏まえると、一般論としては著作物性を認める余地を認めつつ、具体的にみると行列部分には創作性がないのではないか、また、学習済みモデルの著作物の定義要件該当性については、ありふれた表現やマージした表現と判断される可能性は高く、多くの場合、著作物性は否定されるのではないか、さらに、人口知能が自動的に行列中の数値を調整するため、果たしてそれを人間の創作的表現とする余地があるのか、との疑問も呈されている[24]。

⑶ 特許法による保護

「物（プログラム等）の発明」に該当するかが問題となり、この点については、学習済みモデルが「プログラム」の「発明」に該当すると判断された事例、例えば、宿泊施設の評判を分析するための学習済みモデル（ソフトウェアによ

---

21 福井＝石山・前掲（注20）9頁参照。なお、学習済みパラメータの著作権法上の取扱いを検討したものとして、福岡真之介『AIの法律と論点』46–54頁（商事法務、平成30年）

22 東京高決平成4年3月31日知的財産権関係民事・行政裁判例集24巻1号218頁

23 東京地判平成15年1月31日判時1820号127頁

24 奥邨弘司「講演録　著作権法》THE NEXT GENERATION ～著作権の世界の特異点は近いか？～」コピライト56巻666号（平成28年）10–11頁

25 特許・実用新案審査ハンドブック附属書B「第1章コンピュータソフトウエア関連発明」102–106頁

る情報処理がハードウエア資源を用いて具体的に実現されていることを理由に、自然法則を利用した技術的思想の創作であり、「発明」に該当するとされている。）[25]等を参照することになるが、明確な規範が確立されているとは言い難い。現時点においては、特許庁による要件該当性判断に対する予測可能性は高いものではないように思われる。

⑷ 不正競争防止法による保護

学習済みモデルが「営業秘密」に該当すれば、不正競争防止法により保護される。もっとも、前記**1・⑷・ア**で述べた秘密管理性の解釈を前提とすれば、学習済みモデルを搭載した製品を提供しつつ、秘密管理性の要件を充たすように運用することは容易でないと考えられる。

⑸ 派生モデル・蒸留モデルの問題

前記のとおり、学習済みモデルが「プログラムの著作物」又は「物（プログラム等）の発明」として、著作権法又は特許法により保護されるかは明確でなく、知的財産法制上の地位は極めて不安定なものであるが、加えて、学習済みモデルの法的保護については、いわゆる「派生モデル」や「蒸留モデル」が想定されるため、学習済みモデルだけを保護する法制度の構築では不十分であるという問題がある。

すなわち、学習済みモデルに新たなデータを用いて更に学習させることで、パラメータが変化し、精度が高まる等の異なる結果が生じる別の学習済みモデルを作成することができ（いわゆる派生モデル）、また、学習済みモデルにデータの入出力を繰り返すことで得られる結果を基に学習すれば、1から学習済みモデルを作成するよりも効率的に同様のタスクを処理する別の学習済みモデルを作成することができる（いわゆる蒸留モデル）。

これらの派生モデル、蒸留モデルについては、元の学習済みモデルとの同一性・関連性の立証が極めて困難であり、元の学習済みモデルの権利者は権利行使をするのが困難であるという問題がある。これらの問題が解決されなければ、仮に学習済みモデルが「プログラムの著作物」又は「物（プログラム等）の発明」として、著作権法又は特許法により保護されることが明確になっても、権利者の保護は十分ではないことになる。

4 AI生成物の法的保護

AIを活用した絵画、小説、楽曲等の創作物（AI生成物）は知的財産法により保護されるかという問題がある。

著作権法による保護については、コンピュータ・システムを利用して創作したコンピュータ創作物一般について、人間による「創作意図」（コンピュータ・システムの使用という事実行為から通常推認し得るものであり、また、具体的な結果物の態様についてあらかじめ確定的な意図を有することまでは要求されず、当初の段階では「コンピュータを使用して自らの個性の表れとみられる何らかの表現を有する結果物を作る」という程度の意図）と創作過程において具体的な結果を得るための「創作的寄与」があればコンピュータを道具として創作したものとして著作物性が肯定されるとされ、また、コンピュータ創作物に著作物性が認められる場合、その著作者は具体的な結果物の作成に創作的に寄与した者と考えられるが、通常の場合、それは、コンピュータ・システムの使用者であると考えられ、プログラムの作成者は、プログラムがコンピュータ・システムとともに使用者により創作行為のための道具として用いられるものであると考えられるため、一般的には、コンピュータ創作物の著作者とはなり得ないと考えられると整理されている[26]。

かかる考え方を前提とすれば、AI生成物を生み出す過程において、学習済みモデルの利用者に創作意図があり、同時に、具体的な出力であるAI生成物を得るための創作的寄与があれば、利用者が思想感情を創作的に表現するための「道具」としてAIを使用して当該AI生成物を生み出したものと考えられることから、当該AI生成物には著作物性が認められ、その著作者は利用者となるが、一方で、利用者の寄与が、創作的寄与が認められないような簡単な指示に留まる場合（AIのプログラムや学習済みモデルの作成者が著作者となる例外的な場合を除く）、当該AI生成物は、AIが自律的に生成した「AI創作物」であると整理され、現行の著作権法上は著作物と認められないこととなる[27]。

以上を前提とすると、具体的にどのような創作的寄与があれば著作物性が肯定されるかが問題となるが、この点については本稿執筆時点においては定

---

26 文化庁「著作権審議会第9小委員会（コンピュータ創作物関係）報告書」（平成5年）（http://www.cric.or.jp/db/report/h5_11_2/h5_11_2_main.html）

説はない状況であり、また、AI技術そのものも日々進歩している状況でもあるため、今後の議論に注視する必要がある。

なお、特許権及び意匠権による保護については、著作権と同様に創作的寄与の程度が問題となると考えられるが、商標権による保護については、創作行為を要件としないため、創作的寄与の程度の問題は生じないものと考えられる[28]。

〔野田　陽一〕

---

27 知的財産戦略本部 検証・評価・企画委員会「新たな情報財検討委員会報告書―データ・人工知能（AI）の利活用促進による産業競争力強化の基盤となる知財システムの構築に向けて―」（平成29年）
（https://www.kantei.go.jp/jp/singi/titeki2/tyousakai/kensho_hyoka_kikaku/2017/johozai/houkokusho.pdf）

28 奥邨弘司「人工知能成果物と知的財産権」ジュリ1511号（平成29年）59頁

Q4 AI・データの利用に関する契約ガイドライン

Question

AIの開発や利用に関する契約を締結するに当たり、参照すべきガイドラインはありますか。

Answer

平成30年6月に経済産業省より公表されたAI・データの利用に関する契約ガイドライン（AI編）があります。同ガイドラインは、従来のソフトウェアと比較したAI技術の特性を前提として、学習済みモデルの開発契約及び利用契約のポイントを提示しています。また、同ガイドライン本文記載のモデル契約書案や別添のユースケース集も参考になります。

Commentary

1 AI・データの利用に関する契約ガイドライン（AI編）の策定経緯[1]

急速に実用化が進んでいるAI技術について、その権利関係や責任関係に関する法律問題が現状必ずしも明らかでないことから、ユーザ・ベンダ間等の契約において適切かつ丁寧に権利・責任関係を定め、開発・利用を進めていくことが重要である。しかしながら、AI技術をめぐっては、従来型のソフトウェアとは異なり、データから結論を推論するという帰納的性質に伴う特性や当事者の立場についての理解が広く社会に浸透しているとは言い難い。それゆえ、契約当事者間でそうしたAI技術の特性や立場に関する認識のギャップが存在し、契約交渉が難航したり、当事者の事業が過度に制約され、AI技術をめぐる開発・利用が阻害されるおそれがあった。

そこで、AI技術を利用したソフトウェアの開発・利用契約を締結するに当たって、契約当事者・関係者が共通で理解しておくべき基礎知識、一般的に検討すべき論点、検討にあたっての考慮要素、契約条項例等を、契約に当

1 経済産業省情報経済課編「AI・データの利用に関する契約ガイドラインと解説」別冊NBL165号 xiv頁参照［松田洋平・明石幸二郎・安平武彦］（商事法務、平成30年）

たっての参考として提示し、これにより、契約の検討・交渉に際しての共通認識・理解を形成して契約コストを削減するとともに、契約による適切な権利義務の分配を実現し、ひいてはAIの開発・利用を促進することを目的として、AI・データの利用に関する契約ガイドライン（AI編）が策定された。

2 本解説の目的

「AI・データの利用に関する契約ガイドライン（AI編）」（以下「本ガイドライン」という。）は、本文がHPで公開されている[2]のみならず、ポイント解説を含む解説書も出版されている[3]ため、本ガイドラインの活用に当たっては、これらを参照すべきである。

もっとも、本ガイドラインは詳細かつ大部にわたるものであることから、本書では、本ガイドラインの構成（どこに何が書いてあるのか）及びその概要を述べる。

3 本ガイドラインの構成と概要

(1) 全体構成

本ガイドラインの項目建ては以下のとおりである。

「第1　総論」では、本ガイドラインの目的や対象が述べられている。

「第2　AI技術の解説」では、AI技術の基本的概念やAIソフトウェア開発の特徴が述べられている。

「第3　基本的な考え方」では、AIソフトウェア開発・利用契約についての基本的な考え方が述べられている。

「第4　AI技術を利用したソフトウェアの開発契約」では、学習済みモデルの開発の契約の考え方や考慮要素等が述べられている。

「第5　AI技術の利用契約」では、AI技術の利用サービスの契約の考え方や考慮要素等が述べられている。

「第6　国際的取引の視点」では、外国企業と開発・利用契約を締結する際の考慮要素等が述べられている。

2　経済産業省「AI・データの利用に関する契約ガイドライン」（平成30年6月）（http://www.meti.go.jp/press/2018/06/20180615001/20180615001-3.pdf）

3　経済産業省情報経済課・前掲（注1）

「第7　本モデル契約について」では、学習済みモデルの生成に関するモデル契約について解説されている。
「第8　総括」では、本ガイドラインが総括されている。
「別添」では、作業部会で取り上げたユースケースが紹介されている。
以下、項目の内容について、概説する。

⑵ 「第1　総論」の概要

本項目では、本ガイドライン目的、AIの開発関係をめぐる問題の所在・解決方法、対象となる読み手・開発対象及びデータ編との関係等が述べられている。
本ガイドラインの目的は前記1で述べたとおりであり、本ガイドラインの解釈・適用を検討する際には意識する必要がある。
AIの開発関係をめぐる問題の所在・解決方法については、問題の所在として、①AI技術の特性を当事者が理解していないこと、②AI技術を利用したソフトウェアの権利関係・責任関係等の法律関係が不明確であること、③ユーザがベンダに提供するデータに高い経済的価値や秘密性がある場合があること、④AI技術を利用したソフトウェアの開発・利用に関する契約プラクティスが確立していないこと、の4つを示した上、その解決方法の方向について示している。
対象となる読み手・開発対象としては、事業者を限定せずに、AI技術を利用したソフトウェアを対象としている。
データ編との関係では、データの提供・利用に関する法的問題や利害調整の方法については、データ編が正面から取り上げて、詳細な検討を行っているのに対し、本ガイドラインでは、AI技術を利用したソフトウェアの開発との関係で発生するデータ（学習用データセット、学習済みパラメータ等含む）の利用などについて、特に焦点を当てている。

⑶ 「第2　AI技術の解説」の概要

本項目では、AIに関する基本的な概念、本ガイドラインが対象とする機械学習の位置付け、AI技術を利用したソフトウェアの開発過程及びAI技術を利用したソフトウェア開発における特徴等が述べられている。
AIに関する基本的な概念として、AI、AI技術、機械学習（教師あり学習、教師なし学習、ディープラーニング）の概念を整理している。一般に、AI技術に関する用語・概念は、必ずしも一義的でないことから、本ガイドラインを活用するに当たっては、まず本ガイドラインが前提とする概念を理解する必要がある。

本ガイドラインが対象とする機械学習の位置付け及びAI技術を利用したソフトウェアの開発過程についても、本ガイドラインの射程を理解する上で重要である。特に、本ガイドラインが想定する、生データから学習済みモデルの生成過程は下記の図のとおりであるという整理が、具体的な事案に適合しているのか、各概念に該当する具体的な事実関係は何か、を確認する必要がある。

【図1】生データから学習済みモデルが生成される過程

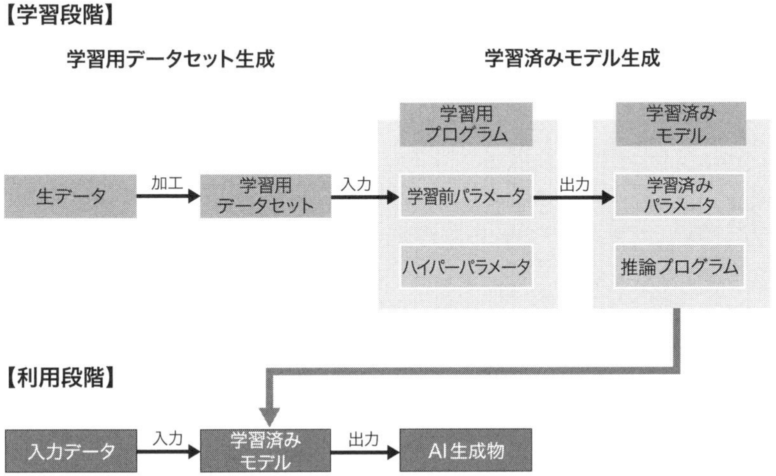

【学習段階】

学習用データセット生成

学習済みモデル生成

生データ

加工

学習用データセット

入力

学習用プログラム

学習前パラメータ

ハイパーパラメータ

出力

学習済みモデル

学習済みパラメータ

推論プログラム

【利用段階】

入力データ

入力

学習済みモデル

出力

AI生成物

AI技術の特徴としては、①学習済みモデルの性能等が契約締結時に不明瞭な場合が多いこと、②その性能等が学習用データセットに依存すること、③その生成に際してノウハウの重要性が高いこと、及び④各種生成物について再利用の需要が存在すること等が挙げられ、当該特性を理解することの重要性について述べられている。

⑷ 「第3　基本的な考え方」の概要

本項目では、AI技術を利用したソフトウェアの開発・利用をめぐる契約の現状、契約の検討に向けた視点、当事者間の紛争が生じ得る事項、契約内容の決定、独占禁止法上の問題等が述べられている。

AI技術を利用したソフトウェアの開発・利用をめぐる契約の現状については、当事者の利害対立が発生することや、事業上の優越関係や技術的な知識の格差等を背景に一方的な契約条項が押しつけられる状況が発生し得ることを示した上で、学習済みモデルの特性と法律上のルールの内容を理解することで、合理的な条項に合意することができる場合もあるとしている。

契約の検討に向けた視点としては、各契約当事者の立場・考え方の違いや、知的財産に関する整理などを行い、契約締結の前提となる状況等を説明している。

当事者間の問題が生じ得る事項では、AI技術を利用したソフトウェアの開発又は利用に関して、当事者間で問題となる、又は交渉が難航するケースを示す。

契約内容の決定では、権利帰属・利用条件の設定として知的財産権の有無に応じた対応、取決めに際しての考慮要素について示し、責任分配として学習済みのモデルの開発・利用において、発生しやすい問題点や事前の対応方策等を整理している。

独占禁止法上の問題では、優越的地位の濫用、排他的条件取引や拘束条件取引等、下請法の観点からの留意点を整理している。

⑸ 「第4　AI技術を利用したソフトウェアの開発契約」の概要

本項目では、学習済みモデルの開発類型、開発方式、契約における考慮要素及び具体例による解説が述べられている。

本ガイドラインが示す開発類型は次記のとおりである。

【図2】学習済みモデルの開発類型

【学習済みモデルのみ生成】

【学習済みモデルを含んだシステムを開発】

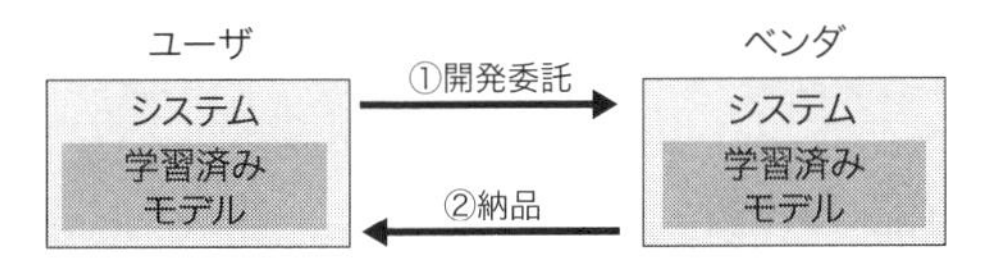

【学習済みモデルの生成を再委託】

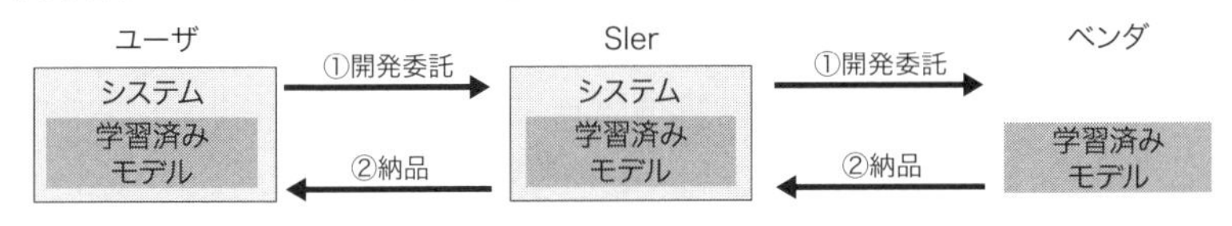

本ガイドラインは、開発方式については、多段階型（①アセスメント段階→②導入検証段階→③開発段階→④追加学習段階）の方式を採用することが、両当事者のリスクを軽減する観点から妥当である旨を示している。

契約における考慮要素としては、AI技術を利用したソフトウェア開発に適した契約の法的性質､開発において取り扱うデータ・プログラム等（生データ、学習用データセット、学習用プログラム、学習済みモデル、学習済みパラメータ、推論プログラム、ノウハウ）に則した契約交渉上のポイント・留意点を示し、具体例による解説が付されている。

⑹ 「第５ AI技術の利用契約」の概要

本項目では、AI技術の利用の類型、学習済みモデルの利用サービスの概要及び契約における考慮要素が述べられている。

AI技術の利用の類型については、学習済みモデルをサービスに供する場合と、学習用プログラムをサービスに供する場合等、多様性があることを前提に､学習済みモデルをサービスに供しているケースを想定することを示し、これを受けて、学習済みモデルのサービス利用についての概要、利用方式、利用形態、契約形式について説明している。そして、学習済みモデルの利用サービスの考慮要素（カスタマイズされた学習済みモデル、入力データ、再利用モデル、AI生成物に関する権利関係、結果に対する責任範囲）について整理している。

このように、本ガイドラインは、AI技術の利用契約として学習済みモデルをサービスに供しているケースを想定しているのであり、具体的な事案に適合しているか留意する必要がある。

⑺ 「第6　国際的取引の視点」の概要

本項目では、国際契約締結に際して、準拠法の選択、適用法の調査、紛争解決手段の選択、著作物を含む場合や個人情報を含む場合における各国の法制との関係について留意すべきこと等が述べられている。

⑻ 「第7　本モデル契約について」の概要

本項目では、具体的な利用の場面において、適宜必要な修正等の対応を行う必要があることを前提に、秘密保持契約書、導入検証契約書、ソフトウェア開発契約書、追加学習段階における契約書等のモデル契約が示されている。

契約書案の検討の際に参考になる。

⑼ 「第8　総括」の概要

本項では、本ガイドラインの今後の改定の必要性等が述べられている。

⑽ 「別添」の概要

作業部会で作り上げたユースケースが紹介されている。ガイドラインの性質上、本文ではやや抽象的な論述が多いが、別添のユースケースを参照することにより、本ガイドラインの具体的な適用場面をイメージすることができる。

〔野田　陽一〕

第6章

知的財産に関する法的論点

1 電子書籍とサイト・ブロッキング、自炊代行・自炊カフェ等

Q1 電子出版と著作権法

Question ?

近年、インターネットによる電子書籍の出版が急速に普及し、平成27年には電子出版対応の改正著作権法が施行されていますが、その主要な条文・概要を教えてください。

Answer !

電子書籍については、平成27年1月1日施行の電子出版対応の改正著作権法で、出版権の内容が整備され、電子出版の出版権者は、書籍の著作権者とは別に自らネット上の違法コンテンツに対し、差止め請求等の法的救済手段を取ることができるようになりました。

Commentary

1 「電子書籍」対応の著作権法改正の概要

昨今のデジタル化・ネットワーク化の進展と、電子書籍の普及に伴い、出版物が違法に複製されてネット上にアップロードされたり、無断配信されるなどの被害が増加し、また、「自炊」代行という利用者のニーズに応えた業者が多数出現して営業するなど、出版業界では従来の著作権法が想定していない問題に直面したため、平成26年には主に電子書籍対応を目的とした出版権制度を見直しの著作権法の改正が行われ、平成27年1月1日に施行された[1]。

そもそも、出版権とは、著作権法21条以下のいわゆる支分権とは異なり、権利者が、著作物の出版や公衆送信を引き受ける者に対して、出版権を設定する行為で発生する。平成27年1月施行の改正著作権法は、紙媒体による

1 平成26年法律第35号（平成26年4月25日成立、同年5月14日公布、平成27年1月1日に施行）

出版のみを対象とした従来の出版権制度を見直し、著作権者が、電子書籍をインターネット送信すること等を引き受ける者に対して出版権を設定できることとし、出版者が電子出版について著作権者から出版権の設定を受けた場合は、インターネットを用いた無断送信等を出版者自ら差止め請求ができるような整備がされている。

また、電子出版の出版権を設定した場合の出版権の内容、出版の義務、出版権の消滅の請求等について、主に以下のとおりの規定を整備した。

2 主要な改正法の内容

⑴ （79条1項関係）出版権の設定

複製権等保有者（複製権又は公衆送信権を有する者）は、その著作物について、次の2つの行為を引き受ける者に対し、出版権を設定することができる（下線部は筆者による。）。

(i) 文書若しくは図画として出版すること（電子計算機を用いてその映像面に文書又は図画として表示されるようにする方式により記録媒体に記録し、当該記録媒体に記録された複製物により頒布することを含む。）

(ii) 電子計算機を用いてその映像面に文書又は図画として表示されるようにする方式により記録媒体に記録された複製物を用いて公衆送信（放送又は有線放送を除き、自動公衆送信の場合にあっては送信可能化を含む。以下同じ。）を行うこと

上記(i)は、従来の紙媒体による出版だけでなく、CD-ROM等のパッケージ出版も含む趣旨である。また、上記(ii)は、いわゆるインターネット送信による電子出版を指す。本条により、新たにCD-ROM等の記録媒体によるパッケージ出版やインターネット送信による電子出版を引き受ける出版者が、著作権者（複製権等保有者）との出版権設定契約により、法律上の出版権の設定を受けることができることとなった。

⑵ （80条1項及び3項関係）出版権の内容

出版権者は、設定行為で定めるところにより、その出版権の目的である著作物について、次に掲げる権利の全部又は一部を専有する（80条1項）。

(i) 頒布の目的をもって、原作のまま印刷その他の機械的又は化学的方法

により文書又は図画として複製する権利（原作のまま電子計算機を用いてその映像面に文書又は図画として表示されるようにする方式により記録媒体に記録された電磁的記録として複製する権利を含む。）

(ii) 原作のまま電子計算機を用いてその映像面に文書又は図画として表示されるようにする方式により記録媒体に記録された複製物を用いて公衆送信を行う権利

本条により、CD-ROM等の記録媒体によるパッケージ出版について出版権の設定を受けた出版権者は、CD-ROM等の記録媒体による複製権を専有し、インターネット送信による電子出版の設定を受けた出版者は公衆送信を行う権利を専有することとなり、特に社会で横行しているインターネットを用いた無断送信（インターネット上の海賊版）を自ら差し止めることができるようこととなった。

(iii) 出版権の「再許諾」

また、インターネット送信による電子出版の場合は、送信システムの構築、送信行為をIT業者に外注することが多く見られるが、出版権の「再許諾」については、出版権者は、複製権等保有者の承諾を得た場合に限り、他人に対し、当該著作物の複製又は公衆送信を許諾することができることとされた（80条3項）。

(3) （81条関係）出版の義務

出版権者は、設定行為に別段の定めがある場合を除き、出版権の内容に応じて以下の義務を負う。

(i) 原稿の引渡し等を受けてから6月以内にその出版権の目的である著作物について出版行為又は公衆送信行為を行う義務

(ii) その出版権の目的である著作物について慣行に従い継続して出版行為又は公衆送信行為を行う義務

(4) （82条関係）著作物の修正増減

著作者は、その著作物を紙媒体等での出版についての出版権者が改めて複製する場合（1号）や、公衆送信による電子出版についての出版権者が公衆送信を行う場合（2号）には、正当な範囲内において、当該著作物に修正又は増減を加えることができる（1項）。

また、著作物を紙媒体等での出版についての出版権者が改めて複製する場合（1号）は、その都度、あらかじめ著作者にその旨の通知をしなければならない（2項）。

⑸ （84条1項及び2項関係）出版権の消滅の請求

出版権者が上記⑶に規定する出版の義務に違反したときは、複製権等保有者は、その義務に対応した出版権を消滅させることができる。

⑹ （86条関係）出版権の制限

設定行為による出版権の内容に合わせて、著作権の制限規定を出版権の目的となっている著作物の複製又は公衆送信についても準用した。

3 今後の課題

上記のとおり、従来、紙媒体の出版しか予定していなかった著作権法「第三章　出版権」は、電子出版に対応した規定の整備がなされたものの、著作権法上の出版権に基づく差止め請求、損害賠償請求等の司法的救済手段は、あくまで私人間の個別の権利救済手段であるため、ネット社会では膨大な被害額を出す悪質な違法配信サイトの出現が後を絶たず、実際のところ、個別の救済手段では追いつかない状況となってきており、また、悪質な違法配信サイトへ誘導するリーチサイト（まとめサイト）への対策の必要性も立法的議論が行われている。個別の権利行使とは別のアプローチ、たとえば著作権法の間接侵害規定の創設なども必要な時期に来ているように思われる。

〔藤田　晶子〕

電子書籍と「サイト・ブロッキング」

Question

近年、電子書籍の出版が普及し、平成30年には「漫画村」等の違法サイトに対する「サイト・ブロッキング」の問題がマスコミで話題になり、社会に波紋をよんでいますが、その法律構成、法的問題点を教えてください。

Answer

電子出版対応の改正著作権法で、電子出版の出版権者は自らネット上の違法コンテンツに対し差止め請求等の法的救済手段を取ることができるようになりましたが、ネット社会では膨大な被害額を出す悪質な違法サイトが出現し、著作権法に基づく個別の権利行使では対応不能な社会状況となっていることも事実ですが、「サイト・ブロッキング」という手段に対しては、「通信の秘密」や国民の「表現の自由」との関係で多くの問題点、反対意見があり、慎重な検討が必要となります。

Commentary

1　電子書籍と「サイト・ブロッキング」問題の経緯

昨今のデジタル化・ネットワーク化の進展と、電子書籍の普及に伴い、出版物が違法に複製されてネット上にアップロードされたり、無断配信されるなどの被害が増加し、また、「自炊」代行という利用者のニーズに応えた業者が多数出現して営業するなど、出版業界では従来の著作権法が想定していない問題に直面したため、平成26年には主に電子書籍対応を目的とした出版権制度を見直しの著作権法の改正が行われ、平成27年1月1日に施行された[1]。

しかしながら、改正著作権法の施行後も、ネット社会では上記の規定の整備によっても対応しきれない出版物の違法アップロード、営業的な大量無断配信が横行し、その被害額も巨額にのぼることから、政府の知的財産戦略本

1　平成26年法律第35号（平成26年4月25日成立、同年5月14日公布、平成27年1月1日に施行）

部・犯罪対策閣僚会議は、平成30年4月、「インターネット上の海賊版サイトに対する緊急対策」[2]を発表し、著作権者の許諾なくアップロードされた漫画等のコンテンツを閲覧可能とするインターネット上のサービス（海賊版サイト）について、特に悪質な海賊版サイトについては、インターネット・サービス・プロバイダ（「ISP」）等が閲覧防止措置（ブロッキング）を講じたとしても、一定の場合には「違法性が阻却」されるという見解を示し、当面の対応として、法制度整備が行われるまでの間の臨時的かつ緊急的な措置として、「民間事業者による自主的な取組」として、「漫画村」「Anitube」「Miomio」の3サイトに限定してブロッキングを行うことが適当である旨公表した。

その背景事情としては、海賊版サイトのアクセス数が、「漫画村」では、約1億6000万人（96％が日本からのアクセス）、「Anitube」については、約4600万人（99％が日本からのアクセス）、「Miomio」では、1200万人（80％が日本からのアクセス）と推計され、被害額については、流通額ベースの試算で、「漫画村」については約3000億円、「Anitube」では約880億円、「Miomio」では約250億円に上ると推計されていることによる[3]。そして、「漫画村」に関しては、この政府の発表と前後して、当該サイトの接続が不能となった[4]。

この政府見解に対して、一般社団法人日本インターネットプロバイダー協会[5]は反対の声明を発表し、サイト・ブロッキングは憲法上の「通信の秘密」の侵害に当たるとして応じることはできないとした。また、一般社団法人インターネットコンテンツセーフティ協会[6]は、児童ポルノに対するブロッキング対応とは異なり、ブロッキングには立法に向けて十分な議論がなされるべきだとの声明を出すなど、様々な反対意見が表明された。他方、「漫画村」から大きな被害を受けていた講談社、集英社等の出版社は政府の対策措置を歓迎し、「ISPの協力が不可欠」であって、著作物の「海賊版対策において

2　知的財産戦略本部・犯罪対策閣僚会議「インターネット上の海賊版サイトに対する緊急対策」（平成30年4月）（https://www.kantei.go.jp/jp/singi/titeki2/kettei/honpen.pdf）
3　一般社団法人コンテンツ海外流通促進機構（CODA）による推計
4　事実関係にとしては、運営側が自ら閉鎖したのではないかと推測されている。
5　JAPIA（https://www.jaipa.or.jp/）
6　ICSA（http://www.netsafety.or.jp/）

大きな前進」である旨の評価を表明して様々な波紋をよんだ。そして、政府発表後の平成30年4月23日、NTTグループは、コンテンツ事業者団体からの要請、及び政府の閣僚会議で決定された「インターネット上の海賊版対策に関する進め方について」[7]に基づいて、海賊版3サイトに対するブロッキングを準備が整い次第実施すると発表、NTTコミュニケーションズ、NTTドコモ、NTTぷららのISP3社が、「漫画村」「Anitube」「Miomio」の海賊版とされる3社に対し実施する旨発表した。これについては、前述の日本インターネットプロバイダー協会が先だって反対の姿勢を示していたため、NTTグループのブロッキング発表に対する団体や個人による抗議等が行われた。 その一例として、同年4月25日、全国地域婦人団体連絡協議会と主婦連合会は、「強く抗議するとともに、ブロッキングを行わないことを求める」との意見書を発表し、「具体的な事実および法的根拠を示さず」海賊版3サイトを対象としたブロッキングを行うことは「電気通信サービスの利用者の『通信の秘密』(憲法第21条第2項、電気通信事業法第4条第1項)を侵害するもの」であるとしている。

2 「サイト・ブロッキング」の法的構成

政府は、「特に悪質な海賊版サイトのブロッキングに関する考え方の整理」として、サイト・ブロッキングが法律上、正当行為となる法的構成として、以下のような考え方を示している[8]。すなわち、サイト・ブロッキングは、「通信の秘密」(憲法21条2項、電気通信事業法4条1項)を形式的に侵害する可能性があるが仮にあるとしても、「① 著作権者等の正当な利益を明白に侵害するコンテンツが相当数アップロードされた状況において、② 削除や検挙など他の方法ではその権利を実質的に保護することができず、③ その手法及び運用が通信の秘密を必要以上に侵害するものではなく、④ 当該サイトによる著作権者等の権利への侵害が極めて著しい、などの事情に照らし、緊急避難(刑法37条)の要件を満たす場合には、違法性が阻却されるものと考えられる」というものである。

ただし、サイト・ブロッキングは、「通信の秘密の他にも表現の自由(憲

---

7 https://www.kantei.go.jp/jp/singi/titeki2/kettei/susumekata.pdf
8 知的財産戦略本部・犯罪対策閣僚会議・前掲(注2)1–2頁

法21条）への影響が懸念される事や、技術的にはあらゆるコンテンツの閲覧を利用者の意思に関わらず一律防止可能とするものであることから、上記のような極めて重大な被害を拡大させている特に悪質な海賊版サイト以外の、違法・有害情報一般に関する閲覧防止措置として濫用されることは避けなければならない。このような考え方に立てば、ブロッキングの対象としては、上記緊急避難の要件を満たすかたちで実施できる特に悪質な海賊版サイトに限定することが適当である。」とも述べて、「通信の秘密」や「表現の自由」（憲法21条）との折り合いもつくとしており、今回の提言は、あくまで法制度整備が行われるまでの間の臨時的かつ緊急的な措置として、特に悪質な海賊版サイトのブロッキングに限った措置であるとしている。

3 「緊急避難」の構成要件

さらに、政府は「緊急避難」の構成要件該当性の検証として以下のような趣旨の説明をしている[9]。

刑法37条の緊急避難は、原則として、①現在の危難、②補充性（やむを得ずにした行為であること）、③法益権衡の三要件全てを満たす場合に認められる。これを特に悪質な海賊版サイトに関するサイト・ブロッキングについて、各要件の当てはめをすると以下のとおりとなる。

(i) 現在の危難
・「特に悪質な海賊版サイト」に関しては、「現在の危難」は現実として存在すると言える。
・この点、「月間で数千万人～1億人を超える訪問者が存在し、そのほとんどが日本からのアクセスとなっているような特に悪質な海賊版サイトであれば、被害額は、総額数百億円～数千億円に上ると推計され、このような場合は、著作権という財産の侵害行為が確実かつ深刻な程度で存在すると言える。」

(ii) 補充性
・補充性（やむを得ずにした行為）は、当該避難行為をする以外には他に方法

9 知的財産戦略本部・犯罪対策閣僚会議・前掲（注2）4–6頁

がなく、かかる行為に出ることが条理上肯定し得る場合を言う（最高裁大法廷昭和24年5月18日判決・刑集3巻6号772頁）。

・この点、権利者が、①特に悪質な海賊版サイト運営者への削除要請、②検索結果からの表示削除要請、③サーバー管理者・レジストラへの削除要請・閉鎖要請、④インターネット広告の出稿停止要請、⑤特に悪質な海賊版サイトへの訴訟・告訴の対応等、考えられるあらゆる対策を取ったものの、当該サイト運営者側が、侵害サイトの匿名運営を可能とするサービスを利用する事等によって運営者の特定が実質的に困難なケースなどのように、いずれの対策も実質的な効果が得られない場合には、著作権者等が、これら特に悪質な海賊版サイトから、自身の権利を保護するためには、現状ブロッキング以外の手法は存在しないと考える余地がある。

(iii) 法益権衡

法益権衡とは、保護法益と被侵害法益を比較し、「前者が後者を越えない」ことを意味する（大谷實『刑法講義総論　新版［第4版］』300頁）。

・特に悪質な海賊版サイトに関するブロッキングの場合、保護法益は著作権であり、被侵害法益としては通信の秘密、サイト運営者の表現の自由及びユーザーの知る権利等の可能性が考えられる。

・この点、2010年における児童ポルノのブロッキングの議論においては、関連する論点として、著作権を保護法益とするブロッキングにつき、以下のような説明がなされている。

「著作権侵害との関係では、著作権という財産に対する現在の危難が認められる可能性はあるものの、児童ポルノと同様に当該サイトを閲覧され得る状態に置かれることによって直ちに重大かつ深刻な人格権侵害の蓋然性を生じるとは言い難いこと、補充性との関係でも、基本的に削除（差止め請求）や検挙の可能性があり、削除までの間に生じる損害も損害賠償によって填補可能であること、法益権衡の要件との関係でも財産権であり被害回復の可能性のある著作権を一度インターネット上で流通すれば被害回復が不可能となる児童の権利等と同様に考えることはできないことなどから、本構成を応用することは不可能である」

（出典）安心ネットづくり促進協議会 児童ポルノ対策作業部会「法的問題検討サブワーキング報告書」20頁（2010年6月8日公表）

・（略）法益権衡の判断については「具体的事例に応じて社会通念に従い法益

の優劣を決すべきである」（前掲大谷300頁）などとされるのが一般である。この点、上記2010年における議論は、昨今のように大量の著作物を無料公開し、現行法での対応が困難な特に悪質な海賊版サイトが出現する前の状況を前提としたものであり、現在の状況とは異なる点に留意が必要である。昨今では、侵害サイトの匿名運営を可能とするサービスを利用する事等によって運営者の特定が実質的に困難な中で訴訟による被害回復が実質困難な状況も生じているところ、「財産権であることをもってすなわち回復可能」と断じるのではなく、こうした特に悪質な海賊版サイトに係る状況を勘案した上で、事例に即した具体的な検討が求められる。その際には、保護されるべき著作物が公開されることによりどの程度回復困難な損害を生じ得るかという観点などから検討が行われるべきものと考えられる。

4　まとめ

以上の議論を概観すると、「緊急避難」の要件該当性の当てはめについてはいくつかの疑問が認められる。

現状の月間で数千万人〜１億人を超える訪問者が存在し、そのほとんどが日本からのアクセスであるという確定的な根拠、そういった状況が「現在の危難」と言い得るのか、慎重な検討が必要であると思われる。

また、立法的対応を待たずに行うブロッキングが「補充性」の要件を満たすのか、財産権としての著作権と、いわゆる「優越的権利」の表現の自由の「法益権衡」をどのように考えるべきなのか、もはや「表現の自由」の前に私人の「財産権」は劣後するとは必ずしも決められない状況に本当にあるのか、その法的構成には難しい問題が含まれており、慎重な議論が必要であることが窺われる。

〔藤田　晶子〕

電子書籍と自炊代行サービス・自炊カフェ業

Question

電子書籍の普及に伴い、一般ユーザーには便利な自炊代行サービス・自炊カフェ業が現れ、著作権者らがこれらの業者を訴えた民事訴訟が行われましたが、裁判所の判断、法律構成について教えてください。

Answer

自炊代行サービス・自炊カフェ業については、1つのパターンについての裁判例が確定しています。しかしながら、ひとくちに「自炊」代行業といっても、業者のパターンには様々なバリエーションがあって、各々のケースの具体的態様により、著作権侵害の成否を注意深く検討する必要があります。また、自炊代行事件判決の後も、権利者に配慮しながら、様々な営業努力と工夫とをこらして営業を継続している業者も存在します。

Commentary

1 自炊代行・自炊カフェ

電子書籍関連の法律問題としては、「自炊」代行業に対する著作権侵害訴訟事件が記憶に新しい。「自炊」とは、自ら所有する書籍や雑誌をスキャナ等を使ってデジタルデータに変換する行為を指すが、典型的な自炊代行業の利用パターンというと、①利用者が蔵書を代行業者に送付、②業者が書籍を裁断、スキャンしてpdfファイル等に電子化、③電子ファイルを利用者に納品、といった流れで行われる。

しかし、そのパターンには様々なバリエーションがあり、態様によりどのような法的問題があるかを細かく検討する必要があることに注意を要する。

「自炊」代行業は、多いときで100社を超えたとの報道がされ、著作権侵害の成否については裁判例として判決に至るケースが待たれていたところ、以下の裁判例が出された。

2 （第一審）東京地裁平成25年9月30日判決[1]

⑴ 事案の概要

本件は、小説家・漫画家・漫画原作者である原告らが、被告会社は、電子ファイル化の依頼があった書籍について、権利者の許諾を受けることなく、スキャナで書籍を読みとって電子ファイルを作成し、当該ファイルを依頼者に納品しているものであるが、注文を受けた書籍には、原告らが著作権を有している作品が多数含まれている蓋然性が高く、今後注文を受ける書籍にも含まれている蓋然性が高いとして、著作権（複製権）が侵害されるおそれがある等の主張をして、著作権法112条1項の差止め及び不法行為に基づく損害賠償として、弁護士費用相当額の支払を求めたという事案である。

⑵ 判　旨

この点、裁判所は、複製の「主体」については、「著作権法2条1項15号は、『複製』について、『印刷、写真、複写、録音、録画その他の方法により有形的に再製すること』と定義している。

この有形的再製を実現するために、複数の段階からなる一連の行為が行われる場合があり、そのような場合には、有形的結果の発生に関与した複数の者のうち、誰を複製の主体とみるかという問題が生じる。

この問題については、複製の実現における枢要な行為をした者は誰かという見地から検討するのが相当であり、枢要な行為及びその主体については、個々の事案において、複製の対象、方法、複製物への関与の内容、程度等の諸要素を考慮して判断するのが相当である（最高裁平成21年（受）第788号同23年1月20日第一小法廷判決[2]・民集65巻1号399頁参照）（注：下線は筆者による。以下同じ。）。

本件における複製は、（略）〔1〕利用者が法人被告らに書籍の電子ファイル化を申し込む、〔2〕利用者は、法人被告らに書籍を送付する、〔3〕法人被告らは、書籍をスキャンしやすいように裁断する、〔4〕法人被告らは、裁断した書籍を法人被告らが管理するスキャナーで読み込み電子ファイル化

1　平成24年（ワ）第33525号・判時2212号86頁。他の判例として東京地裁平成25年10月30日判決（平成24年（ワ）第33533号・裁判所ウェブサイト）もある。

2　いわゆる「間接侵害」、侵害行為の主体性の解釈が問題となった「ロクラクⅡ」事件の最高裁判決である。

する、〔5〕完成した電子ファイルを利用者がインターネットにより電子ファイルのままダウンロードするか又はDVD等の媒体に記録されたものとして受領するという一連の経過によって実現される。

この一連の経過において、複製の対象は利用者が保有する書籍であり、複製の方法は、書籍に印刷された文字、図画を法人被告らが管理するスキャナーで読み込んで電子ファイル化するというものである。電子ファイル化により有形的再製が完成するまでの利用者と法人被告らの関与の内容、程度等をみると、複製の対象となる書籍を法人被告らに送付するのは利用者であるが、その後の書籍の電子ファイル化という作業に関与しているのは専ら法人被告らであり、利用者は同作業には全く関与していない。

以上のとおり、本件における複製は、書籍を電子ファイル化するという点に特色があり、電子ファイル化の作業が複製における枢要な行為というべきであるところ、その枢要な行為をしているのは、法人被告らであって、利用者ではない」。「(略)「このような電子ファイル化における作業の具体的内容をみるならば、抽象的には利用者が因果の流れを支配しているようにみえるとしても、有形的再製の中核をなす電子ファイル化の作業は法人被告らの管理下にあるとみられるのであって、複製における枢要な行為を法人被告らが行っているとみるのが相当である。」と判示し、被告らを複製の主体と認めるのが相当との判断を下した。

また、差止め請求の112条1項の「侵害のおそれ」については、「被告サンドリームは、平成24年11月現在において、そのスキャン事業として、会員登録をした利用者から利用申込みがあると、有償で、書籍をスキャナーで読み取ることにより、電子的方法により複製して、電子ファイルを作成している。

そして、「(略) 原告らを含む作家122名及び出版社7社は、被告サンドリームに対し、本件質問書において、作家122名は、スキャン事業における利用を許諾していないとした上で、作家122名の作品について、依頼があればスキャン事業を行う予定があるかなどの質問を行ったが、被告サンドリームは、本件質問書に対して回答しなかった。また、原告らを含む作家122名及び出版社7名は、被告サンドリームに対し、本件通知書において、今後は、作家122名の作品について、依頼があってもスキャン事業を行なわないよう警告するなどしたが、被告サンドリームは、本件通知書に対しても回答しなかった。その後の調査会社の調査によると、被告サンドリームは、原告X6及び甲の作品について、スキャンを依頼され、スキャンによって作成されたPDFファイルを収録したUSBメモリを納品した。」との事実認定を前提にして、「以上に照らすと、被告サンドリームのウェブサイト（平成24年12月29日のもの）では、会員専用ログイン画面の最下部に、原告らの書籍のスキャンには対応していない旨が記載されている（上記(1)ア）としても、被告サンドリームが原告らの著作権を侵害するおそれがあると認めるのが相当である。また、被告サンドリームに対する差止めの必要性を否定する事情も見当たらない。」と判示した。

なお、著作権法30条1項の「私的複製」の主張に対しては、「被告らは、法人被告らのスキャニングについて、そのスキャン事業の利用者が複製の主体であって、法人被告らはそれを補助したものであるから、著作権法30条1項の私的使用のための複製の補助として、法人被告ら行為は適法である旨主張する。しかし、上記(2)のとおり、本件において著作権法30条1項の適用は問題とならないし、また、本件における書籍の複製の主体は法人被告らであって利用者ではないから、被告らの主張は事実関係においてもその前提を欠いている。したがって、被告らの主張は理由がない。」として排斥している[3]。

3 （控訴審）知財高裁平成26年10月22日判決[4]

上記の控訴審では、知財高裁は以下のとおり述べて、原審の判断を支持した。「控訴人ドライバレッジは、独立した事業者として、本件サービスの内容を決定し、スキャン複製に必要な機器及び事務所を準備・確保した上で、インターネットで宣伝広告を行うことにより不特定多数の一般顧客である利用者を誘引し、その管理・支配の下で、利用者から送付された書籍を裁断し、スキャナで読み込んで電子ファイルを作成することにより書籍を複製し、当該電子ファイルの検品を行って利用者に納品し、利用者から対価を得る本件サービスを行っている。したがって、利用者が複製される書籍を取得し、控

3 なお、同様の事案で東京地裁平成25年10月30日判決（前掲（注1））もある。
4 平成25年（ネ）第10089号・判時2246号92頁

訴人ドライバレッジに電子ファイル化を注文して書籍を送付しているからといって、独立した事業者として、複製の意思をもって自ら複製行為をしている控訴人ドライバレッジの複製行為の主体性が失われるものではない。また、利用者による書籍の取得及び送付がなければ、控訴人ドライバレッジが書籍を電子ファイル化することはないものの、書籍の取得及び送付自体は『複製』に該当するものではなく、『複製』に該当する行為である書籍の電子ファイル化は専ら控訴人ドライバレッジがその管理・支配の下で行っているのである。控訴人ドライバレッジは利用者の注文内容に従って書籍を電子ファイル化しているが、それは利用者が、控訴人ドライバレッジが用意した（略）本件サービスの内容に従ったサービスを利用しているにすぎず、当該事実をもって、控訴人ドライバレッジによる書籍の電子ファイル化が利用者の管理下において行われていると評価することはできない。また、利用者は本件サービスを利用しなくても、自ら書籍を電子ファイル化することが可能であるが、そのことによって、独立した事業者として、複製の意思をもって自ら複製行為をしている控訴人ドライバレッジの複製行為の主体性が失われるものではない。」

4 （上告審）最高裁第二小法廷平成28年3月16日決定[5]

控訴人側は本件で上告したものの、最高裁は、「本件申立ての理由によれば、本件は、民事訴訟法318条1項により受理すべきものとは認められない」として、本件を上告審として受理しないとの決定をし、知財高裁の判断で確定した。

5 自炊代行サービスの態様ごとの検討の必要性

上記裁判例は、「自炊」代行業に関する著作権侵害の成否を示した、初めての裁判例であり、注目を集めた。

しかし、上述のとおり、ひとくちに「自炊」代行業といっても、業者は侵害の主張を避けるために、様々な工夫をこらしており、そのパターンには色々なバリエーションがあって、各々のケースの具体的態様により、著作権侵害

---

5 平成27年（受）第167号

の成否を注意深く検討する必要がある。

たとえば、

① ユーザーが書籍を購入して裁断の上、業者の店舗に持ち込み、業者がスキャナでデータ化する場合

② ユーザーが業者の店舗に持ち込んだ書籍を、業者が裁断・スキャナでデータ化する場合

③ ユーザーが業者の店舗に持ち込んだ書籍を、ユーザ自身が店舗内のスキャナでデータ化する場合

④ 業者が店舗内に書籍を用意しており、ユーザーに書籍を貸して、ユーザーが店舗内でスキャナでデータ化する場合

⑤ スキャナ、裁断機等をレンタルし、ユーザーが自宅でデータ化する場合

等の各々の行為態様ごとに考える必要がある。

上記東京地裁判決の事案は、②の事案に近いが、このパターンは従来より、複製主体が業者であると認定されるなら、私的複製の範疇外として、著作権侵害の成立が見込まれると解されていた。

①は、裁断はユーザー自身が行っているが、スキャナでデータ化は業者が行っているので、スキャナでデータ化が枢要な行為であるとすると、②と同様に著作権侵害が成立し得る。

③については、コンビニ等のコピー機設置と類似の状況であり、著作権法の附則5条（自動複製機器についての経過措置）[6]との関係が問題となろう。

また、④は、いわゆる「自炊の森」パターンとして知られており、状況としては図書館の蔵書コピーに近いものがあるが（著作権法31条1項1号）、そもそも、図書館の蔵書コピーといえども、丸ごとコピーが許されるわけではなく、法律で認められた範囲内であって、業者の関与の度合いにより侵害ともなり得る可能性がある。

⑤については、ユーザーが自分の書籍を自宅内で行うのは「私的複製」の範囲内と思われ、データ化用機器自体のレンタルは侵害に当たらないものと

---

6 （自動複製機器についての経過措置）
附則5条の2
新法第30条第1項及び第119条第2号の規定の適用については、当分の間、これらの規定に規定する自動複製機器には、専ら文書又は図画の複製に供するものを含まないものとする。

解されよう。

以上のように、個別の検討が必要であって、上記判決の射程もあくまで当該事案に対する事例判決という位置付けであるものと思われる。

また、上記判決以降も、一部の自炊代行業者らは、著作権者の許諾確認システムを構築し、著作権者の許諾がないものはサービス対象外とし、さらに裁断した書籍は溶解処分してユーザーに返却しない、返却を希望するユーザーの注文は受けない等の様々な営業努力、工夫をこらして、著作権者からのクレームや権利行使を受けることなく、適法に営業を継続しているところも存在している。

〔藤田　晶子〕

2 動画投稿サイトの法的論点

動画投稿者の視点

Question

私は、YouTubeを視聴するだけでなく、自分で動画を投稿してみたいと思います。将来はYouTuberになりたいとも考えています。気をつけるべきことはあるでしょうか。

Answer

著作権等の第三者の権利を侵害しないことです。動画投稿サイト（この場合はYouTube）の規約を守ることも必要ですが、その内容は第三者の権利を侵害しないことと重なる点が多いものです。

Commentary

1 規 約

動画投稿において最も問題になるのは第三者の権利、特に著作権である。動画投稿サイトは規約で著作権侵害動画の投稿を禁じ、それに違反した場合はアカウント停止等をするとしている。

参考に、以下の利用規約を掲げる。

◆YouTube「利用規約」より抜粋

8. 著作権に関する方針

A YouTubeは、本ユーザー投稿が、第三者の著作権法に基づく権利（以下、「著作権」といいます）を侵害している場合の取り扱いについて、明確なポリシーを定めています。ポリシーの詳細については、著作権情報（URL略）をご覧ください。

B YouTubeは、YouTubeの著作権に関するポリシーに従い、特定のユーザーが反復して著作権を侵害する行為を行っていると判断する場合には、そのユーザーによる本ウェブサイトへのアクセスを停止します。侵害行為を二回を超えて通告されたユーザーは、反復して侵害行為を行っているものとみなします。

出典：YouTube利用規約（https://www.youtube.com/static?template=terms&hl=ja&gl=JP）

◆ニコニコ動画「ニコニコ活動ガイドライン」より抜粋

3. コンテンツによる表現の自由は無制限ではありません。

前項の通り、発表したコンテンツによって問題が生じた場合は当事者同士で解決することが原則であって、ニコニコによる表現の規制は最小限にとどめますが、一部、掲載を認めないことがあります。

特に、以下のような内容のコンテンツについては、ニコニコの自主的判断により削除する場合があります。

（以下略）

〈他者の権利を侵害する行為〉

例）

・他者の名誉、社会的信用、評判、プライバシーを侵害する内容

・他者の基本的人権、著作権等の知的財産権〔下線部は筆者〕、その他の権利を侵害する内容

〈公序良俗に反するもの〉

（以下略）

出典：ニコニコ活動ガイドライン（https://ex.nicovideo.jp/base/guideline）

◆ニコニコ動画「niconico規約」より抜粋

5　禁止事項

利用者による「niconico」の利用に関して、以下の行為が禁止されています。

・ニコニコ活動ガイドライン第3項〔下線部は筆者〕及び第4項に掲げる行為又はこれらの行為に準じる行為（コメントの書き込みや動画等の投稿以外の手段を通じて行われる行為を含みます）

（以下略）

6　運営会社の対応

利用者による本利用規約への違反を確認した場合、運営会社は、自己の判断により、利用者に対する事前の告知なく、利用者が登録したアカウント情報の削除〔下線部は筆者〕、書き込みの削除を含む運営会社が適切であると判

> 断する一切の対応を行い、利用者はこれに同意します。
>
> （以下略）
>
> 出典：niconico規約（http://account.nicovideo.jp/rules/account）

2 著作権法

動画の投稿は動画を公衆送信（送信可能化）する行為であり、著作権のうち公衆送信権（送信可能化権）が問題となる（著作権法23条）。

著作権法では例外的に著作権を制限する規定があり（著作権法2章3節5款）、それらのいずれかに当てはまれば著作権者に無断で著作物を利用してよいことになるが、公衆送信権（送信可能化権）には、複製権における私的使用による例外（著作権法30条）のような規定はない。

引用（著作権法32条）については、そもそも条文に「公正な慣行に合致するものであり、かつ、報道、批評、研究その他の引用の目的上正当な範囲内で行なわれるものでなければならない」とある。また、判例により「明瞭区分性」と「主従関係」が必要と解されている（最（三小）判昭和55年3月28日民集34巻3号244頁）。前者は引用であるための当然の要件だが、後者は単に分量だけではなく引用される著作物の性質や引用の目的・態様等の様々の要素を考慮する必要がある。具体的な投稿が引用により適法になるかは容易に判断できるものではなく、専門家（弁護士）に相談すべきである。

非営利目的による例外（著作権法38条）は、広告クリックで収入を得ようという（YouTubeでいえばパートナープログラムに加入する）場合はそもそも非営利ではない。なお、2項に自動公衆送信に関する定めがあるが、これは聴覚障害者等のための複製等（著作権法37条の2）と同様の同時再送信の規定であり、一般の人が自動公衆送信をする行為を対象とする規定ではない。時事問題に関する論説の転載等（著作権法39条）や政治上の演説等の利用（著作権法40条）に該当する場合は著作権者に無断で投稿することも可能であるが、例えば39条では新聞記事でも時事問題の論説は対象となるが芸術論は対象とならない等、具体的な事例でこれらの条項が適用されるかは素人が容易に判断できるものではなく、専門家（弁護士）に相談すべきである。

以上から、一般の人が他人の著作物を無断で投稿する場合、著作権（公衆送信権）侵害となる場合が多いと考えられる。

テレビ番組や映画を投稿するのは勿論のこと、歌を歌う、踊りを踊る（踊りにも著作権が発生する（著作権法2条1項3号）。具体的には振付に著作権が発生し、舞踏行為は著作隣接権の問題となる。）、本を朗読する、コンピュータゲームをプレイする、いずれも基本的に著作権侵害となる。

なお、パロディは、日本ではパロディであるが故に著作権侵害とならないという解釈はなされていないため、基本的に著作権侵害となる。

なお、歌については、JASRACの包括契約の対象となれば著作権侵害とならない[1]。

歌や踊りで原著作物から改変して著作権侵害を免れようとしても、場合によっては同一性保持権（著作権法20条）や翻案権（著作権法27条）が問題となる。

翻案権侵害については、文章（小説）に関する江差追分事件上告審（最（一小）判平成13年6月28日民集55巻4号837頁）に次のとおりある。

> 言語の著作物の翻案（著作権法27条）とは、既存の著作物に依拠し、かつ、その表現上の本質的な特徴の同一性を維持しつつ、具体的表現に修正、増減、変更等を加えて、新たに思想又は感情を創作的に表現することにより、これに接する者が既存の著作物の表現上の本質的な特徴を直接感得することのできる別の著作物を創作する行為をいう。そして、著作権法は、思想又は感情の創作的な表現を保護するものであるから（同法2条1項1号参照）、既存の著作物に依拠して創作された著作物が、思想、感情若しくはアイデア、事実若しくは事件など表現それ自体でない部分又は表現上の創作性がない部分において、既存の著作物と同一性を有するにすぎない場合には、翻案には当たらないと解するのが相当である。

つまり、他人の著作物に依拠し、他人の著作物の表現上の本質的な特徴が直接感得できる場合、翻案権の侵害となるのである。

したがって、歌や踊りでも、原著作物の表現上の本質的な特徴が直接感得できれば、著作権侵害となる。逆にいえば、そうでない場合は別の著作物ということで原著作物の著作権は侵害しない。

1　条件は「動画投稿（共有）サイトでの音楽利用」に具体的に書かれている（http://www.jasrac.or.jp/info/network/pickup/movie.html）。

3　著作権以外の権利

著作物そのものは使わないが、ネタバレする行為はどうか。例えば、映画のネタバレをする行為は他者の権利を侵害するといえるか。

記事見出しを無断で転載したYOL事件判決（知財高判平成17年10月6日裁判所ウェブサイト）が参考になる。YOL事件では、著作権侵害を否定しつつ「社会的な相当性を欠く」から一般不法行為で違法、とした。

これとの比較から、ネタバレも一般不法行為となり得るが、社会的相当性の判断は個々の事情を総合的に勘案することとなろう。映画公開後、短期間（映画公開中、DVD販売直後等）であったり、犯人が誰であるか全く不明で真相は多くの視聴者の推測を裏切る意外な人物が真犯人であるという物語構成の作品であったりすれば、ネタバレに社会的相当性がないと判断される可能性もある。

屋外の様子を録画した動画を投稿する場合、通常、著作権法上は問題は発生しない（建造物、銅像など彫刻類は無断利用可（著作権法46条））。したがって、自動車や鉄道車両が映っていても著作権侵害にはならない。

しかし、動画に他人が登場する場合、その者が誰なのか識別・特定が可能であれば、その者のプライバシー権や肖像権（有名人であれば肖像権の財産権的側面であるパブリシティ権も）が問題となる。そのため、他人が登場する場合、通常は当該他人の許諾が必要である。

動画撮影自体は同意していても、それを動画投稿サイトに投稿することまでは同意がない場合は、ケースバイケースであるが、プライバシー権や肖像権の侵害となる可能性は否定できない。

もちろん、他人が登場しなくても他人の名誉を毀損したり信用を毀損したりすれば、名誉毀損罪や業務妨害罪は成立し得る。

YouTuberになるためには、以上のとおり、自分（VTuberの場合は自分のキャラ）しか登場しない場合は著作権、他人が登場する場合は著作権以外の権利にも注意が必要である。

〔小早川　真行〕

Q2 動画投稿による被害者の視点

Question

YouTubeの投稿動画で当社のゲームが無断で使用され、しかも極めて低い評価で「クソゲー」と嘲笑する内容です。なんとかできないでしょうか。

Answer

そもそもゲーム実況の許諾条件をしっかり定めておく必要があります。それができていれば、個別事案への対応では、まずは動画投稿サイトの削除フォームから削除を申請することです。投稿者に対して損害賠償請求をしたい場合は、プロバイダ責任制限法による発信者情報開示請求を行うことになります。

Commentary

1 許諾条件

そもそもゲーム実況を許諾していなければ、著作権（公衆送信権）侵害となる。

ゲーム実況を許諾している場合であれば、許諾の内容（許諾を定めた規約類の条項の規定）次第である。

逆にいえば、自社に都合が悪いゲーム実況は削除できるよう、許諾条件を定めておくべきである。

具体例として、例えば株式会社スクウェア・エニックスの「ドラゴンクエストX」においては「生配信、動画・画像投稿に関するガイドライン」として、投稿を原則禁止としつつYouTubeやニコニコ動画等に配信することを例外的に許諾し、その条件を種々挙げている。ネタバレ禁止といった具体的な条項の後に、以下のものも含まれている。

> ・理由の如何を問わず、当社から依頼があった場合には、遅滞なく画像・動画の掲載を中止してください。また、当社が不適切と判断した動画・放送については、削除させていただく場合があります。
> ・当社、およびドラゴンクエストXのイメージを損ねると判断した動画・放送については、削除させていただく場合があります。
>
> 出典：スクウェア・エニックスウェブサイト
> (http://support.jp.square-enix.com/rule.php?id=2620&la=0&tag=transmission)

このように定めれば、自社にとって不利益なゲーム実況を、許諾条件違反すなわち著作権侵害とすることができる。

2 削 除

問題動画の削除については、動画共有サイトの手続に従って行えばよい。自らが著作権者であることの証明ができるなら、削除フォームから申請すれば削除はなされるであろう。

3 損害賠償請求

損害賠償請求については投稿者が誰かを知ることが必要となる。投稿者が誰かがわかっているなら、動画投稿サイト特有の問題は存在せず、純粋に著作権侵害による損害賠償請求の問題である。

投稿者が誰かがわからない場合は、動画投稿サイト運営者に対し、プロバイダ責任制限法に基づく発信者情報開示請求を行うことになる。

法4条1項に次のとおり定められている。

> (発信者情報の開示請求等)
> **第4条** 特定電気通信による情報の流通によって自己の権利を侵害されたとする者は、次の各号のいずれにも該当するときに限り、当該特定電気通信の用に供される特定電気通信設備を用いる特定電気通信役務提供者（以下「開示関係役務提供者」という。）に対し、当該開示関係役務提供者が保有する当該権利の侵害に係る発信者情報（氏名、住所その他の侵害情報の発信者の特定に資する情報であって総務省令で定めるものをいう。以下同じ。）の開示を請求することができる。
> 一 侵害情報の流通によって当該開示の請求をする者の<u>権利が侵害された</u>

ことが明らかであるとき。

二 当該発信者情報が当該開示の請求をする者の損害賠償請求権の行使のために必要である場合その他発信者情報の開示を受けるべき正当な理由があるとき。

※下線部は筆者

つまり、権利侵害の明白性と開示の必要性の2要件を満たしていれば、発信者情報開示請求が可能である。発信者情報開示請求の具体的な手続は、動画投稿サイト特有の問題ではない。専門家（弁護士）に相談すべきである。

〔小早川 真行〕

動画サイト運営者の視点

Question

〈動画運営者の視点〉

投稿者が違法な投稿をした場合、運営者が法的責任を負うことはあるのでしょうか。また、法的責任を負わないためには何をすればよいのでしょうか。

Answer

プロバイダ責任制限法におけるプロバイダとしての責任を果たせば、法的責任は負いません。

Commentary

動画投稿サイトには非常に多くの動画が投稿される。権利侵害の有無を運営者が事前にチェックするのは不可能であり、事後においても能動的にチェックすることは不可能である。

そのため、違法動画が投稿されていること自体から直ちに運営者に責任が生じると解すると、動画投稿サイトを適法に運営することは事実上不可能になる。

実際は、動画投稿サイトの運営者は、特定電気通信役務提供者の損害賠償責任の制限及び発信者情報の開示に関する法律（プロバイダ責任制限法）における特定電気通信役務提供者（プロバイダ）と解され、その責任を果たせば違法動画の投稿でそれ以上の責任は負わない。

プロバイダ責任制限法は、プロバイダが損害賠償責任を免れる方法について定めている（3条1項）。

（損害賠償責任の制限）

第３条　特定電気通信による情報の流通により他人の権利が侵害されたときは、当該特定電気通信の用に供される特定電気通信設備を用いる特定電気通信役務提供者（以下この項において「関係役務提供者」という。）は、これに

> よって生じた損害については、権利を侵害した情報の不特定の者に対する送信を防止する措置を講ずることが技術的に可能な場合であって、次の各号のいずれかに該当するときでなければ、賠償の責めに任じない。ただし、当該関係役務提供者が当該権利を侵害した情報の発信者である場合は、この限りでない。
>
> 一　当該関係役務提供者が当該特定電気通信による情報の流通によって他人の権利が侵害されていることを知っていたとき。
>
> 二　当該関係役務提供者が、当該特定電気通信による情報の流通を知っていた場合であって、当該特定電気通信による情報の流通によって他人の権利が侵害されていることを知ることができたと認めるに足りる相当の理由があるとき。
>
> ※下線部は筆者

つまり、①違法動画により権利侵害があると知っていたとき、②動画の存在を知り、違法であると知り得たとき、のいずれでもなければ、損害賠償責任を負わない。そして、それらを知る（知り得る）ときとは、実務上は、権利者から削除申請があったときである。

では、削除申請があった場合に何をすればいいのか。それは3条2項に定められている。

> 2　特定電気通信役務提供者は、特定電気通信による情報の送信を防止する措置を講じた場合において、当該措置により送信を防止された情報の発信者に生じた損害については、当該措置が当該情報の不特定の者に対する送信を防止するために必要な限度において行われたものである場合であって、次の各号のいずれかに該当するときは、賠償の責めに任じない。
>
> 一　当該特定電気通信役務提供者が当該特定電気通信による情報の流通によって他人の権利が不当に侵害されていると信じるに足りる相当の理由があったとき。
>
> 二　特定電気通信による情報の流通によって自己の権利を侵害されたとする者から、当該権利を侵害したとする情報（以下この号及び第四条において「侵害情報」という。）、侵害されたとする権利及び権利が侵害されたとする理由（以下この号において「侵害情報等」という。）を示して当該特定電気通信役務提供者に対し侵害情報の送信を防止する措置（以下この号に

おいて「送信防止措置」という。）を講ずるよう申出があった場合に、当該特定電気通信役務提供者が、当該侵害情報の発信者に対し当該侵害情報等を示して当該送信防止措置を講ずることに同意するかどうかを照会した場合において、当該発信者が当該照会を受けた日から7日を経過しても当該発信者から当該送信防止措置を講ずることに同意しない旨の申出がなかったとき。

※下線部は筆者

権利者からの削除申請（送信防止措置の申請）が来た場合、例えばテレビ番組の録画の投稿といった、権利侵害が明らかなときは、そのまま削除してよいであろう。そうでないときは、投稿者に照会をかける。そこで7日以内に削除へ同意しない旨の申出がない場合は、削除する。その申出があった場合、削除しないという選択もある。実務上、削除に同意しないケースは多くないと思われる。そのため、実務においては削除は概ね速やかに実行される傾向にある。

削除しない場合は、権利者から訴訟提起（実際には仮処分の申立てであろう。）がなされ、そこでプロバイダとして被告（相手方）となる。そこで裁判所の判断が下されるので、裁判所が「権利侵害あり」という前提の判決（決定）を下せば、削除しても投稿者に対して損害賠償義務を負うことはない。

一方、発信者情報開示請求については、投稿者の意見を聴かなければならないとされている。法4条2項以下に次のとおり定めている。

2　開示関係役務提供者は、前項の規定による開示の請求を受けたときは、当該開示の請求に係る侵害情報の発信者と連絡することができない場合その他特別の事情がある場合を除き、開示するかどうかについて当該発信者の意見を聴かなければならない。

3　第1項の規定により発信者情報の開示を受けた者は、当該発信者情報をみだりに用いて、不当に当該発信者の名誉又は生活の平穏を害する行為をしてはならない。

4　開示関係役務提供者は、第一項の規定による開示の請求に応じないことにより当該開示の請求をした者に生じた損害については、故意又は重大な過失がある場合でなければ、賠償の責めに任じない。ただし、当該開示関係役務提供者が当該開示の請求に係る侵害情報の発信者である場合は、この

> 限りでない。
>
> ※下線部は筆者

実務上、投稿者が開示に同意する可能性は低い。法律上は、意見を聴いた後は投稿サイト運営者の判断で開示することも可能だが、実務上は開示しない対応がほとんどであろう。

4項により、権利者の損害については運営者に故意又は重過失がなければ免責される。ここにいう損害とは、開示に応じない間に投稿者が無資力になった場合や、開示が遅れたことの精神的苦痛が該当する。そのため、テレビ番組の録画の投稿のように権利侵害が明白な場合は、独自判断で開示することも考えられる。ただし、ここは微妙な判断が必要なため、専門家（弁護士）に相談すべきである。最（三小）判平成22年4月13日判タ1326号121頁では「開示関係役務提供者は、侵害情報の流通による開示請求者の権利侵害が明白であることなど当該開示請求が同条1項各号所定の要件のいずれにも該当することを認識し、又は上記要件のいずれにも該当することが一見明白であり、その旨認識することができなかったことにつき重大な過失がある場合にのみ、損害賠償責任を負うものと解するのが相当である。」としている。

発信者情報として開示を求めることができる情報は、氏名又は名称、住所、メールアドレス、IPアドレス、携帯電話端末等の利用者識別符号、SIMカード識別番号、（投稿の）年月日及び時刻である（特定電気通信役務提供者の損害賠償責任の制限及び発信者情報の開示に関する法律第4条第1項の発信者情報を定める省令）。

開示を行わない場合は、削除しない場合と同様に、権利者から訴訟提起（実際には仮処分の申立てであろう。）がなされ、そこでプロバイダとして被告（相手方）となる。そこで裁判所の判断が下されるので、裁判所が「権利侵害あり」という前提の判決（決定）を下せば、開示しても投稿者に対して損害賠償義務を負うことはない。

〔小早川　真行〕

 動画視聴者の視点

Question

明らかに違法と思われる、テレビ番組や映画が投稿されているのですが、視聴しても問題ないのでしょうか。

Answer

視聴することは通常は違法ではありませんが、著作権侵害（いわゆる違法ダウンロード）にならないよう注意が必要です。

Commentary

著作権侵害動画と知って複製（録音又は録画）することは複製権の侵害として明示的に禁止されており（著作権法30条1項3号）、2年以下の懲役又は200万円以下の罰金（併科あり）を科される（著作権法119条3項）。

第30条1項3号 著作権を侵害する自動公衆送信（国外で行われる自動公衆送信であつて、国内で行われたとしたならば著作権の侵害となるべきものを含む。）を受信して行うデジタル方式の録音又は録画を、その事実を知りながら行う場合
第119条3項 第30条第1項に定める私的使用の目的をもつて、有償著作物等（録音され、又は録画された著作物又は実演等（著作権又は著作隣接権の目的となつているものに限る。）であつて、有償で公衆に提供され、又は提示されているもの（その提供又は提示が著作権又は著作隣接権を侵害しないものに限る。）をいう。）の著作権又は著作隣接権を侵害する自動公衆送信（国外で行われる自動公衆送信であつて、国内で行われたとしたならば著作権又は著作隣接権の侵害となるべきものを含む。）を受信して行うデジタル方式の録音又は録画を、自らその事実を知りながら行つて著作権又は著作隣接権を侵害した者は、2年以下の懲役若しくは200万円以下の罰金に処し、又はこれを併科する。 ※下線部は筆者

一方で、文化庁は平成24年7月24日、「違法ダウンロードの刑事罰化についてのQ&A」において、「『YouTube』などの動画投稿サイトの閲覧についても、その際にキャッシュが作成されるため、違法になるのですか。」というQに対し「違法ではなく、刑罰の対象とはなりません。動画投稿サイトにおいては、データをダウンロードしながら再生するという仕組みのものがあり、この場合、動画の閲覧に際して、複製（録音又は録画）が伴うことになります。しかしながら、このような複製（キャッシュ）に関しては、第47条の8（電子計算機における著作物利用に伴う複製）の規定が適用されることにより著作権侵害には該当せず、『著作権又は著作隣接権を侵害した』という要件を満たしません。」としている。

つまり、通常の視聴では「録音又は録画」をしないため、違法にはならない。そこを視聴者が工夫して（?）録音又は録画を行うと、違法となる可能性が出てくるのである。

〔小早川　真行〕

第7章

アフィリエイトサイト・リーチサイトに関する法的論点

アフィリエイトサイトとは

Question

「アフィリエイトサイト」とは何ですか。

Answer

アフィリエイトないしアフィリエイトプログラムとは、一般的には提携先の商品広告を自分のウェブサイト等に掲載し、その広告をクリックした人が提携先から商品を購入するなどした場合、一定額の報酬を得られるという宣伝方法ないし仕組みのことをいいます。ここでいう商品広告を掲載する自分のウェブサイトのことを一般的に「アフィリエイトサイト」といいます。

Commentary

1 「アフィリエイトサイト」の概要

アフィリエイトないしアフィリエイトプログラムとは、一般的には、提携先の商品広告を自分のウェブサイト等に掲載し、その広告をクリックした人が提携先から商品を購入するなどした場合、一定額の報酬を得られるという宣伝方法ないし仕組みをいう[1]。ここでいう「商品広告を掲載する自分のウェブサイト等」のことを「アフィリエイトサイト（等）」などと呼び、たとえば、そのアフィリエイトサイトがブログの場合であれば、これを「アフィリエイトブログ」と呼ぶこともある。

2 アフィリエイトの商流

アフィリエイトには、広告を自分のブログ等に掲載する「アフィリエイター」（個人法人を問わない。）、広告を提供する「広告主」、そして、アフィ

1 たとえば、消費者庁「特商法関連被害の実態把握等に係る検討会 報告書」（平成26年8月）20頁では、「アフィリエイトとは、一般的には提携先の商品広告を自分のウェブサイト上に掲載し、その広告をクリックした人が提携先から商品を購入するなどした場合、一定額の報酬を得られるというものである。」と説明されている。

リエイターと広告主とを仲介する「アフィリエイトサービスプロバイダ」(以下「ASP」という。)[2]が登場する。

広告主がASPを介してアフィリエイターの運営するサイト(例:ブログ)等へ広告の掲載を依頼し、その掲載された広告のクリック数や掲載商品の購入などに対し、あらかじめ設定された成果条件に基づく報酬(成功報酬型広告料)がアフィリエイターに支払われるのが一般的な商流である。具体的には、次のとおりである[3]。

① 広告主は、ASPとの間でアフィリエイトサービスに関する契約を締結し、ASPは、アフィリエイターに向けて広告主の成功報酬型広告をアフィリエイトサイトに掲載するためのシステムを提供する。

② アフィリエイターは、ASPとの間でパートナー契約を締結した上、ASPのシステム上で用意される各種広告主の成功報酬型広告を自ら選択し、自らのアフィリエイトサイト上に当該広告がバナー広告等の形で表示されるように設定する。

③ たとえば、消費者がアフィリエイトサイトに掲載されたバナー広告等を通じて広告主のサイトにアクセスして広告主の商品・サービスを購入することが報酬条件となっている場合において、消費者がこの報酬条件に合致する形でバナー広告等を通じて広告主のサイトにアクセスして広告主の商品・サービスを購入したときには、広告主は、ASPを通じて、アフィリエイターに対して報酬を支払う。

④ ASPは広告主からASPと広告主との間の契約で定められた手数料の支払を受ける。

3 法的論点

インターネットやスマートフォン、ブログやSNSの普及により誰もが簡単手軽に「アフィリエイター」として参入できることもあって(しかも、報酬を得られる手段でもある。)、アフィリエイト市場は拡大している。

---

2 アフィリエイトに関する業界団体として日本アフィリエイト協議会(JAO)等がある。

3 消費者庁「インターネット消費者取引に係る広告表示に関する景品表示法上の問題点及び留意事項」(一部改訂版平成24年5月9日)8頁。なお、同庁から、「事業者が講ずべき景品類の提供及び表示の管理上の措置についての指針」(平成26年11月14日)及び同改正(平成28年4月1日)も参照。

その反面、簡単手軽に参入できるアフィリエイターを中心として、法的問題に巻き込まれることも少なくない。

本章**Q2**では、アフィリエイターの立場を中心とした法的論点について触れる。

〔藤﨑　太郎〕

アフィリエイターに関わる法律

Question

「アフィリエイター」について、どのような法的問題に留意すればよいでしょうか。

Answer

たとえば、景品表示法、健康増進法・医薬品医療機器等法、著作権法、不正競争防止法との関係での法的問題（ただし、これらに限定されるものではありません。）に留意する必要があると考えられます。

Commentary

1　法的論点（アフィリエイターの立場から）

インターネットやスマートフォン、ブログやSNSの普及により一般の個人でも簡単手軽に「アフィリエイター」として参入できることもあって（しかも、報酬を得られる手段でもある。）、アフィリエイト市場は拡大してきた。その反面、アフィリエイターが法的問題に巻き込まれることも少なくない（本章**Q1**参照）。

以下では、アフィリエイターの立場から想定される主な法律問題として、景品表示法、健康増進法・医薬品医療機器等法、著作権法、不正競争防止法との関係について説明する。

2　景品表示法[1]との関係

アフィリエイターが商品・サービスのバナー広告をアフィリエイトサイトに掲載することと景品表示法との関係である。

景品表示法は、不当な表示による顧客の誘引を防止するため、事業者が自己の供給する商品・サービスの取引について、不当な表示を行うことを禁止し（5条1項）、不当表示が行われた場合、消費者庁長官及び都道府県知事は、

1　不当景品類及び不当表示防止法（昭和37年法律第134号）

当該行為を行った事業者に対し、その行為の差止め又はその行為が再び行われることを防止するために必要な事項又はこれらの実施に関連する公示その他必要な事項を命ずることができると定めている（7条1項、33条1項・11項）。

ここで、景品表示法の規制対象である「表示」（2条4項）とは、事業者が「自己の」供給する商品・サービスの取引に関する事項について行うものであるとされており、メーカー、卸売業者、小売業者等、当該商品・サービスを供給していると認められる者により行われる場合がこれに該当し、これに対し、広告代理店やメディア媒体（新聞社、出版社、放送局等）は、商品・サービスの広告の制作等に関与していても、当該商品・サービスを供給している者でない限り、表示規制の対象とはならないと解されている[2・3]。

このように解すると、商品・サービスを自ら供給しないアフィリエイターが当該商品・サービスのバナー広告をアフィリエイトサイトに掲載したとしても、それは景品表示法で定義される「表示」には該当せず、したがって、基本的には、景品表示法上の問題が生じることはないということになる。

ただし、自己の供給する商品又は役務について一般消費者に対する表示を行っていない事業者（広告媒体事業者等）であっても、たとえば、当該事業者が、商品又は役務を一般消費者に供給している他の事業者と共同して商品又は役務を一般消費者に供給していると認められる場合は、景品表示法の適用を受けることから、このような場合には、景品表示法7条1項の規定に基づき必要な措置を講じることが求められることに、アフィリエイターとしても注意しなければならない[4]。

なお、消費者庁による景品表示法に基づく措置命令及び課徴金納付命令（平成30年6月15日付）[5]は、広告主の立場にある健康食品の通信販売等を行う

---

2 消費者庁「事業者が講ずべき景品類の提供及び表示の管理上の措置についての指針」（平成26年11月14日）
3 消費者庁「表示に関するQ&A」（http://www.caa.go.jp/policies/policy/representation/fair_labeling/faq/representation/）
4 消費者庁・前掲（注2）1頁
5 消費者庁「株式会社ブレインハーツに対する景品表示法に基づく措置命令及び課徴金納付命令について」（平成30年6月15日）（http://www.caa.go.jp/policies/policy/representation/fair_labeling/pdf/fair_labeling_180615_0003.pdf）

株式会社に対してなされたものであるところ、消費者庁が、景品表示法に基づく処分において、「アフィリエイト」に初めて言及した事案であること[6]、すなわち、同社によるアフィリエイト広告の「表示」への関与を認定し、しかも、アフィリエイトサイトを通じた処分の周知徹底を求めた事案として注目に値する。

3 健康増進法[7]・医薬品医療機器等法[8]との関係

健康増進法は、何人も「虚偽誇大表示」をしてはならないと定めている（31条1項）。そのため、「食品として販売に供する物に関して広告その他の表示をする者」であれば規制の対象となり、食品の製造業者、販売業者等に何ら限定されるものではない。

また、同様に、医薬品医療機器等法は、何人も「虚偽誇大表示」をしてはならないと定めている（66条1項）。

したがって、新聞社、雑誌社、放送事業者、インターネット媒体社等の広告媒体事業者のみならず、これら広告媒体事業者に対して広告の仲介・取次ぎをする広告代理店、サービスプロバイダも各法の規制の対象となり得る。アフィリエイターも規制の対象となり得るということである。

4 著作権法との関係

アフィリエイターがブログ等の自己のアフィリエイトサイトに他者の著作物（著作権法2条1項各号。実際には、言語の著作物（同1号）や写真（同8号）が多いであろう。）を著作権者等に許諾を得ることなくアップロードすれば、著作権者等の許諾なしに利用できる例外的場合（30条～47条の8）に該当しない限り、著作権侵害の問題となる。このうち、私的使用（30条）についてみると、ブログ等不特定多数の人が閲覧できる状態に置くことは一般的には私的使用とみなされないことから、アフィリエイターが著作権者等の許諾なしにアフィリエイトサイトに掲載した場合、アフィリエイターが私的使用（30条）の点

---

6 「消費者庁『アフィリエイト』に初言及」週刊通販新聞平成30年6月21日（http://www.tsuhanshinbun.com/archive/2018/06/post-3120.html）
7 健康増進法（平成14年法律第103号）
8 医薬品、医療機器等の品質、有効性及び安全性の確保等に関する法律（昭和35年法律第145号）

を主張して著作権侵害を否定することは困難であると解される（なお、仮に著作権が制限される例外的場合に当たるとしても、著作者人格権は制限されないことに注意を要する（50条）。）。

また、これらの規定に基づき複製されたものを目的外に使うことは禁止されており（49条）、利用に当たっては、原則として出所の明示をする必要がある（48条）。

もっとも、上記に述べた点は、アフィリエイトサイトに特有の問題というわけでは必ずしもなく、インターネット、ウェブサイト、ブログ、SNS等に共通する法的問題と捉えることができる。

なお、昨今、その問題が顕在化しているリーチサイト（自身のウェブサイトにはコンテンツを掲載せず、他のウェブサイトに蔵置された著作権侵害コンテンツへのリンク情報を提供して、利用者を侵害コンテンツへ誘導するためのウェブサイト）については本章**Q3**で説明する。

5　不正競争防止法[9]との関係

不正競争防止法との関係が問題となった事例として、発信者情報開示請求事件ではあるが、次の判例がある（東京地判平成26年6月4日裁判所ウェブサイト）。

本件は、原告が、アフィリエイトサイト（本件サイト）に掲載されたタイトル部分・説明部分の各表示（本件表示）が、原告と競争関係にある本件サイトの管理者による営業誹謗行為で、不正競争防止法2条1項14号に該当するとし、虚偽記載による原告の人格権侵害行為に当たるとし、本件サイトの管理者に対する侵害の予防請求権・損害賠償請求権行使のために、被告（レンタルサーバーサービスを提供する法人）に対し、発信者情報の開示を求めた事案である。

裁判所は、結論として、本件表示の掲載は、原告の名誉・信用等の社会的評価を低下させるものであり、原告の人格権を侵害することは明らかであり、原告には、被告が保有する本件発信者情報の開示を受けるべき正当な理由があるとして、請求を認容した。

本判例によれば、アフィリエイトの表示によっては、アフィリエイトサイ

9　不正競争防止法（平成5年法律第47号）

トにおける表示そのものが不正競争防止法で定められた違反行為に該当すると判断される場合があるということになる。

アフィリエイトエイターとしては、自己のアフィリエイトサイトの表示には不正競争防止法との関係でも留意する必要があるといえる。

〔藤﨑　太郎〕

Q3 リーチサイトの法的問題

Question

「リーチサイト」とは何ですか。昨今の動向も教えてください。

Answer

「リーチサイト」とは、一般的には、「自身のウェブサイトにはコンテンツを掲載せず、他のウェブサイトに蔵置された著作権侵害コンテンツへのリンク情報を提供して、利用者を侵害コンテンツへ誘導するためのウェブサイト」と定義されます。近年、インターネット上における海賊版の流通により、インターネット上の著作権侵害による被害が深刻さを増してきており、リーチサイトに代表される侵害コンテンツへの誘導行為が著作権侵害を助長しているといわれています。

平成28年8月、文化審議会著作権分科会法制・基本問題小委員会において、リーチサイト対策に係る法制度整備を行うための検討が開始され、平成30年6月、政府の知的財産戦略本部が設置した「インターネット上の海賊版対策に関する検討会議」でも、海賊版対策の1つとしてリーチサイト対策についても議論されているところです。

Commentary

1 「リーチサイト」とは

リーチサイトとは自身のウェブサイトにはコンテンツを掲載せず、他のウェブサイトに蔵置された著作権侵害コンテンツへのリンク情報を提供して、利用者を侵害コンテンツへ誘導するためのウェブサイトのことをいう[1]。

アフィリエイトとの関係でいえば、アフィリエイターが自己のアフィリエイトサイトにおいて著作権侵害コンテンツへの誘導をするのであれば、当該アフィリエイトサイトがリーチサイトであるといえる。

---

1 知的財産戦略本部インターネット上の海賊版対策に関する検討会議「第1次中間まとめ（案）～インターネット上の海賊版サイトに対する総合対策～」35頁（平成30年9月）

2 リーチサイトをめぐる検討状況

(1) 背 景

近年、デジタル・ネットワークの進展に伴い、インターネット上において音楽・アニメ・映画・マンガ・ゲームなどのコンテンツが不正に流通し、インターネット上の著作権侵害による被害が深刻さを増してきている。このような状況において、リーチサイトなど侵害コンテンツへの誘導行為が、侵害コンテンツへのアクセスを容易にし、著作権侵害を助長しているといわれている。

このようなインターネット上の海賊版の流通を助長させる行為は、著作権者が正規版を展開する上での大きな問題となっており、その対応強化策について検討を行うことが求められていることから、平成28年8月25日、文化審議会著作権分科会法制・基本問題小委員会（以下「文化審議会」という。）においてリーチサイト対策に係る法制度整備を行うための検討が開始された[2]。

(2) 検討内容[3]

リーチサイト対策について、知的財産戦略本部インターネット上の海賊版対策に関する検討会議「第1次中間まとめ（案）～インターネット上の海賊版サイトに対する総合対策～」36頁（平成30年9月）によれば、リーチサイト等における侵害コンテンツに係るリンク情報の提供等については、リーチサイト等そのものが類型的に侵害コンテンツの拡散を助長する蓋然性が高いことを踏まえ、以下の要件を充足する場合に著作権侵害とみなすこととし、差止請求の対象とすることとすべき、とされている。

ア　場・手段について対象をリーチサイト等といった場・手段に限定するための方法として、例えば、「主として違法な自動公衆送信を助長する目的で開設されているものと認められるウェブサイト等」、「主として違法な自動公衆送信を助長する機能を担っているウェブサイト等」などとして、サイトの開設等の目的や客観的に果たしている機能に着目して、侵害の助長に寄与する蓋然性の高い場等に限定することが考えられる。

イ　主観について「違法にアップロードされた著作物と知っている場合、又はそう知ることができたと認めるに足る相当の理由がある場合」等と

2 前掲（注1）36頁
3 前掲（注1）36頁

して、侵害コンテンツであることについて故意・過失が認められる場合に限定することが考えられる。

ウ　行為についてリーチサイト等による被害に対する実効的な救済手段を提供するという今般の制度整備の目的に鑑み、リンク情報のみならず、「ボタン」等についても対象からは除外せず、当該著作物に係るリンク情報その他当該著作物への到達を容易にするための情報の提供等と評価できる行為については、差止請求の対象とすることが考えられる。

エ　対象著作物について以下の理由から、対象著作物を有償著作物等に限定しないことが適当ではないかと考えられる。

・被害状況を踏まえれば、少なくとも無料放送や無料のウェブマンガが対象とならなければ権利保護が不十分なものとなるため、少なくとも有償著作物への限定を行うべきではない。

・自動公衆送信権の侵害は基本的には著作物の種類を問わず同様に適用され、今般の対応は、その侵害行為を助長するような行為について対応を図ろうとするものである。したがって、表現の自由という対抗利益への配慮のために特に必要性があるという場合は別段、基本的には著作物の種類等によって権利保護に差異を設けることは控えるべきと考えられる。

・表現の自由への配慮については、対象となるサイト等の限定や主観要件を適切に設定することで対応することが適当と考えられる。

また、以下の理由から、刑事罰についても制度を設ける必要があると考えられるとされている。

・侵害コンテンツの拡散を助長する悪質な行為について著作権侵害とは別に独立して権利行使を認めることとするという今般の制度整備の趣旨に照らせば、民事上の請求による救済を可能とするのみならず罰則を認めることによる抑止効果を生じさせることが適当であり、罰則も少なくとも一定の範囲で定めることが適当と考えられる。

・仮に幇助に当たる場合でも、実務上、正犯の立件ができない場合は立件が困難な場合が多いと考えられ、実際上の必要性も認められる。

・みなし侵害とすることを前提として考えると、このような取扱いは、侵害コンテンツの拡散に関わる他のみなし侵害行為を含め、著作権法体系における罰則全体との均衡の観点からも適当と考えられる[4]。

(3) 課　題

今後の課題として、リーチサイト対策に係る法制度整備が行われれば、国内外の悪質な海賊版サイトへ誘導するリーチサイトに対して迅速に対処することが可能となる一方、リーチサイト対策に係る法制度整備はあくまで国内法の整備であるため、国内法の及ばないリーチサイトを経由した海賊版サイトへのアクセスや、国外の海賊版サイトへの直接アクセスへの対応の必要性は依然として存在する。このため、リーチサイト対策のみをもって海賊版サイトへの十全な対処とはならない可能性が大きいことに留意が必要である、とされている。

3　補足―サイトブロッキング―

NTTコミュニケーションズ株式会社、株式会社NTTドコモ及び株式会社NTTぷららの3社は、平成30年4月23日、コンテンツ事業者団体からの要請並びに同年4月13日に開催された知的財産戦略本部・犯罪対策閣僚会議において決定された「インターネット上の海賊版対策に関する進め方について」に基づき、サイトブロッキングに関する法制度が整備されるまでの短期的な緊急措置として、海賊版3サイト[5]に対してブロッキングを行うこととし、準備が整い次第実施するとともに、政府において、可及的速やかに法制度を整備していただきたいと考えている旨を公表した[6]。

この点、前掲の「インターネット上の海賊版対策に関する検討会議」において、海賊版サイト対策として、特定サイトへの接続を遮断するサイトブロッキング（接続遮断）の法制化が議論されているところ、憲法が保障する通信の秘密（21条2項）の問題も絡み、サイトブロッキング賛成派と反対派の議論が続いている状況である。

〔藤﨑　太郎〕

---

4 「リーチサイト規制へ運営者らに罰則」毎日新聞ニュース（平成30年10月14日）
5 漫画海賊版サイト「漫画村」とアニメ海賊版サイト「Anitube」、「Miomio」の3サイト
6 NTT持株会社ニュースリリース（http://www.ntt.co.jp/news2018/1804/180423a.html）

第8章

子どもと
インターネットを
めぐる法的論点

Q1 子どもと契約

Question

子どもが、携帯電話を使って有料サイトの利用や有料コンテンツの購入を無断でしたらしく、多額の請求が携帯電話会社からきています。どのように対応したらよいでしょうか。

Answer

未成年者は、成年者と比べて取引の知識や経験が不足し、判断能力も未熟です。そこで、未成年者が行う契約によって不利益を被らないように、満たすべき要件はありますが、未成年者が行った契約を取消しすることができます。

Commentary

1 未成年者契約の取消し

民法は、未成年者が法律行為をするに当たっては、その法定代理人の同意を得なければならないとする（民法5条1項）。そして、法定代理人の同意を得ずに行った法律行為を原則として取り消すことができるものとして（同法5条2項）、取引社会からの未成年者保護を図っている。

この原則は、携帯電話端末等を利用した電子契約の場合であっても同様に妥当する[1]。携帯電話を利用した電子契約の場合、そのサービスの利用料を携帯電話利用料と合わせて携帯電話会社から請求するシステム（キャリア課金）がとられることも多い。その場合であっても、サイトやコンテンツ等のサービス利用者が未成年者であれば、個々のサービスに係る契約ごとに、法定代理人の同意を要し、同意のないものについては取り消され得るのが原則となる[2]。

---

1 インターネットを利用した電子商取引の場合、対面取引の場合と異なり、事業者は契約の相手方が未成年者であるか否か、また契約に当たり法定代理人の同意を得ているか否かといった点の確認が困難であることから、行為能力の規定を制限的に適用すべきとの考えもあるが、このような問題は非対面の取引一般にいえることであるとして、電子商取引についてのみ例外を認める必要性は認められないと解されている。経済産業省「電子商取引及び情報財取引等に関する準則」（平成30年7月）57頁

2 経済産業省・前掲（注1）57頁

ただし、法定代理人の同意がある場合、未成年者取消しは認められない[3]。そのため、個々の事案において、事業者による申込者の年齢及び法定代理人の同意確認のための方法が問題となる。

この点について、事業者が、契約過程で、画面上に未成年者による申込みの場合は法定代理人の同意が必要である旨を記載しておく方法の場合、その記載のみをもって、同意を得ていると推定することは必ずしもできるものではないと解釈されている。

また、未成年者が法定代理人のクレジットカードを決済手段として用いて、カード情報を入力した場合、無断使用の可能性もあること等から、やはりそのことだけをもって同意があったと推定することは妥当でないとされている。

他方で、キャリア課金の場合で、未成年者の利用を前提として、上限額が任意に低額に設定したといえるような手続が行われている場合、法定代理人が当該額の範囲内で有料サービスの利用についてあらかじめ包括的に合意を与えていたと推定できる可能性があると考えられている[4]。

また、法定代理人が目的を定めて処分を許した財産は、その目的の範囲内で未成年者による処分が可能とされている。目的を定めないで処分を許した財産についても自由に処分できる場合があり（同法5条3項）、これらの場合も未成年者取消しの対象とはならない。

処分を許した財産といえるか否かの判断は、個々の事情による。そのため、金額が低額であることのみをもって、処分を許した財産と判断することはできないとされている。この点に関し、電子契約の事案ではないが、未成年者（契約時満18歳）が化粧品を分割払いで購入した事案で、化粧品購入代金が月収の約2倍に相当する金額であること等を考慮し、1か月当たりの支払額が1万4000円にとどまっていたとしても、親権者から処分を許された財産の使用に当たらないとした判例がある[5]。

---

3 同意は契約に先立って行われる必要がある。契約の後に法定代理人が同意した場合は、追認（民法122条）の問題となる。

4 ただし、出会い系サイトの利用等、一般的に法定代理人が同意時に想定していなかったような取引については、その取引の内容等も考慮して同意の有無が判断されることになる。経済産業省・前掲（注1）60頁

5 茨木簡判昭和60年12月20日判時1198号143頁

未成年者が、成年であると取引の相手方に信じさせるため詐術を用いた場合、契約は取り消し得ないものとされている（民法21条）。「詐術を用いたとき」の意義について、判例は、制限行為能力者が、他の言動などと相まって、相手方を誤信させ、又は誤信を強めたと認められるときは詐術に当たるというべきであるが、単に無能力者であることを黙秘していたことだけをもって、詐術に当たるとはいえないとする[6]。

そのため、事業者の設けている年齢確認画面への入力に際し、未成年者が、自己が成年になるような虚偽の年齢・生年月日等の情報を入力した場合、取引のないよう、商品の性質や事業者の設定する画面構成等個別の事情によってはそれが詐術と評価され、未成年者取消しができなくなる可能性があるとされている[7]。

未成年者取消しがなされると、取り消された法律行為は、遡及的に無効となる（民法121条）。これによって、取引の履行がなされていない場合、未成年者及び事業者双方の義務は消滅する。

取引が履行されている場合、事業者は支払われた代金の返還義務を負うが、未成年者の返還義務の範囲は、現存利益の範囲にとどまることになる（同条ただし書）。そして、ゲームサービス等の情報財に関しては、取消後当該情報財を使用できなくなり、未成年者がこれを既に利用してしまっている場合には、現存利益がないと評価され、サービス利用料金相当額の返還義務を負わない場合が多いとの解釈が示されている[8]。

2 未成年者のネット利用とトラブル防止

消費者庁の調査によると、オンラインゲームに関する相談は、平成24年度をピークに下がっているが、未成年者（20歳未満）の相談が目立ち、契約当事者が未成年者である割合は、消費生活相談全体においては約3%であるのに対して、オンラインゲームに関する相談においては、ここ数年では30

6 最（一小）判昭和44年2月13日民集23巻2号291頁
7 経済産業省・前掲（注1）64頁
8 ただし、事情によって未成年者が不法行為責任を問われる余地はある。経済産業省・前掲（注1）66頁

～40％と高い点が特徴。相談1件当たりの平均契約購入金額は32万6000円と平成27年にピークを迎え、契約購入金額が10万円以上の割合は成年者よりも未成年者の方が高い結果となっている[9]。

オンラインゲーム関連のトラブルに関する相談には、大人がオンラインゲームの仕組みや決済手段について理解していない、子供が課金の意味を理解せずに決済を行っている、オンラインゲーム会社が利用者の年齢を把握することが困難といった特徴がみられるとされている[10]。

コンテンツ提供事業者によっては、未成年者を対象とした課金上限額の設定を実施しているケースもある。上記のとおり、インターネットを通じた取引においては、契約申込者の年齢確認が困難であり、年齢認証画面から生年月日等を入力させる方法によるのみでは、未成年者による年齢詐称のおそれが高い。そのため、取消しをめぐる後日のトラブル回避という観点からも、事業者において、申込者の年齢確認の確実化のためのシステムを構築しておくことが期待される[11]。

保護者においては、未成年者にインターネットを利用させるに際し、普段から有料のサービスがあることを理解させる、クレジットカードや決済時に利用するIDの管理に注意する、未成年者を対象とした取引制限のオプションをあらかじめ導入しておく、といった対策を事前に講じておくことが重要といえる。

〔島田　敦子〕

9　独立行政法人国民生活センター相談情報部「オンラインゲームに関する相談の傾向と現状、事例について」月刊国民生活54号（2017年1月号）
（http://www.kokusen.go.jp/wko/pdf/wko-201701_03.pdf）

10　独立行政法人国民生活センター「大人の知らない間に子どもが利用！オンラインゲームのトラブルにご注意を」（平成24年12月20日報道発表資料）
（http://www.kokusen.go.jp/pdf/n-20121220_2.pdf）

11　各携帯電話事業者は、携帯電話契約時に得た利用者の情報について、利用者から同意を得た上で、一定のコンテンツ配信事業者に対し、利用者の年齢情報の提供を行っているところ、このような仕組みの活用、拡大を行っていくことも対策として考えられる。

 児童ポルノに関連する問題

Question

インターネット上の児童ポルノに関連した事件をよくニュースなどで目にするのですが、具体的にどのようなものや行為が規制の対象となるのでしょうか。

Answer

児童ポルノ禁止法では、18歳未満の「児童」の性的描写が「児童ポルノ」に当たると定義されており、以下の行為が禁止されています。

・児童ポルノを提供する行為
・児童ポルノを提供する目的で製造・所持等する行為
・児童ポルノを単純に製造する行為
・児童ポルノを単純に所持する行為
・不特定多数に児童ポルノを提供・公然陳列する行為
・不特定多数に提供・公然陳列する目的で児童ポルノを製造・所持等する行為
・不特定多数に提供・公然陳列する目的で児童ポルノを輸入・輸出する行為

Commentary

インターネット上の児童ポルノは、その製造時に児童に対する性的虐待を伴う、また、インターネット上に一旦流通した場合にその回収が極めて困難である等の問題があるとされており、世界的な取組みの対象となっている。

日本においては、児童ポルノの規制について定める児童買春、児童ポルノに係る行為等の規制及び処罰並びに児童の保護等に関する法律（以下「児童ポルノ禁止法」という。）が、平成11年に制定された。

インターネット等の発達により児童ポルノ被害に遭う児童の数が増え続けたこと、国際社会から日本においてもいわゆる単純所持罪（他人に提供する目的のない所持罪）を設けるべきとの強い要請があったこと等に鑑み、平成26年の改正で、自己の性的好奇心を満たす目的での所持・保管等が処罰の

対象として規定された。

児童ポルノ事犯の検挙状況は平成16年以降増加傾向にあり、平成29年においては検挙件数が過去最多を更新、自画撮り被害の約7割がスマートフォンを使用してコミュニティサイトにアクセスしたことに起因している[1]。

1 「児童ポルノ」と禁止法の規制

児童ポルノ禁止法の対象である「児童ポルノ」における「児童」は、18歳に満たない者をいい（同法2条）、実在する者であることを要する[2]。実在する児童を描写したものであれば、コンピューターグラフィックス（CG）であっても児童ポルノに該当し得ると解された判例がある[3]。

児童ポルノ禁止法によって規制される行為は、同法7条各項に列挙されている。

児童ポルノをインターネット上のウェブサイト等にアップロードし掲載した場合、児童ポルノの公然陳列罪（同法7条4項）に該当し得る。ファイル共有ソフトを通じた児童ポルノデータのアップロードについても、公然陳列罪の適用対象となる[4]。

児童ポルノ公然陳列罪の正犯の成否が問題となった事案として、アップロードされた児童ポルノのURLの一部をアルファベットから片仮名に変換し（「bbs」を「ビービーエス」とする。）、その文字列を、ハイパーリンクを張らずに自身のウェブページに掲載した行為について、児童ポルノ公然陳列罪の正犯が成立するとした判例がある[5]。

1　警察庁生活安全局少年課ウェブサイト（https://www.npa.go.jp/safetylife/syonen/no_cp/measures/statistics.html）
2　森山眞弓＝野田聖子『よくわかる改正児童買春・児童ポルノ禁止法』（ぎょうせい、平成17年）
3　東京高判平成29年1月24日（平成28（う）第872号）判時2363号110頁
4　警察庁生活安全局少年課「平成29年上半期における少年非行、児童虐待及び子供の性被害の状況」（平成29年9月）（https://www.npa.go.jp/safetylife/syonen/hikou_gyakutai_sakusyu/H29-1.pdf）
　なお、ファイル共有ソフトを通じてデータをダウンロードすると、そのキャッシュファイルが自動的にアップロードされる場合があることから、注意を要する。
5　最（三小）決平成24年7月9日判時2166号140頁、大阪高判平成21年10月23日判時2166号142頁（原審）。
　最高裁は、児童ポルノ公然陳列罪の正犯の成立を認めた高裁判決について、理由を示さずにその上告を棄却しているが、「公然と陳列した」とされるためには、既に第三者によって公然陳列されている児童ポルノの所在場所の情報を単に情報として示すだけでは不十分であり、当該児童ポルノ自体を不特定又は多数の者が認識できるようにする行為が必要であるとの大橋裁判官及び寺田裁判官の反対意見が付されている。

また、児童に依頼して裸の写真を撮影したり、児童自身の裸の写真を撮影させてその画像をメールやコミュニケーションアプリで送信させるといったセクスティングの事例については、児童ポルノの製造罪（同法7条3項）が成立し得る。また、児童が積極的に自らの裸の画像を撮影して提供した場合、児童について児童ポルノ提供罪（同法7条1項、4項）が成立し得ることになる。

なお、地方公共団体の条例の中には、児童ポルノ画像や動画を要求する行為を規制するものがある。その最初の例が東京都であり、平成30年2月に施行された。その他、兵庫県、京都府でも施行され、熊本県、福岡県でも条例改正の動きがある。

平成25年10月、三鷹市で起きたストーカー殺人事件[6]が誘引となり、交際中に撮影した画像や動画について、交際が終了した後に、嫌がらせや復讐等の目的でインターネット上に公開する、いわゆるリベンジポルノについて国会でも問題視され議論、平成26年11月に「私事性的画像記録の提供等による被害の防止に関する法律」が施行されたが、被害者が18歳未満である場合は児童ポルノ禁止法の適用も可能であるとの見解が示されている[7]。

〔島田　敦子〕

6　東京高判平成29年1月24日（平成28年（う）第755号）
7　第185回国会予算委員会（平成25年10月23日参議院）

出会い系サイト規制法

Question

子どもが、インターネット上の掲示板やコミュニティサイトで、異性とやり取りをしているようです。このような行為は法律で規制されないのでしょうか。

Answer

コミュニティサイト自体を取り締まる法律は残念ながらありません。一方で、実際にコミュニティサイトで被害にあった場合の罪種は「児童買春」「児童ポルノ」「青少年保護育成条例違反」など。利用者側で危険を回避するために、フィルタリングやペアレンタルコントロールなどで対策を講じてください。

Commentary

1　出会い系サイトでの被害と規則

児童が、インターネットを介して出会った人間を通じて、事件や犯罪に巻き込まれるケースが後を絶たない。

警察による検挙の対象となったものとしては、出会い系サイトを通じて知り合った女子児童に金を渡して性交したという児童ポルノ禁止法違反（児童買春）の事案や、SNSを通じて客を募って児童に性交させるという売春防止法違反（売春の周旋）及び児童福祉法違反（淫行させる行為）の事案、SNSを通じて知り合った児童にわいせつな画像を撮影させ携帯電話に画像を送信させた児童ポルノ禁止法違反（児童ポルノ製造）の事案などがある[1]。

出会い系サイトの利用に起因する犯罪の多発を受けて、児童買春等の犯罪から児童を保護する趣旨で制定されたのが、インターネット異性紹介事業を利用して児童を誘引する行為の規制等に関する法律（以下「出会い系サイト

1　警察庁「平成29年におけるSNS等に起因する被害児童の現状と対策について」（参考資料）(http://www.npa.go.jp/safetylife/syonen/H29_sns_sanko.pdf)

規制法」という。）である。

同法は、いわゆる出会い系サイトに該当するサイトの運営者に対し、18歳未満の児童による利用が禁止されていることを明示し（出会い系サイト規制法10条）、サイトの利用者が児童でないことの確認を実施することを義務付けている[2]（同法11条）。

出会い系サイトにおいては、児童を性交等の相手方とする交際を求める、児童に対して金品を与えることを示して異性交際を求める等の書き込みを行うこと自体が、「禁止誘引行為」として規制される（同法6条）[3]。

注意を要するのは、禁止誘引行為として規制の対象となるのが、あくまで「出会い系サイト」においてなされた書き込みに限定される点である。

出会い系サイト規制法は、出会い系サイト規制法の適用される「インターネット異性紹介事業」について、「異性交際希望者の求めに応じ、その異性交際に関する情報をインターネットを利用して公衆が閲覧することができる状態に置いてこれに伝達し、かつ、当該情報の伝達を受けた異性交際希望者が電子メールその他の電気通信を利用して当該情報に係る異性交際希望者と相互に連絡することができるようにする役務を提供する事業」（同法2条2号）と定義しており、具体的には、以下の要件すべてを満たすことを要するとされている。

① 異性交際希望者の求めに応じて、その者の異性交際に関する情報をインターネット上の電子掲示板に掲載するサービスを提供していること。

② 異性交際希望者の異性交際に関する情報を公衆が閲覧できるサービスであること。

③ インターネット上の電子掲示板に掲載された情報を閲覧した異性交際希望者が、その情報を掲載した異性交際希望者と電子メール等を利用して相互に連絡することができるようにするサービスであること。

④ 有償、無償を問わず、これらのサービスを反復継続して提供している

---

2 同法施行規則5条は、その具体的な年齢確認の方法について規定している。

3 禁止誘引行為のうち、性交等の相手方となるよう誘引する行為、及び対償を供与する又は受けることを示して異性交際の相手方となるよう誘引する行為については、罰則が設けられている（出会い系サイト規制法33条、100万円以下の罰金）。

こと。

①の要件に関連して、いわゆるSNSについては、サイト開設者がサイトの運営方針として「異性交際希望者」を対象としてサービスを提供していない限り、出会い系サイトには該当しないとされている[4]。

また、③の要件に関連して、いわゆる返信機能が備えられておらず、単に利用者がメールアドレスやLINE等の無料通話アプリのIDを記載した書き込みを行っているにすぎない場合についても、「相互に連絡することができるようにする」サービスを提供しているとはいえず、出会い系サイトには該当しないと解される。

このような、出会い系サイトに該当しないサイトや掲示板において、児童との間で禁止誘引行為が行われたとしても、出会い系サイト規制法による規制は及ばないことになる[5]。

2 コミュニティサイトにおける被害への対応策

しかし、現実には、出会い系サイトに起因する被害は減少傾向にあり、一方で、SNS等のコミュニティサイトに起因する被害児童数は、出会い系サイトに比べ約63倍に及んでいる[6]。

このような実態を背景に、平成25年10月10日付け警察庁丁少発第143号に基づき、各都道府県警察において、特にいわゆる援助交際の防止のため、「サイバー補導」の運用が始まっている[7]。具体的には、各都道府県警察は、コミュニティサイト等も対象としたサイバーパトロールを実施する。そして、児童によると思料される不適切な書き込みで、出会い系サイト規制法及び売春防止法違反等以外のものを発見した場合、その書き込みを行った者との間でメールやアプリによってやり取りを行い、現場で接触して対象者を補導するというものであり、非出会い系サイトに起因する事案への対応策として、

4 警察庁「『インターネット異性紹介事業』の定義に関するガイドライン」(https://www.npa.go.jp/bureau/safetylife/syonen/deai/business/images/01.pdf)

5 ただし、そのような場合であっても、書き込みの内容によっては、別の法令の違反が問題となり得る。16歳の児童について、出会い系サイトに売春を誘う書き込みをしたとして、売春防止法違反(売春目的誘引)で検挙された事例がある。

6 警察庁・前掲(注1)

7 https://www.npa.go.jp/laws/notification/seian/shounen/syonen20170330.pdf

その成果が期待される。

また、近年指摘されているのが、サービスを提供する事業者における、利用者の年齢による機能制限（ゾーニング）実施の重要性である。

コミュニティサイト事業者の多くは、ユーザの年齢に応じ、その利用の制限を実施している[8]。しかし、単にユーザがインターネットを通じて年齢を自己申告する方法では、年齢詐称も容易であって、その信頼性には疑問もある。

事業者において、ユーザの年齢認証のためのシステムを取り入れているケースもある。株式会社ディー・エヌ・エー（Mobage）は、フィルタリングを導入しているユーザを検知し、チャット等の利用を制限する簡易認証機能を設けている。また、携帯電話事業者は、携帯電話契約の際の本人確認手続を通じてその年齢情報を保有している。この年齢情報について、コミュニティサイト事業者等に対して提供を行うことで、実効性のある対策を講ずることが可能になると考えられている[9]。

総務省の「利用者視点を踏まえたICTサービスに係る諸問題に関する研究会（第二次提言）」（平成22年5月）[10]を受けて、各携帯電話事業者において、利用者の同意を得た上で、一定の事業者を対象とした年齢情報の提供が実施されている。各事業者は、携帯電話事業者から提供された年齢情報を活用し、青少年を対象とした利用者検索機能の制限、利用者の同意に基づくメールの監視等を行っており[11]、今後の対応範囲の拡大が期待されている。

〔島田　敦子〕

8 Facebook、Instagramは13歳以上、Twitterは13歳未満の子供の登録を制限している。
9 総務省「スマートフォン安心安全強化戦略」「第III部　スマートフォンのアプリ利用における新たな課題への対応」（http://www.soumu.go.jp/menu_news/s-news/01kiban08_02000122.html）
10 http://www.soumu.go.jp/menu_news/s-news/02kiban08_02000041.html
11 LINEは、平成24年12月から、携帯電話事業者各社から提供される年齢情報を元に年齢認証を行い、18歳未満の利用者についてID検索や電話番号検索が利用できない等の使用を停止する措置を行っている。

4 子どもとネット上のいじめ

Question

インターネット上でのいじめが社会問題化していますが、その実態はどのようなものでしょうか。

Answer

現在のネットいじめは、SNSが中心で、24時間経過後に自動で削除されてしまう機能やプロフィール欄に書き込んですぐに削除したり、「鍵アカ」と呼ばれる特定の人しか見られない場所で行われるなど、教師や保護者らが発見しにくくなっています。

Commentary

1 ネットいじめの特徴

子供の間で携帯電話やスマートフォンが普及し、インターネット利用が増加するのに伴い、学校における特定の児童を対象として、インターネット上で誹謗中傷等の人権侵害を行う「ネットいじめ」の問題が深刻化している。

ネットいじめの被害児童は、匿名の投稿者による、「キモい」等の誹謗中傷や「死ね」といった暴力的な書き込みのターゲットとなる[1]。氏名住所等の個人情報や裸の画像が掲載され、被害児童が自殺に至った事例もある。

このような書き込みは、被害児童に対する重大な人権侵害（名誉毀損、プライバシー権侵害等）となる。その具体的な態様によっては、犯罪行為に該当するといい得るものもある。また、民事的には、民法上の不法行為責任の追及の対象となり得ることはもちろんである。

ネットいじめには、①不特定多数の者から誹謗中傷が行われ、被害が短期間で深刻なものとなる、②インターネットの匿名性から、安易に誹謗中傷が行われ、子供が簡単に被害者にも加害者にもなり得る、③情報の加工が容易であるため、掲載された情報が悪用されやすく、いったん流出するとその回

1 総務省「インターネットトラブル事例集（2018年度版）」
(http://www.soumu.go.jp/main_sosiki/joho_tsusin/kyouiku_joho-ka/jireishu.html)

収が困難、④保護者や教師による、携帯電話やインターネットの利用実態の把握が難しい、といった特徴があると指摘されている[2]。

2 ネットいじめの場

ネットいじめの行われる場として従来から問題視されていたのが、いわゆる学校裏サイトである。

学校裏サイトは、学校の公式サイトとは異なる、生徒等学校の関係者が非公式に開設した掲示板等のサイトである。学校裏サイトにおけるいじめの事案で、書き込みを行った児童が名誉毀損の非行事実で児童相談所に通告され、当該サイトの管理者が名誉毀損幇助の被疑事実で送検された事例がある[3]。当該事例は、加害児童の書き込みが名誉毀損に該当すると認定できず、不起訴処分とされた[4]。一方で、民事的には、サイト管理者が被害児童を中傷する書き込みを削除せず放置したことについて管理義務違反が認められ、不法行為に基づく損害賠償請求を認容した判例がある[5]。

ネットいじめの事例は、学校裏サイトのみならず、掲示板、ブログ、SNS等への誹謗中傷や個人情報の書き込み、特定の児童に対する連続した嫌がらせメールの送信、オンラインゲーム上のチャット上での誹謗中傷など多岐にわたっている[6]。特に、近時その急増が指摘され問題視されているのが、コミュニケーションアプリを用いたいじめである。

LINE等のコミュニケーションアプリは、複数の知人同士でグループを作り、その中でチャット等のコミュニケーションを可能とするグループ機能を有している。そのグループの中で、特定の児童を対象とした誹謗中傷が行われたり、グループのメンバーだった児童を強制的にグループから退会させ、孤立させたりといった態様のいじめが行われ、それが学校内での現実のいじ

---

2 文部科学省「『ネット上のいじめ』に関する対応マニュアル・事例集（学校・教員向け）」（平成20年11月）
（http://www.mext.go.jp/b_menu/houdou/20/11/08111701/001.pdf）

3 産経新聞平成19年4月27日

4 書き込みが刑法上の侮辱罪に当たり得るとしても、その法定刑が拘留又は科料とされていることから、その幇助犯は処罰し得ないことになる（刑法64条）。

5 大阪地判平成20年5月23日裁判所ウェブサイト

6 文部科学省・前掲（注2）「第2編　事例編」50頁

めに発展するケースもある。

グループに属していない者は、グループ内でやり取りされるLINEのメッセージを閲覧することができない。また、アプリ提供事業者は、利用者間で送受信される情報について、通信の秘密に該当するため、原則としてその内容を確認できないとの見解をとっていると見られる[7]。

そのため、誰であっても閲覧可能な電子掲示板やウェブサイトに書き込みがなされている場合に比べ、コミュニケーションアプリを用いたいじめは、そのいじめの実態の把握と対処がより困難といえる。

平成23年10月、滋賀県大津市で起きた中学2年生の男子生徒が自殺した事件[8]が契機となり、全国で発生している深刻ないじめ問題に対処するための体制を整備すべきとの機運が高まった[9]。

このような動きを背景として、平成25年6月21日に制定され、同年9月28日に施行されたのが、いじめ防止対策推進法である。同法は、いじめの防止等のための対策の基本理念を掲げ、いじめの禁止、関係者の責務等について規定している。

同法は、「いじめ」を、児童等に対して、当該児童等が在籍する学校に在籍している等当該児童等と一定の人的関係にある他の児童等が行う心理的又は物理的な影響を与える行為であって、当該行為の対象となった児童等が心身の苦痛を感じているものと定義し、インターネットを通じて行われるものを含むことを明記している（同法2条1項）。そして、学校に在籍する児童等に対し、いじめの禁止を義務付けている（同法4条）。

学校は、いじめの通報を受けた場合、その有無を確認し、地方公共団体等に対する報告や警察への通報等の適切の措置を講ずるものとされている（同法

---

7 NHN　JAPAN株式会社「スマートフォンアプリの利用者情報に関する当社の取組について」

8 学校及び教育委員会について、事件後の対応に問題があったとして批判の対象となった。経緯に関し、文部科学省「今回のいじめ事案の経緯及びいじめ問題に対する文部科学省の取組について」（http://www.mext.go.jp/b_menu/shingi/chukyo/chukyo9/shiryo/attach/__icsFiles/afieldfile/2012/08/27/1324919_1.pdf）

9 ネットいじめの問題は、海外でも深刻な社会問題となっており、それぞれ国を挙げての取組みを実施している。アメリカ合衆国では、コロンバイン高校での銃乱射事件を契機として、各州において反いじめ法の制定が進められてきた。そして、最近のサイバーいじめ（cyberbullying）被害者の自殺多発からその流れが加速し、現在モンタナ州以外の全州において反いじめ法が定められている。

23条)。いじめを行った児童等は、校長及び教員による懲戒、市町村の教育委員会による出席停止命令等の措置が取られることになる（同法25条、26条)。

ネットいじめに関しては、同法19条が「インターネットを通じて行われるいじめに対する対策の推進」について規定しており、その中で、いじめを受けた児童等や保護者が、インターネット上のいじめに係る情報の削除又は発信者情報の開示を請求するときに、法務局及び地方法務局の協力を求めることができるとされている（同法19条3項)。

インターネットによる誹謗中傷等の人権侵犯事件に関しては、法務省人権擁護局がその相談を受け付け、プロバイダに対する人権侵害情報の削除要請等の対応を実施している[10]。

法務省の人権擁護機関が新規に救済手続を開始した人権侵犯事件は1万9,553件、うち学校におけるいじめに関する人権侵犯事件数は3,169件に及んでいる。インターネットを利用した人権侵犯事件の事件数も2,217件と5年連続で過去最高件数を記録している[11]。

事案によっては、早い段階から警察が犯罪行為として対応すべきケースもある。文部科学省の「早期に警察へ相談・通報すべきいじめ事案について(通知)」[12]では、過去にあった事案を踏まえ、学校において生じる可能性がある犯罪行為等として、いじめの態様ごとに問題となる刑罰法規と事例を例示し、そのような行為については、学校において早期又は直ちに警察への相談・通報を行うべきものとされている[13]。

ネットいじめが増加し、また多様化・深刻化する中で、子供のインターネッ

---

10 人権侵害全般に関し、「インターネット人権相談受付窓口」(http://www.moj.go.jp/JINKEN/jinken113.html ）や、いじめや虐待など子供の人権問題に関する「子どもの人権110番」等の窓口を設けている。

11 法務省人権擁護局「平成29年中の「人権侵犯事件」の状況について（概要)」(http://www.moj.go.jp/JINKEN/jinken03_00214.html)

12 http://www.mext.go.jp/a_menu/shotou/seitoshidou/1335366.htm

13 「パソコンや携帯電話等で、誹謗中傷や嫌なことをされる」といういじめの態様に関しては、①脅迫（刑法222条）について「学校に危害を加えると脅すメールを送る」、②名誉毀損、侮辱（同法230条、231条）について「特定の人物を誹謗中傷するため、インターネット上のサイトに実名を挙げて『万引きをしていた』、気持ち悪い、うざい、などと悪口を書く」、児童ポルノ提供等（児童ポルノ禁止法7条）について「携帯電話で児童生徒の性器の写真を撮り、インターネット上のサイトに掲載する」との事例が、警察への相談・通報の必要性を検討すべきものとして示されている。

トリテラシー向上、被害児童からの相談受付体制の整備と周知等によるいじめの早期発見、発生したいじめに対する適切・迅速な対応を行うため、関係各機関、学校、家庭が連携して対策を行い、具体的な事案に対応していくことが重要となる。

〔島田　敦子〕

インターネット環境整備法とフィルタリング、トラブルへの対策

Question

保護者としては子どもにインターネットを利用させるに当たり、どのような対策をとっておくべきでしょうか。また、インターネット関連のトラブルに巻き込まれてしまった場合の相談窓口や、行政等による対策の具体的な内容について教えてください。

Answer

法律で決められているフィルタリングの機能は、未成年にふさわしくない有害な内容のウェブサイトにアクセスできないようにすることですが、同時にペアレンタルコントロールで、使いすぎには時間制限機能、課金やショッピングを防ぐ機能、閲覧のみで書き込みをさせない機能など、子供の学齢だけではなく、利用歴なども考慮しながらカスタマイズをするのが望ましいでしょう。多くの相談窓口が設けられているため、トラブルの内容によって使い分けをすることで、より専門的な助言を受けることができます。

Commentary

1　青少年のインターネット利用状況の現状

未成年者によるインターネット利用は、増加し、また多様化している。

満10歳から満17歳までの青少年を対象とした内閣府の「平成29年度青少年のインターネット利用環境実態調査」[1]では、スマートフォンや携帯電話等の機器を利用している率が92.3％、うちインターネット利用率は82.5％。機種別では、スマートフォンが最も利用率が高く51.6％、うちインターネット利用率は50％であった。なお、学年別のスマートフォンの利用率では、小学生は23.0％、中学生は54.6％、高校生は94.1％となっており、ゲーム機では、小学生がもっとも利用率が高く、高校生が低い結果となって

1　http://www8.cao.go.jp/youth/youth-harm/chousa/h29/net-jittai/pdf-index.html

おり、年齢によって利用する機器が変化する。このように、インターネットの利用は、携帯電話やパソコンにとどまらず、ゲーム機、携帯音楽プレーヤー等の多様な機器を通じてなされている。

2 保護者によるインターネット利用の管理（ペアレンタルコントロール）

インターネット上には膨大な情報が存在するため、判断能力が十分でない子供にその利用を無制限に許すと、悪意のあるサイト等を通じてトラブルに巻き込まれる可能性が高い。また、いわゆるネット依存の危険性や弊害も問題視されており、厚生労働省の研究班が調査した結果では、インターネット依存が疑われる中高生が全国で推計93万人に上ると発表されている[2]。また、平成30年6月30日に世界保健機関（WHO）から、オンラインゲームなどに没頭して健康や生活に深刻な支障が出た状態を「ゲーム障害」（ゲーム依存症）という病気に位置付ける「国際疾病分類（ICD）」の最新版が公表された[3]。このような現状を保護者は理解しながら、青少年のインターネット利用について把握し、その発達段階に応じ、保護者の選択によってインターネット利用のコントロール（ペアレンタルコントロール）を行っていくことが重要となる。

保護者がペアレンタルコントロールを及ぼす前提として、まず、子供が使用するインターネットに接続可能な機器を把握しておかなければならない。その上で、どのような形で子供がインターネットを利用しているか確認する必要がある。

そして、インターネットの特徴や危険性を説明して理解させながら、子供の年齢等も勘案しつつ、話し合ってインターネットの利用可能な時間、アクセスしてもよいサイト等に関してルールを決めておき、それを守らせなければならない。トラブルにあった場合は周囲の大人に相談するよう指導しておくことも重要である。

2　厚生労働科学研究成果データベース「飲酒や喫煙等の実態調査と生活習慣病予防のための減酒の効果的な介入方法の開発に関する研究」（https://mhlw-grants.niph.go.jp/niph/search/NIDD00.do?resrchNum＝201709021A）

3　厚生労働省「国際疾病分類の第11回改訂版（ICD-11）が公表されました」（https://www.mhlw.go.jp/stf/houdou/0000211217.html）

3 フィルタリング

また、保護者としては、フィルタリングソフトやサービスを用いることで、違法・有害なサイトへのアクセスを制限することができる。

フィルタリングとは、インターネット上のウェブページなどを一定の基準に基づき選別（レイティング）し、インターネット利用者の青少年有害情報の閲覧を制限するためのプログラムやサービスをいう[4]。

(1) 青少年インターネット環境整備法

平成21年4月1日に施行された青少年が安全に安心してインターネットを利用できる環境の整備等に関する法律（以下「青少年インターネット環境整備法」という。）に基づき、携帯電話インターネット接続役務提供事業者等は、携帯電話端末等の使用者が青少年であるかどうかを確認しなければならず（同法13条）、利用者が青少年の場合は、フィルタリング有効化措置を講じなければならない（同法16条）。

これに対し、携帯電話端末等を青少年に使用させるために役務提供契約を締結しようとする者は、その旨を申し出なければならない（同法13条3項）。

また、インターネット接続役務提供事業者は、原則として、インターネット接続役務の提供を受ける者から求められたときに、フィルタリングを提供する義務を負う（同法17条）。

アクセス制限の対象となる「青少年有害情報」は、「インターネットを利用して公衆の閲覧に供されている情報であって青少年の健全な成長を著しく阻害するもの」と定義され（同法2条3項）、同条4項にその例示が挙げられている。

その具体的な対象は、利用者側の利便性という観点から、フィルタリングソフトメーカーや携帯電話事業者があらかじめ決定しているが、多くの場合、青少年それぞれの成長や使い方に合わせたカスタマイズも可能となっている。

(2) フィルタリングの方式

携帯電話事業者の提供するフィルタリングの方式は、大別すると以下の2

---

4 青少年インターネット環境整備法2条10項

種類に分けられる。

① ホワイトリスト方式

一定の基準を満たしたウェブサイトをリスト化し、それらのウェブサイトのみアクセスを許し、それ以外のウェブサイトへのアクセスを制限する方式。

② ブラックリスト方式

有害なウェブサイトのリストを作り、これらのウェブサイトへのアクセスを制限する方式。

一般的に、SNS等のコミュニティサイトは、アクセス制限の対象となるカテゴリに属する。しかし、これを貫くと、閲覧が制限される情報の範囲が過度に広範になり、子供にとって有益なウェブサイトも含めて一律アクセスできなくなるといった不都合が生じかねない。

そのため、平成20年4月に一般社団法人モバイルコンテンツ審査・運用監視機構（EMA）が設立され、同機構が認定したサイトは、青少年保護に配慮したサイトとして、原則としてアクセス制限の対象としない運用がとられていたが、平成30年5月31日をもって同機構が解散した（モバイルコンテンツ審査・運用管理体制認定制度の運用監視については平成31年4月末まで実施予定)。このことにより、従来の認定サービスがフィルタリングされてしまうことの混乱が予想されるが、現時点（平成30年12月末）において、今後の具体的な対応策については、携帯電話会社等から発表されていない。

フィルタリングソフトによっては、インターネット接続が可能な曜日・時間を制限する、特定のキーワードを含むページを表示させない、アクセスは許すが書き込みは制限するといった利用者側におけるカスタマイズが可能なものもある。保護者としては、子供の発達段階や、利用実態を踏まえた、適切なフィルタリングの方法を検討し、選択することが重要といえる。

携帯電話以外の機器についても、フィルタリングサービスは提供されている。フィルタリング利用に当たっても、子供の使用するインターネットに接続可能な機器を特定し、機器ごとにその特徴を理解して、それぞれに必要なペアレンタルコントロールを施した上で、子供に利用させる必要がある。

4 スマートフォン

スマートフォンは、①無線LAN接続が可能であり、また②多様なアプリケーションのインストールと使用が可能という点で、従来型の携帯電話とは大きく異なる機能を有している。

青少年インターネット環境整備法に基づく基本計画は、子ども・若者育成支援推進本部[5]によって見直しが行われ、平成30年7月27日に「新たな青少年インターネット環境整備基本計画（第4次）」が策定された。その中においても、青少年のインターネット利用環境の変化を踏まえ、インターネット接続に利用する機器、通信回線、接続環境は急速に拡大し、一層多様化していることが書かれている[6]。

①について、スマートフォンを通じて携帯電話会社の提供する回線ではなく無線LANに接続する際は、同法18条が適用され、利用者から求められた時にフィルタリングサービスを提供すれば足りると解されており、フィルタリング適用は、携帯電話事業者に義務付けられていない。そのため、無線LAN接続時にも機能するフィルタリングサービスの導入や、無線LAN接続自体を制限するアプリを導入する等の対策を要する。

②について、不正アプリの急増・多様化に伴い、メールアドレス、電話番号等の利用者情報の流出が社会問題化している。アプリのインストールに当たっては、安全性を確認している提供サイトを利用する、インストールの際に利用者情報の許諾画面を確認する、取得される利用者情報の範囲等を確認するといった点に注意する必要がある[7]。

なお、平成30年2月1日の青少年インターネット環境整備法の改正を受け、旧法下では何ら言及されていなかった携帯機器等のOS事業者にも、フィルタリング有効化措置・フィルタリング容易化措置を円滑に行えるようOSを開発する努力義務が課せられた。

5 行政の取組み

青少年インターネット環境整備法は、青少年が安全に安心してインターネットを利用することができるようにするための施策を策定し、及び実施す

---

5 子ども・若者育成支援推進法26条に基づき内閣府に設置されている。
6 http://www8.cao.go.jp/youth/youth-harm/suisin/pdf/dai4ji_keikaku.pdf
7 総務省「スマートフォンプライバシーガイド」
（http://www.soumu.go.jp/main_content/000227662.pdf）

ることを国及び地方公共団体の責務として掲げている（同法4条）。そして、上記のとおり、子供がトラブルに巻き込まれることを防止するための手段として、フィルタリングは有用であるところ、その利用の普及を図るため、必要な施策を講ずるものとするとし（同法9条、10条）、内閣府、警察庁、総務省、文部科学省、経済産業省がそれぞれフィルタリングに関し、広報等の啓発活動を行っている。

6 相談窓口

現に子供がインターネットトラブルに巻き込まれた場合の手当てとして、関係する各機関・団体がそれぞれ相談窓口を設けている。

インターネット上のいじめ等の人権侵害については、特に被害児童からの相談の受付が重要であるところ、法務省人権擁護局は、インターネット人権相談受付窓口／こどものじんけんSOS-eメール・子どもの人権110番（法務省人権擁護局）を設置し、人権相談を電話、インターネットで受け付けている。人権侵犯事件（人権が侵害された疑いのある事件）について、被害者からの申出を受け、救済手続を開始し調査を行った場合、人権侵害が認められるか否かを判断した上で、必要に応じて適切な救済措置を講じることになる[8]。

文部科学省は、いじめに関し、24時間いじめ相談ダイヤルを設置している[9]。このダイヤル（0120-0-78310）に電話をかけると、原則として電話をかけた所在地の教育委員会の相談機関に接続される。夜間・休日を含め24時間対応可能な相談窓口であり、都道府県及び指定都市教育委員会の実状により、児童相談所・警察・いのちの電話協会・臨床心理士会等、様々な相談機関と連携協力して対応を行っている。

各都道府県警察は、ヤング・テレホン・コーナーの名称で相談窓口を設け、非行やいじめ、犯罪被害など未成年者、その家族、学校関係者からの相談を受け付けている[10]。

契約関係など消費生活に関するトラブルに関しては、消費者ホットライン

---

8 救済措置は、関係者の理解を得て自主的な改善を促すことを主な目的とするもので、強制力はないとされている。
9 http://www.mext.go.jp/a_menu/shotou/seitoshidou/1306988.htm
10 http://zenshokyo.ecs.or.jp/soudan.html

(188) 及び、全国の消費生活センターも相談を受け付けているほか[11]、特にインターネット取引に関する消費者からの相談は、一般社団法人ECネットワークが電子メールでの質問、回答に応じている[12]。

全国の地方公共団体の一部でもインターネットトラブル全般に関する窓口を設けている。東京都の例としては、「こどものネット・ケータイのトラブル相談（こたエール）」で、都内在学、在勤、在住者等を対象に、青少年、保護者及び学校関係者からの相談を電話とウェブから受け付けている[13]。

なお、平成29年8月に長野県でLINEを利用したいじめ相談が開設された。以降、東京都では自殺相談、高校生向けの悩み相談、インターネットトラブル相談等、目的別のLINE相談窓口が開設され、他の自治体においても主にいじめを対象としたLINE相談が開設された。従来の相談手段であった電話やメールだけではない、青少年が気軽に相談できる、SNS等を活用した相談窓口が増えていくことを期待したい。

〔島田　敦子〕

---

11 http://www.kokusen.go.jp/map/index.html
12 https://www.ecnetwork.jp/public/consumer/consul.html
13 http://www.tokyohelpdesk.jp/

第9章

インターネット広告と景品表示法に関する法的論点

景品表示法の概要

Question

弊社では、インターネット広告を通じて、一般消費者に弊社商品を販売するビジネスを展開したいと考えています。インターネット広告の表示を規制する法律がありましたら、その法律の概要を教えてください。

Answer

インターネット広告の表示に関わる主な法律は、景品表示法です。景品表示法は、過大な景品類と不当な表示を規制することで、一般消費者を保護する法律です。景品表示法は、インターネット広告の規律のみを目的とした法律ではありませんが、商品やサービスの広告表示全般に関わる問題をカバーしています。なお、不当な表示に該当するか否かの判断に当たり、事業者の故意・過失は考慮されないため、事業者としては、何が不当な表示に当たるのかを理解する必要があります。

Commentary

1　景品表示法の目的と二つの手段

景品表示法は、消費者庁の所管する、一般消費者の利益を保護することを目的とする法律である（同法1条）。

景品表示法は、この目的を達成するため、一般消費者による自主的かつ合理的な選択を阻害するおそれのある、過大な景品の提供及び不当な表示を規律している（同法1条）。

ここでは、景品表示法が、その目的を達成するために、

①　過大な景品の提供の制限及び禁止

②　不当な表示の制限及び禁止

という大別して2つの手段を有しているということがポイントである。

設例では、インターネット広告の表示についての規制が問われているので、以下、②不当な表示の制限及び禁止の概要について解説する。

2　景品表示法上の「表示」とは

⑴ 「表示」とは何か

インターネット広告は、景品表示法の規制にする「表示」に該当するのか。景品表示法2条4項は、「表示」について次のとおり定める。

> この法律で「表示」とは、顧客を誘引するための手段として、事業者が自己の供給する商品又は役務の内容又は取引条件その他これらの取引に関する事項について行う広告その他の表示であつて、内閣総理大臣が指定するものをいう。

同条を受け、告示（不当景品類及び不当表示防止法第二条の規定により景品類及び表示を指定する件）2項は、次のとおり定める。

> 法第二条第四項に規定する表示とは、顧客を誘引するための手段として、事業者が自己の供給する商品又は役務の取引に関する事項について行う広告その他の表示であつて、次に掲げるものをいう。
>
> 一　商品、容器又は包装による広告その他の表示及びこれらに添付した物による広告その他の表示
>
> ⋮
>
> 四　新聞紙、雑誌その他の出版物、放送（有線電気通信設備又は拡声機による放送を含む。）、映写、演劇又は電光による広告
>
> 五　情報処理の用に供する機器による広告その他の表示（インターネット、パソコン通信等によるものを含む。）」〔下線部は筆者〕

ここで、景品表示法の「表示」とは、

① 顧客を誘引するための手段として

② 事業者が

③ 自己の供給する商品又は役務の取引に関する事項について行う

④ 広告その他の表示

を要件とすることが分かる。

そして、あるインターネット広告が上記①～④の要件を充たす場合、インターネット広告は告示2項5号に列挙されているため、「表示」に該当する[1]。

---

1 「表示」の例として、商品の包装、ポスター・看板、見本、新聞折込チラシ、商品パンフレット、説明書、テレビCM、新聞・雑誌の広告、ウェブサイト、電話等が挙げられる。

そこで、上記①〜④の要件について若干解説する。

⑵ 「顧客を誘引するための手段」

「顧客」とは、一般消費者を意味する。事業者にとって、一般消費者が現に取引関係にあるか否かは関係がない。

「誘引するため」に該当するか否かは、表示が一般消費者に対して客観的に顧客誘引の効果を持つものであるか否かにより決まる[2]。文言上、事業者の主観的意図を重視するかに思えるが、事業者の主観的意図は重要ではない。

⑶ 「事業者」

事業者とは、経済活動を行う者すべてをいう。事業者が営利目的を有しているか否かは問わない。つまり、営利を目的としない法人であっても、当該法人が収益事業を行う場合は、当該収益事業について事業者に該当する。

たとえば、学校法人が出版事業を行う場合や、宗教法人が墓石の販売事業を行う場合、当該学校法人や当該宗教法人は「事業者」に当たる[3]。

また、不当な表示の内容の決定に関与した事業者は、故意又は過失を問わず「事業者」に当たる可能性があることに注意を要する。

たとえば、「小売業者が製造業者から仕入れた商品について、製造業者からの誤った説明に基づいて、当該商品に関するチラシ広告を作成したために不当表示となった。」という場合、当該小売業者は、不当な表示について責任を負う可能性がある。

⑷ 「自己の供給する商品又は役務の取引に関する事項について行う」

CSRの取組みをアピールするといった、事業者のイメージ向上のための広告（いわゆるイメージ広告）のような、事業者の商品や役務の取引と関係のない広告は、「商品又は役務の取引に関する事項」についての広告とはいえないので、景品表示法の「表示」に該当しない。

また、広告代理店やメディア媒体（新聞社、出版社、放送局等）は、広告の製作に関与していたとしても、自ら商品又は役務を提供していない限り、景

---

2 大元慎二編著『景品表示法［第5版］』42頁（商事法務、平成29年）
3 大元・前掲（注2）42頁

品表示法の対象とならない[4]。

3 景品表示法の不当表示規制

(1) 不当な表示の3類型

では、何が不当な表示に当たるのか。

景品表示法5条は、「不当な表示」について次のとおり定める。

> 事業者は、自己の供給する商品又は役務の取引について、次の各号のいずれかに該当する表示をしてはならない。
>
> 一　商品又は役務の品質、規格その他の内容について、一般消費者に対し、実際のものよりも著しく優良であると示し、又は事実に相違して当該事業者と同種若しくは類似の商品若しくは役務を供給している他の事業者に係るものよりも著しく優良であると示す表示であつて、不当に顧客を誘引し、一般消費者による自主的かつ合理的な選択を阻害するおそれがあると認められるもの
>
> 二　商品又は役務の価格その他の取引条件について、実際のもの又は当該事業者と同種若しくは類似の商品若しくは役務を供給している他の事業者に係るものよりも取引の相手方に著しく有利であると一般消費者に誤認される表示であつて、不当に顧客を誘引し、一般消費者による自主的かつ合理的な選択を阻害するおそれがあると認められるもの
>
> 三　前二号に掲げるもののほか、商品又は役務の取引に関する事項について一般消費者に誤認されるおそれがある表示であつて、不当に顧客を誘引し、一般消費者による自主的かつ合理的な選択を阻害するおそれがあると認めて内閣総理大臣が指定するもの

1号を「優良誤認表示」、2号を「有利誤認表示」、3号を「指定告示」という。

1号から3号は、「不当に顧客を誘引し、一般消費者による自主的かつ合理的な選択を阻害するおそれがあると認められるもの」を共通の要件とする。

1号の「優良誤認表示」と2号の「有利誤認表示」は景品表示法に具体的な要件が定められているが、3号の「指定告示」は内閣総理大臣が指定する不当表示であり、景品表示法に具体的な要件が定められていない。

---

4 大元・前掲（注2）43頁

ここでは、1号の「優良誤認表示」及び2号の「有利誤認表示」について解説する。

(2) 優良誤認表示とは何か

優良誤認表示とは、商品又は役務の品質、規格その他の内容について著しく優良であると誤認させる不当表示をいう。つまり、優良誤認表示とは、商品又は役務の「内容」に関する不当表示である。

優良誤認表示の典型例として、次のようなものが挙げられる[5]。

例：「中古自動車の走行距離を3万kmと表示した。しかし、実際は10万km以上走行した中古自動車のメーターを巻き戻したものだった。」

例：「『この自動車に搭載された緊急停止機能は、日本で当社だけが有します』と表示した。しかし、実際は他社も同じ技術を搭載した自動車を販売していた。」

例：「商品に『エンジンに取りつけるだけで25%燃費軽減』と表示した。しかし、表示の裏付けとなる合理的な資料が存在しなかった。」

なお、消費者庁長官は、優良誤認表示に該当するか否かを判断するため必要があると認めるときは、当該表示をした事業者に対し、期間を定めて、当該表示の裏付けとなる合理的な根拠を示す資料の提出を求めることができる。この場合において、当該事業者が当該資料を提出しないときは、優良誤認表示であるとみなされる（同法7条2項)。

(3) 有利誤認表示とは何か

有利誤認表示とは、商品又は役務の価格その他の取引条件について著しく有利であると誤認させる不当表示をいう。つまり、有利誤認表示とは、商品又は役務の「内容」に関するものではなく、「取引条件」に関する不当表示である。

優良誤認の典型例として、次のようなものが挙げられる[6]。

---

5 消費者庁『よくわかる景品表示法と公正競争規約』4頁の記載例を参考にした。(http://www.caa.go.jp/policies/policy/representation/fair_labeling/pdf/fair_labeling_180320_0001.pdf)

6 前掲（注5）のとおり。

例：「商品に『他社商品の1.5倍の量』と表示した。しかし、実際は他社製品と同程度の内容量しかなかった。」
例：「希望小売価格を記載せずに、『今なら半額』と表示した。しかし、実際は半額とは認められない売値で商品を販売していた。」
例：「商品の店頭価格について、『競合店の平均価格から値引します』と表示した。しかし、競合店の平均価格を実際よりも高い価格に設定していた。」

4　景品表示法違反の場合

景品表示法違反があった場合、消費者庁は、事業者に対し、弁明の機会を与えた上で、措置命令や課徴金納付命令を行う。

事業者にとって、措置命令や課徴金納付命令を受けることは、その信用を大きく傷つける結果となる。一般消費者の保護のみならず、この観点からも、事業者は、広告が不当な表示に該当しないか否かに注意を払うべきである。

⑴　措置命令

消費者庁の調査の結果、優良誤認表示又は有利誤認表示があることが明らかになった場合、消費者庁は、事業者に対し、その行為の差止め若しくはその行為が再び行われることを防止するために必要な事項又はこれらの実施に関連する公示その他必要な事項を命ずることができる（同法7条1項）。

措置命令では、①一般消費者への誤認を排除すること、②再発防止策を策定すること、③将来同様の行為を繰り返さないこと、④措置命令に従って行った措置の内容を消費者庁に報告すること、⑤違反行為の差止めが命じられる。

措置命令に違反した場合、懲役又は罰金といった罰則がある（同法36条、同法38条、同法39条）。

⑵　課徴金納付命令

事業者が優良誤認表示又は有利誤認表示をしたときは、消費者庁は、当該事業者に対し、課徴金を国庫に納付するよう命じる（同法8条1項本文）。

〔関口　慶太〕

Q2 インターネット広告の特徴・問題点

Question

新聞広告やテレビCMとは異なる、インターネット広告の特徴（問題点）にはどのようなものがありますか。また、インターネット広告を展開するに当たり、法律以外にも参照するものがありましたら教えてください。

Answer

例えば、ハイパーリンクを用いたり、いつでも情報を更新できる点等がインターネット広告の特徴です。その特徴は、インターネット広告特有の問題に関わります。

また、景品表示法は、インターネット広告のみを対象としていないので、インターネット広告がどうあるべきかを詳細に定めていません。そこで、インターネット広告の在り方について、行政庁や民間団体が各種のガイドラインを制定します。御社の業務に応じて、各種ガイドラインに沿った広告を作成するよう留意する必要があります。ここでは、2つのガイドラインを紹介します。

Commentary

1　インターネット広告の特徴

インターネット広告の特徴（問題点）の一つに、商品・サービスの選択等において、消費者の誤認を招き、消費者被害が拡大しやすいことが挙げられる。たとえば、消費者は、商品現物を直接確認できないため、商品写真ひとつとっても商品の重要な情報が消費者に適切に提供されないおそれがある[1]。また、リンク先に移動するためにクリックするハイパーリンク[2]の文字列が明確に表示されていなければ、消費者はリンク先に記載された取引条件についての重

1　例えば、中古時計をネット通販で購入する際、写真の撮り方によってはケースの傷や文字盤の経年劣化を確認できない場合がある。

2　いわゆる「リンク」の正式名称。クリックすると別ページに移動することができる。

要な情報を見落としてしまうおそれがある。さらに、電子商取引の拡大に伴い様々な類型の広告・ビジネスモデルが生まれ、各類型に応じた広告表示の在り方が問題となった。

上記のような問題に対処するため、行政庁は、インターネット広告に関連するガイドラインを制定した。本稿では、いわゆる電子商取引ガイドラインとインターネット広告ガイドラインを引用して紹介する。

なお、電子商取引ガイドラインとインターネット広告ガイドラインは、相互補完的な関係にある。インターネット広告ガイドラインは、電子商取引ガイドラインの後に制定されたものであるが、電子商取引ガイドラインの指針を変更・否定するものではない。事業者は、インターネット広告を展開するにあたり、景品表示法のみならず、電子商取引ガイドライン、インターネット広告ガイドライン双方を参照する必要がある。

2 電子商取引ガイドラインの概要

⑴ 電子商取引ガイドラインとは

電子商取引ガイドライン（正式名称を「消費者向け電子商取引における表示についての景品表示法上の問題点と留意事項」という。）[3]は、公正取引委員会[4]が、平成14年に制定したガイドラインである（最終改訂日：平成15年8月29日）。同ガイドラインは、公正取引委員会が、「BtoC取引[5]の健全な発展と消費者取引の適正化を図るとの観点から、BtoC取引における表示について景品表示法上の問題点を整理し、事業者に求められる表示上の留意事項を公表すること」として定めてものである。

電子商取引ガイドラインは、最終改訂日から本稿執筆時点で15年以上経過しているが、現在もインターネット広告の在り方の基本的な指針となる重要なガイドラインである。

⑵ 電子商取引ガイドラインの対象とする3つの表示

電子商取引ガイドラインは、以下の3つの事項について、景品表示法上の

---

3 http://www.caa.go.jp/policies/policy/representation/fair_labeling/guideline/pdf/100121premiums_38.pdf
4 景品表示法は、平成21年9月に公正取引委員会から消費者庁に移管された。
5 電子商取引ガイドラインでは、「消費者向け電子商取引」をいう。

問題点、問題となる事例及び表示上の留意事項を示している。

① インターネットを利用して行われるBtoC取引における表示について

② デジタルコンテンツ等の情報財（インターネット情報提供サービス）の取引における表示

③ インターネット接続サービスの取引における表示

上記①～③のうち、②は「文字や画面による情報を有料で提供するもの及びソフトウェア、音楽、映像等のデジタルコンテンツをダウンロード方式により販売するもの」を対象とする。③は「DSL、ケーブルインターネット等のブロードバンド通信を可能とするインターネット接続サービスにおいて、商品選択上の重要な情報は通信速度、サービス提供開始時期、サービス料金等」が消費者に適切に提供されるよう定められたものである。

ここでは、あらゆる商品・サービスで共通して問題となる①について、その概要を引用して紹介する[6]。

(3) ハイパーリンクについての留意点

ア 電子商取引ガイドラインは、ハイパーリンクを用いる場合、次のようなケースを表示方法上の問題の例として挙げている。なお、同ガイドラインには具体的な表示例が別添されているので、広告作成の際は参照されたい。

例：「気に入らなければ返品できます。」と強調表示した上で、「商品の到着日を含めて5日以内でなければ返品することができない。」という返品条件をリンク先に表示する場合、例えば、ハイパーリンクの文字列を、抽象的な「追加情報」という表現にすれば、消費者は、特段当該ハイパーリンクの文字列をクリックする必要があるとは思わずに、当該ハイパーリンクの文字列をクリックせず、当該リンク先に移動して当該返品条件についての情報を得ることができず、その結果、あたかも、返品条件がなく、いつでも返品することができるかのように誤認されること。

---

6 電子商取引ガイドラインには、頁番号が振られていないので、本稿でも引用の頁番号にふれていない。

例：広告に「送料無料」と強調表示した上で、「送料が無料になる配送地域は東京都内だけ」という配送条件をリンク先に表示する場合、例えば、ハイパーリンクの文字列を小さい文字で表示すれば、消費者は、当該ハイパーリンクの文字列を見落として、当該ハイパーリンクの文字列をクリックせず、当該リンク先に移動して当該配送条件についての情報を得ることができず、その結果、あたかも、配送条件がなく、どこでも送料無料で配送されるかのように誤認されること。

例：「1日3粒のダイエットサプリメント 1か月で10kg 減」と強調表示した上で、「痩せるためには一定の運動療法と食事制限が必要」という痩せるための条件をリンク先に表示する場合、例えば、ハイパーリンクの文字列を別のウェブページに配置すれば、消費者は、当該ハイパーリンクの文字列を見落として、当該ハイパーリンクの文字列をクリックせず、当該リンク先に移動して痩せるための条件についての情報を 得ることができず、その結果、あたかも、何ら条件がなく、飲むだけで痩せるかのように誤認されること。

イ　上記の広告は、いずれもハイパーリンクのリンク先に消費者にとって重要な情報が掲載されているにもかかわらず、消費者がこれを見落として誤認するよう誘導していることに問題がある。

そこで、電子商取引ガイドラインは、次のようなことに留意すべきとしている（下線部は筆者）。いずれも、消費者が重要な情報を見落とさないようにする配慮を必要とするものである。

○　リンク先に、商品・サービスの内容又は取引条件についての重要な情報を表示する場合、ハイパーリンクの文字列については、消費者がクリックする必要性を認識できるようにするため、「追加情報」等の抽象的な表現ではなく、リンク先に何が表示されているのかが明確に分かる「返品条件」等の具体的な表現を用いる必要がある。
○　…ハイパーリンクの文字列については、消費者が見落とさないようにするため、文字の大きさ、配色等に配慮し、明瞭に表示する必要がある。
○　…ハイパーリンクの文字列については、消費者が見落とさないようにするため、関連情報の近くに配置する必要がある。

(4) 情報更新日についての留意点

ア 情報更新日が明示されていなければ、消費者は閲覧している情報がいつの情報なのかを知ることができない。そこで、電子商取引ガイドラインは、情報の更新日の表示については、次のようなケースを問題として挙げている。

例：情報の更新日を表示せずに、例えば「新製品」や「最上位機種」等と商品の新しさを強調表示している場合、既に「新製品」や「最上位機種」でなくなったものであっても、いまだ新しい商品であるかのように誤認されること。

例：情報の更新日を表示せずに、例えば「今日から一週間 大安売り」等と表示している場合、当該期間が経過し安売りが終了していたとしても、いまだ安売りが継続しているかのように誤認されること。

イ 上記のような広告は、情報更新日を明らかにしないことにより、消費者が商品・サービスの内容又は取引条件について誤認するおそれがある。そこで、電子商取引ガイドラインは、次のようなことに留意すべきとしている（下線部は筆者）。

○ 情報の更新日については、表示内容を変更した都度、<u>最新の更新時点及び変更箇所を正確かつ明瞭に表示する必要がある。</u>
○ 既に「新製品」でない商品等、<u>表示内容が過去のものであって現在の事実と異なっているものについては、直ちにウェブページの内容を修正する必要がある。</u>

3 インターネット広告ガイドラインの概要

(1) インターネット広告ガイドラインとは

インターネット広告ガイドライン（正式名称を「インターネット消費者取引に係る広告表示に関する景品表示法上の問題点及び留意事項」という。）[7]は、現

7 http://www.caa.go.jp/policies/policy/representation/fair_labeling/guideline/pdf/120509premiums_2.pdf

在景品表示法を所管する消費者庁が、平成23年に制定したガイドラインである（最終改訂日：平成24年5月9日）。同ガイドラインは、インターネット消費者取引に新たなサービス類型が現れてきていることから、新たなサービス類型について特に景品表示法上の問題点及び留意事項を示すことを目的としている。

その類型とは、①フリーミアム[8]、②口コミサイト[9]、③フラッシュマーケティング[10]、④アフェリエイトプログラム[11]、⑤ドロップシッピング[12]の5つである。

ここでは、上記①〜⑤について、同ガイドラインが示している留意点を引用して紹介する。

⑵ フリーミアムの留意点

事業者は、顧客を誘引するめ、サービスが無料で利用できることを強調して表示することがある。そこで実際には付加的なサービスを利用するためには利用料の支払いが必要であるにもかかわらず、付加的なサービスも含めて無料で利用できるとの誤認を消費者に与える場合には、景品表示法上の不当表示となり得る。

例えば、「ゲームをプレイできるサービスにおいて、実際にはゲーム上で使用するアイテムを購入しないとゲームを一定のレベルから先に進めることができないにもかかわらず、『完全無料でプレイ可能』と表示する」ことは、景品表示法上の不当表示となり得る。

そこで、フリーミアムのビジネスモデルを採用する場合には、事業者は、無料で利用できるサービスの具体的内容・範囲を正確かつ明瞭に表示するよ

---

8 基本的なサービスを無料で提供し、高度な、あるいは、追加的なサービスを有料で提供して収益を得るビジネスモデルをいう。Free（「無料」の意）にPremium（「上質な」の意）を組み合わせた造語である（消費者庁「インターネット広告ガイドライン」2頁）。

9 人物、企業、商品・サービス等に関する評判や噂といった、いわゆる「口コミ」情報を掲載するインターネット上のサイトを利用したビジネスモデルをいう。

10 割引クーポン等を期間限定で販売するマーケティング手法をいう。

11 販売事業者のサイトへのリンク広告を貼るサイトに対し、リンク広告のクリック回数等に応じた報酬が支払われる広告手法をいう。

12 電子商取引サイトを通じて消費者が商品を購入するビジネスモデルの一形態で、当該電子商取引サイトの運営者は販売する商品の在庫を持ったり配送を行ったりすることをせず、在庫は当該商品の製造元や卸元等が持ち、発送も行うところに特徴を有するビジネスモデルである。ドロップシッピングの直訳は、「直送」である。

う留意する必要がある[13]。

(3) 口コミサイトの留意点

消費者は、口コミサイトに様々な投稿を行う。通常、一般の消費者は「事業者」ではないので、消費者による口コミ情報は景品表示法上の「表示」には該当せず、景品表示法上の問題にならないように思える。

しかし、事業者が、顧客を誘引する手段として、口コミサイトに口コミ情報を自ら掲載し、又は第三者に依頼して掲載させた場合は、景品表示法上の問題になり得る。

たとえば、商品・サービスを提供する店舗を経営する事業者が、口コミ投稿の代行を行う事業者に依頼し、自己の供給する商品・サービスに関するサイトの口コミ情報コーナーに口コミを多数書き込ませ、口コミサイト上の評価自体を変動させて、もともと口コミサイト上で当該商品・サービスに対する好意的な評価はさほど多くなかったにもかかわらず、提供する商品・サービスの品質その他の内容について、あたかも一般消費者の多数から好意的評価を受けているかのように表示させることは、景品表示法上の不当表示になり得る。

事業者が、口コミ情報を自ら掲載し、又は第三者に依頼して掲載させること自体は違法ではない。しかし、当該事業者は、当該口コミ情報の対象となった商品・サービスの内容又は取引条件について、実際のもの又は当該商品・サービスを供給する事業者の競争事業者に係るものよりも著しく優良又は有利であると一般消費者に誤認されることのないよう留意する必要がある[14]。

(4) フラッシュマーケティングの留意点

たとえば、クーポンサイトで、「通常価格」と「割引価格」の二重価格表示が行われている場合において、クーポンの対象となっている商品・サービスについて、実際には比較対照価格である「通常価格」での販売実績がないときは、景品表示法上の不当表示となる。

そこで、クーポンサイトにおいて、クーポンの対象となる商品・サービス

---

13 消費者庁「インターネット広告ガイドライン」2–3頁
14 消費者庁「インターネット広告ガイドライン」5頁

に係る二重価格表示を行う場合には、最近相当期間に販売された実績のある同一商品・サービスの価格を比較対照価格に用いるか、比較対照価格がどのような価格であるかを具体的に表示するよう留意する必要がある。また、クーポンサイト以外における販売の有無等を確認し、販売されていないなどの場合には掲載を取りやめるなど、景品表示法違反を惹起する二重価格表示が行われないようにすることに留意する必要がある[15]。

⑸ アフェリエイトプログラムの留意点

アフィリエイター[16]がアフィリエイトサイトに掲載する、広告主のバナー広告における表示に関しては、バナー広告に記載された商品・サービスの内容又は取引条件について、実際のもの又は競争事業者に係るものよりも著しく優良又は有利であると一般消費者に誤認される場合には、景品表示法上の不当表示になり得る。

そこで、同ガイドラインは、次の点に留意する必要があると定める[17]。

○ アフィリエイトプログラムで使用されるバナー広告において、二重価格表示を行う場合には、広告主は、最近相当期間に販売された実績のある同一商品・サービスの価格を比較 対照価格に用いるか、比較対照価格がどのような価格であるかを具体的に表示する必要がある。

○ アフィリエイトプログラムで使用されるバナー広告において、商品・サービスの効能・効果を標ぼうする場合には、広告主は、十分な根拠なく効能・効果があるかのように一般消費者に誤認される表示を行わないようにする必要がある。

⑹ ドロップシッピングの留意点

ドロップシッパー[18]は、販売する商品の在庫を管理したり配送を行った

15 消費者庁「インターネット広告ガイドライン」6–7頁

16 アフィリエイトサイトを運営する者をいう。アフェリエイターは、広告主とアフィリエイターとの間を仲介してアフィリエイトプログラムを実現するシステムをサービスとして提供する事業者（アフェリエイトサービスプロバイダー）と契約をし、報酬を得ている。アフェリエイター自身は自ら商品・サービスを提供するものではないので、景品表示法上の「事業主」には該当しない。

17 消費者庁「インターネット広告ガイドライン」8–9頁

18 ドロップシッピングを行う者をいう。

りすることをしないが、法人・個人を問わず景品表示法に定める「事業者」に当たると考えられる。

そこで、ドロップシッパーは、ドロップシッピングショップ[19]で商品を供給するに際しては、当該 商品の内容について、客観的事実に基づき正確かつ明瞭に表示するよう留意する必要がある[20]。

〔関口 慶太〕

◆参考文献

公正取引委員会「消費者向け電子商取引における表示についての景品表示法上の問題点と留意事項」(平成14年6月5日、一部改訂版：平成15年8月29日)

消費者庁「インターネット消費者取引に係る広告表示に関する景品表示法上の問題点及び留意事項」(平成23年10月28日、一部改訂版：平成24年5月9日)

---

19 ドロップシッピングのビジネスモデルを採用する電子商取引サイトをいう。

20 消費者庁「インターネット広告ガイドライン」10–11頁

eスポーツにおける懸賞

Question

eスポーツ（エレクトロニック・スポーツ）という、コンピューターゲームを利用した競技大会が世界各地で開催され話題を呼んでいます。そこで、弊社は、弊社が開発したゲームを利用したeスポーツの大会の主催を企画しています。上位の出場者には賞金を提供しようと検討していますが、景品表示法上、出場者に賞金を支払うことにどのような法律問題がありますか。

Answer

出場者に対する賞金は、出場者の「仕事に対する報酬等」に該当し得ると考えられる。そして、「仕事に対する報酬等」と認められる場合は、「景品類」に該当しないため、景品表示法の適用はない。

Commentary

1　景品表示法の規制

(1)　問題の所在

景品表示法4条は、景品類の制限・禁止について、「内閣総理大臣は、…景品類の価額の最高額若しくは総額、種類若しくは提供の方法その他景品類の提供に関する事項を制限し、又は景品類の提供を禁止することができる。」と定める。同条を受け、「懸賞による景品類の提供に関する事項の制限」（以下、「懸賞制限告示」という。）2項は、「懸賞により提供する景品類の最高額は、懸賞に係る取引の価額の20倍の金額（当該金額が10万円を超える場合にあっては、10万円）を超えてはならない。」と定める。

したがって、設例のようにeスポーツの大会をゲーム会社が主催して出場者に賞金を支払う場合において、当該賞金が景品表示法の規定する「景品類」に該当するときは、出場者に支払われる賞金は10万円以下に制限され得ることとなる。

そこで、出場者に支払われる賞金が、「景品類」に該当するか否かを検討する。

⑵ 景品類とは何か

景品表示法の規定する「景品類」とは何か。景品表示法2条3項は、次のように定める。

> 「景品類」とは、顧客を誘引するための手段として、その方法が直接的であるか間接的であるかを問わず、くじの方法によるかどうかを問わず、事業者が自己の供給する商品又は役務の取引（略）に付随して相手方に提供する物品、金銭その他の経済上の利益であつて、内閣総理大臣が指定するものをいう。

同条を受け、「不当景品類及び不当表示防止法第二条の規定により景品類及び表示を指定する件」（以下「定義公告」という。）1項は、次のものが「景品類」に該当すると指定する。

> 不当景品類及び不当表示防止法（以下「法」という。）第2条第3項に規定する景品類とは、顧客を誘引するための手段として、方法のいかんを問わず、事業者が自己の供給する商品又は役務の取引に附随して相手方に提供する物品、金銭その他の経済上の利益であつて、次に掲げるものをいう。ただし、正常な商慣習に照らして値引又はアフターサービスと認められる経済上の利益及び正常な商慣習に照らして当該取引に係る商品又は役務に附属すると認められる経済上の利益は、含まない。
> 一　物品及び土地、建物その他の工作物
> 二　金銭、金券、預金証書、当せん金附証票及び公社債、株券、商品券その他の有価証券
> 三　きよう応（映画、演劇、スポーツ、旅行その他の催物等への招待又は優待を含む。）
> 四　便益、労務その他の役務」（ただし、下線部は筆者）

定義公告1項から、「景品類」とは、以下の要件を充たすものであることが分かる。

① 事業者が
② 顧客を誘引するための手段として（顧客誘引性）
③ 自己の供給する商品又は役務の取引

④　③に附随して提供する（取引付随性）

⑤　物品、金銭その他の経済上の利益

以上の要件のすべてに該当する場合が、「景品類」に該当する（ただし、正常な商慣習上の値引・アフターサービス・附属物と認められるものを除く。）。

たとえば、上記②〜⑤の要件に該当し得るとしても、①の要件に該当しない場合は、「景品類」に該当しないため、景品表示法の規制を受けないこととなる（経済上の利益を提供する「事業者」の認定は総合的な判断を要するため、一概には言えないが、説例の事案と異なりeスポーツで利用されるゲームと関係のない第三者が賞金原資を提供する場合は、「景品類」に該当しないという結論になり得る。）。

つまり、「賞金」は「金銭」であるので、「景品類」に該当することは一見すると明らかなように思えるが、「金銭」であっても、上記①〜⑤の要件を検討することにより、「景品類」に該当しない、という結論になり得る。

⑶ 「物品、金銭その他の経済上の利益」に関する定義告示の運用基準の検討

そこで、消費者庁は、定義公告につき通達により運用基準（「景品類等の指定の告示の運用基準について」以下、「運用基準」という。）を明らかにしているので、同運用基準を検討する。

運用基準5項3号は、経済上の利益の運用基準について次のように定める。

> 5 「物品、金銭その他の経済上の利益」について
>
> ⑶　取引の相手方に提供する経済上の利益であっても、仕事の報酬等と認められる金品の提供は、景品類の提供に当たらない（例 企業がその商品の購入者の中から応募したモニターに対して支払うその仕事に相応する報酬）。」
>
> ※ただし、下線部は筆者

運用基準によると、「仕事の報酬等と認められる金品の提供は、景品類の提供に当たらない」となる。およそ高度な技術を要件としないモニターに対して支払う金品の提供さえ「その仕事に対する報酬等」と認められているところ、磨き上げた技能を披露してその優劣を競う出場者は、eスポーツ大会の運営に欠くべからざる業務を提供しているのであるから、出場者に対する

賞金が「その仕事に対する報酬等」に該当する可能性は高い[1]。

運用基準のポイントは、出場者に対する賞金が「その仕事に対する報酬等」に該当するか否かにある。出場者の属性、たとえば、出場者が第三者からプロのプレーヤーの認定を受けているか否かは直接関係がない。出場者がゲームのプレーで生計を立てていない者であっても、「その仕事に対する報酬等」を受領する権利を有することは否定しがたいものと考えられる。

また、あまりに高額な賞金は、「その仕事に対する報酬等」として認められない可能性もあると考えられる。なぜなら、例中に「その仕事に相応する報酬」と記載されているからである。

(4) 今後の検討の課題

設例の問題について、経済産業大臣は、平成30年2月、国会予算委員会において次のように答弁をしている。景品表示法は経産省が所管する法律ではないが、当該答弁の内容から、経済産業省と消費者庁が調整した上での回答であると考えられる。

> ○浦野委員
>
> …eスポーツというのは、ゲームで、ネットとかコンピューターのゲームでそういった競技をしていく、世界大会などが開かれている、競技をしていくというものですけれども、これが、先ごろのニュースで、日本はいろいろな法律的な壁があって世界的な大きな大会を開くことができないという報道がなされていました。…この現状について、大臣からお答えいただけますか。
>
> ○世耕国務大臣
>
> 御指摘のeスポーツは、例えばゲームでやるサッカーの対戦模様とか、そういったものを多くの人で見て楽しむというものでありまして、非常に今盛り上がっていまして、今、全世界で十億ドル程度の市場規模があって、これ

1 「消費者庁表示対策課の担当者に話を聞くことができました。結論から言うと、興行性のあるeスポーツ大会の賞金は「景品類」に該当しないと考えられるとのことでした。では、なぜ興行性のあるeスポーツ大会の賞金が「景品類」に当たらないのかというと、大会における上位者のプレーに対する賞金は「仕事の報酬」と見ることができるからです。高額賞金が発生するeスポーツ大会は多くの人に見られています。大会を勝ち進み、高額賞金を手にする可能性がある上位選手のプレーは、見ている人を感動させたり、楽しませたりすることができ、仕事とみなすことができるというわけです。」（岡安学「eスポーツの高額賞金、阻んでいるのは誰か」東洋経済ONLINE、平成30年3月23日、https://toyokeizai.net/articles/-/212817）

からも年間13%ぐらいで成長していくだろうというふうに見ています。…ただ、法律的にいろいろひっかかるようなところがあって、例えば賭博に当たるんじゃないかとか[2]、風営法の届け出が必要じゃないか。これはそれぞれの法律で判断していっていただくしかないわけですけれども、特に景表法、景品表示法にひっかかる。

要するに、高額商品が出る場合は景表法に抵触するのではないかという指摘もあったわけでありますけれども、これは、経産省も間に入りまして、消費者庁と関連団体の間で整理をさせていただきまして、プロのプレーヤーが参加する興行性のあるeスポーツ大会における賞金は、これはあくまでも仕事の報酬ということで、法律上の景品類には当たらないという形で整理が行われたわけであります。

※第196回国会予算委員会第7号（平成30年2月7日（水曜日））議事録より抜粋。ただし、下線部は筆者。

上記答弁から、消費者庁は、出場者に高額商品を提供する要件として「プロのプレーヤー」が参加する「興行性のあるeスポーツ大会」が必要と考えているのではないかと思われる。

しかし、その要件の内実は定かではない。結論として、「プロのプレーヤー」が参加する「興行性のあるeスポーツ大会」において出場者に提供される賞金が違法でないことに異論はないとしても、「プロのプレーヤー」をどのように認定するのか、どのようにして「興行性」を認定するのか、「プロのプレーヤー」が参加する大会に限られるのかなど、疑問が残る。

本問については、運用基準に照らした解釈ではなく、景品表示法の改正を視野に入れた対応が望まれる。

〔関口　慶太〕

2　例えば、出場者から出場料を徴収し、当該出場料を原資に賞金を分配する場合は、出場者が賭博罪（刑法185条）に違反する恐れがある。

◆参考文献

白石忠志「eスポーツと景品表示法」東京大学法科大学院ローレビューVol.12（平成29年11月）89頁

古川昌平「eスポーツ大会における賞金提供と景品規制」ジュリ1517号（平成30年4月）40頁

木曽崇「日本eスポーツ連合（JeSU）、高額賞金問題に関するまとめ　その2」（平成30年2月22日）
(https://news.yahoo.co.jp/byline/takashikiso/20180222-00081875/)

消費者庁「法令適用事前確認手続回答通告書　消費対第1305号」（平成29年9月9日）

消費者庁「法令適用事前確認手続回答通告書　消費対第1306号」（平成29年9月9日）

第10章

「裁判手続のIT化」対応に関する法的論点

Q1 総論

Question

昨今、政府の日本経済再生本部において「裁判手続等のIT化」が検討され、「裁判手続等のIT化に向けた取りまとめ」が報告されました。審議の概要と目的、これまでの経緯、IT化が今後の裁判実務に与える影響について教えてください。

Answer

迅速かつ効率的な裁判の実現を図る等の目的のため、政府の日本経済再生本部により設置された「裁判手続等のIT化検討会」により、「裁判手続等のIT化に向けた取りまとめ―『3つのe』の実現に向けて―」が報告されました。同検討会で打ち出された基本的方向性やビジョンに基づき、裁判手続等のIT化が望ましい姿で早期に実現されていくことが期待されるところです。

Commentary

1 審議の概要と目的

政府の日本経済再生本部が設置した「裁判手続等のIT化検討会」（以下「本検討会」という。）が平成30年3月30日に開催され、それまでの審議の結果が、「裁判手続等のIT化に向けた取りまとめ―『3つのe』の実現に向けて―」として取りまとめられた（以下「本報告書」という。）。

本検討会は、政府の「未来投資戦略2017」[1]において、「迅速かつ効率的な裁判の実現を図るため、諸外国の状況も踏まえ、裁判における手続保障や情報セキュリティ面を含む総合的な観点から、関係機関等の協力を得て利用者目線で裁判に係る手続等のIT化を推進する方策について速やかに検討し、本年度中に結論を得る。」とされていたのを受けて、平成29年10月30日に設置された。

本検討会での約半年にわたる審議（合計8回）を経て取りまとめられた本報

1 「未来投資戦略2017―Society5.0の実現に向けた改革―」（平成29年6月9日閣議決定）（https://www.kantei.go.jp/jp/singi/keizaisaisei/pdf/miraitousi2017_t.pdf）

告書は、その中心として、「裁判手続等のIT化のニーズ及び基本方向性」(第2章)、「『3つのe』[2]の実現」(第3章)、「IT化に向けた課題」(第4章)、「『3つのe』の実現に向けたアプローチとプロセス」(第5章) から構成されており、民事裁判におけるIT化として臨まれる新しい姿と、その実現に伴う課題、実現プロセス等を示したものと位置付けられる。この点、「裁判手続等のIT化を促進する」というその基本的方向性自体に異論を唱えるものは多くはないであろう[3]。

もっとも、本報告書の示すとおり(同第6章)、本検討会の取りまとめを実現していくためには、IT化を踏まえた手続モデルを念頭に置いた、民事訴訟手続の各場面・段階における実務的、法理論的な観点からの検討や、裁判手続等のIT化に必要となるシステムの具体的設計・構築、プロセス等についての検討に着手する必要があり、そのためには、法曹実務家を中核とする検討態勢において、実務的、法理論的検討と必要な対応に取り組むことが求められている。

2 これまで(本検討会設置に至るまで)の経緯

(1) 背 景

適正かつ迅速な裁判の効果的・効率的実現を図り、民事裁判手続を国民にとって一層利用しやすいものとする上で、地方裁判所の民事第一審訴訟事件のみで年間14万件余りにも及ぶ裁判手続に、情報通信技術(IT)を導入・活用することの有効性・重要性は、これまでも指摘されてきたが、特に、近年の情報通信技術の更なる進展や他分野の取組み、民事裁判をめぐる諸情勢等に鑑みると、その必要性はますます高まっている。

(2) これまでのIT化の状況

ア 電話会議システムやテレビ会議システム

平成8年に成立した現行民事訴訟法により、民事訴訟手続における電話会議システムやテレビ会議システムの利用等の運用が始まり、特に前者は現在に至るまで広く活用されているという状況がある。

---

2 「3つのe」とは、民事訴訟手続における①e提出(e-Filing)、②e法廷(e-Court)、③e事件管理(e-Case Management)のことをいう。

3 日本弁護士連合会「内閣官房裁判手続等のIT化検討会『裁判手続等のIT化に向けた取りまとめ』に関する会長談話」(平成30年3月30日付)

イ　督促手続オンラインシステム

その後の一連の司法制度改革においても、訴訟手続等における情報通信技術の積極的利用を推進する必要性に関する指摘がされていたところ、平成16年の民事訴訟法改正により、オンライン申立て等を可能とする規定が設けられ（民事訴訟法132条の10等）、これにより、平成18年には支払督促手続[4]についてオンライン手続を可能とする「督促手続オンラインシステム[5]」が導入され、年間9万件以上利用されるなど、利用者の利便性を向上するためのIT技術の活用が図られてきた。

ウ　民事訴訟一般

平成16年以降、一部の手続につきオンライン申立て等を可能とする試行を特定庁で実施したものの、利用実績に乏しかったこともあり[6]、我が国の現状では、オンラインでの訴え提起や書面提出をすることができず、テレビ会議システムの利用も、その利用環境の制約もあって、それほど活発化していない状況にある。

エ　諸外国の状況

欧米を中心に裁判手続等のIT化が既に進められてきており、アメリカ、シンガポール[7]、韓国[8]等では、IT化した裁判手続等の運用が広く普及・定着しているほか、ドイツ[9]等でも、近年、IT化の本格的取組みが着実に進展している。

現に、世界銀行の“Doing Business”（注：世界銀行が毎年発表する、世界190か国を対象とし、事業活動規制に係る10分野を選定し、順位付けしたもの。）2017年版では、「裁判手続の自動化（IT化）」に関する項目について、我が国に厳しい評価が示されているというデータがある[10]。この状況に対し、我が国のビ

4　支払督促手続とは、債権者からの申立てに基づいて、原則として、債務者の住所のある地域の簡易裁判所の裁判所書記官が、債務者に対して金銭等の支払を命じる制度である（民事訴訟法382条以下）。

5　http://www.tokuon.courts.go.jp/AA-G-1010.html

6　平成16年7月から約4年半、札幌地裁で期日変更の申立て等、一部の申立て等をオンラインで可能にするシステムを運用したが、その期間内での利用件数はわずか2件にとどまったという報告がある（平成29年10月30日裁判手続等のIT化検討会（第1回）議事要旨・2頁）。

7　杉本純子「シンガポール・アメリカにおける裁判手続等のIT化 」（平成29年12月1日裁判手続等のIT化検討会（第2回）配布資料）

8　平岡敦「韓国における裁判手続等のIT化進展状況」（平成29年12月1日裁判手続等のIT化検討会（第2回）配布資料）

9　笠原毅彦「欧州における裁判のICT化」（平成29年12月1日裁判手続等のIT化検討会（第2回）配布資料）

10　内閣官房日本経済再生総合事務局「裁判手続等 IT化について」（平成29年10月30日裁判手続等のIT化検討会（第1回）配布資料）

ジネス環境や国際競争力の観点から見た場合、利用者目線に立った裁判手続のIT化を更に進める必要があるのではないかとの声が高まりつつあった。

オ　本検討会の設置

以上の状況のもと、政府の「未来投資戦略2017」[11]において、「迅速かつ効率的な裁判の実現を図るため、諸外国の状況も踏まえ、裁判における手続保障や情報セキュリティ面を含む総合的な観点から、関係機関等の協力を得て利用者目線で裁判に係る手続等のIT化を推進する方策について速やかに検討し、本年度中に結論を得る。」とされ、本検討会が平成29年10月30日に設置されたという経過を辿っている。

3　裁判実務に与える影響

裁判手続等のIT化は、民事裁判手続の基本かつ根幹部分に大きな修正を加える作業といえるものである。より具体的にいえば、「3つのe」（民事訴訟手続における①e提出（e-Filing）、②e法廷（e-Court）、③e事件管理（e-Case Management））を実現するに当たり、IT導入までの準備や仕様検討の過程、IT導入後における現行の民事裁判手続との並行期間や切り分け等の運用方法、システム導入後のシステム改善の対応等、ITの視点のみをとっても、実務に与える影響は大きいことがわかる。

また、本報告書において、「IT化に向けた課題」（第4章）として示されているとおり、「本人訴訟」や「情報セキュリティ対策」について十分に検討されなければならないところ、その結果として導入したITないしサポート体制がいかなる中身のものであるとしても、大なり小なり実務に影響を与え得ることは容易に想像できるところである。

4　おわりに

いずれにしても、我が国の民事裁判手続が、我々にとって真に利用しやすいものとなるのであれば、これを歓迎しない者はいないであろう。本検討会で打ち出された基本的方向性やビジョンに基づき、裁判手続等のIT化が望ましい姿で早期に実現されていくことが期待されるところである。

〔藤﨑　太郎〕

11　前掲（注1）

訴状提出段階

Question

裁判手続等のIT化は、①e提出（e-Filing）、②e法廷（e-Court）、③e事件管理（e-Case Management）という「3つのe」の実現を目指すという観点から検討するとされていますが、e提出（e-Filing）の場面において、訴状の裁判所への提出、訴え提起時の手数料等の納付、訴状及び判決書の送達、並びに答弁書、準備書面その他の書面のやり取りについて、どのようなことが検討されていますか。

Answer

利用者目線から見れば、紙媒体の裁判書類を持参又は郵送等する現行の取扱いに代えて、24時間365日利用可能な電子情報によるオンライン提出へ極力移行し、一本化していく（紙媒体を併存させない）ことが望ましいといえます。そこで、訴え提起において、紙媒体の訴状、証拠書類、委任状等を裁判所に提出する現行の取扱いに代えて、オンラインでの訴え提起（紙媒体で作成されたものの電子化を含む）に移行するとともに、附属書類についても行政機関との情報連携を図ることが検討されています。また、提訴手数料もオンライン納付（電子決済）を実現することが望ましく、郵便切手を予納する現行の取扱いも見直しが検討されています。さらに、裁判所による訴状及び判決書の送達並びに当事者間における答弁書、準備書面その他の書面のやり取りについても、ITツールを活用してオンラインで迅速かつ効率的に行うための方策が検討されています。

Commentary

1　e提出（e-Filing）の意義・効果

紙媒体の裁判書類を裁判所に持参又は郵送等する現行の取扱いには、❶紙の問題（事件記録が大量になる、印刷や送付に時間及び費用を要する、保管に場所及び費用を要する、事件記録の唯一性[1]など）のほか、❷記載の漏れ（法人の代表者名等）や記載の誤り（訴額の算定等）による遅延、❸添付書類（資格証明書、戸籍謄本及び全部事項証明書等）の取得に時間及び費用を要する、❹送達に時間及び費用を要する、❺被告の欠席により時間及び労力が無駄になる（第1回口頭弁論期日の形式化）、❻主張が複雑で証拠が多数ある場合に争点整理が困難になる（争点整理の困難化）など、多くの問題点が指摘されている。

こうした問題点を踏まえ、利用者目線で見れば、e提出（e-Filing）を実現し、24時間365日利用可能な電子情報によるオンライン提出へ極力移行し、一本化していく（訴訟記録については紙媒体を併存させない[2・3・4]）ことが望ましいといえる。

e提出（e-Filing）においては、①書面及び証拠をオンライン提出することにより、印刷や運搬等に伴う費用及び時間が不要となる、②デジタル形式であれば、情報をデータとして個別に提出することが可能となるため、主張が争点ごとに個別化されて議論が噛み合いやすくなる、主張が簡潔になり争点整理が容易になるなどの効果が期待される。

2 訴状の裁判所への提出

(1) オンライン提出への一本化

利用者目線に立ち、e提出による民事訴訟手続の全面IT化を目指す観点からは、紙媒体の訴状を裁判所に提出する現行の取扱いに代えて、オンラインでの訴え提起（紙媒体で作成された訴状の電子化を含む）に移行し、一本化する[5]ことが相当といえる。

なお、平成16年の民事訴訟法の一部改正により、「電子情報処理組織による申立て等」（同法132条の10）について規定されたが、電子情報による申立て等と書面等による申立て等の併存など、一定のIT化を導入しながらも基本

1 事件記録が移動した際に原裁判所で記録を使用できない、合議の場合は複数の裁判官で同時に事件記録を参照することになる、裁判所支部に事件記録がある場合には閲覧等が容易でないという弊害が指摘されている。

2 オンライン提出に対応できない当事者に対しては、紙の電子化やオンライン提出に代行するサービスを提供すること（司法協会等が有償でPDFにするなど）が前提とされる。

3 裁判所にとっても、電子情報と紙の両方で事件を管理すると負担が大きくなるが、電子情報に一元化すれば、複数の人が同時に閲覧できるため、手続間で情報を共有したり、合議事件で複数の裁判官が同時に訴訟記録を参照できる上、電子文書であれば検索可能性が高まるので、裁判官が他の事件を参考にしつつ判決を起案したり、争点整理の際に参考情報を得やすくなるなどの利点がある。

4 電子情報を訴訟記録として保管することについては、法律上の手当が必要となる。

5 裁判を受ける権利の保障の観点より、電子情報以外は提出できないということではない。

的には紙を必要とする制度であるため、実際にはあまり利用されていない。

⑵ オンラインでのアクセス方法

オンラインでの訴え提起において、次のような裁判所に対するアクセス方法が考えられる。

ア 裁判所の専用システム（サーバー）にアップロードする方法

㈦ すべての民事訴訟を対象とした従来型書面のアップ方式

紙媒体の書面を電子化したものを提出することも可能とする。

㈡ 非類型的訴訟のタグ付書類のアップ方式

この方式には、特許庁に対する特許申請[6]のように、データとしてわかりやすく情報の分解及び識別を可能にすることで、情報システムの効率化を図ることができるという利点がある一方、請求の趣旨や請求の原因等の内容の定型化が困難である、利用者の習熟を要するなどの問題点がある。

イ ウェブサイト上のフォームに入力する方法

離婚・相続等の家事事件や建築等の類型訴訟のフォーム方式が想定されている。この方法には、当事者や訴額等の共通部分は定型化に馴染む、業務の効率化及び裁判手続・進行の円滑化に繋がる、必要事項の記載を確実にできるなどの利点がある一方、システムの作り込みが必要となる、フォームの項目を必ず入力しないと手続を前に進められないとすれば、当事者の裁判を受ける権利を侵害するおそれがある、法的判断とも関わる部分について、フォームで定型的に記載できるのかなどの問題点がある。

ウ 電子メールによる方法

誤送信やなりすまし等のリスクがある、到達確認が困難である、送信可能な添付ファイルの容量に限界があるなどの問題があるため、電子メールによる方法は慎重に考えるべきである。

エ 共通課題

以上の各方法について、デジタル化・ネットワーク化に伴い、24時間365

---

6 特許庁では、平成2年12月に電子情報システム（ペーパーレスシステム）を実現し、平成22年4月に「電子出願をインターネット出願に一本化」した。また、「紙出願の書類も受付時に電子化することで、出願書類のほぼ全てを電子的に処理」している（特許庁「特許庁の情報システムの概要」（平成29年10月））。

日提出が可能となる利点がある一方、情報漏洩・情報改ざんのリスク、ネットワーク障害による不着の場合に生じる期間徒過、時効等の問題点がある。

⑶ ITサポート（リテラシー支援策）

裁判事務又は裁判所の効率化・合理化の観点から、支援センターの設置など民間の活用が検討されている。この点、米国においてe提出（e-Filing）の技術的支援を行う「Legal e-File[7]」が参考になる。

ITサポートについて、民間業者の選別方法、サポートの類型、一定の料金や質の確保、人的・物的資源の投入可能な範囲、アクセスの容易性・可能性、ITサポートと法的サポートの区別（民間業者がいわゆる非弁行為の温床となるリスク、積極的釈明義務違反となるような法的サポートの回避）など、導入に向けた課題やその弊害ないし問題点が指摘されている。

⑷ 本人確認の方法及びセキュリティ対策

ア 本人確認の方法

裁判手続がIT化された場合にも、現行どおり、ウェブ会議やテレビ会議をする際、身分確認証を求めずに呼出状を持参して出頭した者が本人として扱われる[8]。

イ 情報セキュリティの水準及び程度

政府・行政においても電子署名認証ガイドラインの見直しや無駄な押印を廃止する方向にある[9]。もっとも、民事裁判において、防衛や金融サービスの分野で用いられるシステムのように、高度の機密や経済的利益の獲得を直接の目的としたサイバー攻撃等のリスクが常時存在し、一時のシステム停止も許されないことを前提とした厳格なセキュリティ（レベル5）の確保までは求められていない。

したがって、セキュリティの水準及び程度について、必要かつ相当な程度

---

7 Green Filing California LLC.「E-Filing Tutorials」（https://legalefile.com/tutorials/）

8 代理人確認の方法は、弁護士会認証又は裁判所認証による。

9 総務省は、行政手続のデジタル化の推進をうたう政府の基本方針の下、契約や行政手続をインターネットで円滑に進めるため、「電子委任状」の具体化を始めた。電子委任状普及促進法（2018年1月施行）に基づく措置であり、今後、税務、証明書の申請・交付など様々な場面で電子委任状の活用が広がることが想定されている。（日本経済新聞平成30年6月26日朝刊参照）

の認証や署名等を考える必要があるとして、たとえば、請求の認諾や訴訟上の和解等の処分行為についてはセキュリティを厳重にし、日常的な訴訟行為についてはそれをやや緩和する、ID・パスワード等の認証手段を許容した上で、訴え提起時に原告に発行し、訴状送達時に被告に付与することなどが検討されている。

この点、シンガポールでは、eLit（Electronic Litigation System）[10]にログインする際、SingPass ID（個人識別番号）又はCorpPass ID（法人識別番号）に加え、SMSで受信する認証用の数字を入力する必要があり、二重のセキュリティ対策が採られていることが参考になる。

(5) 附属書類の提出方法

証拠書類や委任状等をオンライン提出する場合も、原本を電子化したものを提出することで足りる。

この場合に作成名義の真正性や原本性をどのように確保するか、電子署名の付された電子文書が書証等となる場合（契約書や委任状が電子文書の場合など）の対応が問題となる。この点について、単なる手続的なものであって進行に関する事務連絡的なものと裁判の帰趨を決する証拠としての性質を強く有するものを分け、特に証拠は通常の事務的な書類の電子化とは異なる方法（例えば、メタ情報を保全した形で電子化する、タイムスタンプを導入するなど、デジタル・フォレンジック技術を活用する）が求められるという見解がある。

(6) 行政との情報連携

附属書類（全部事項証明書、戸籍謄本、住民票の写し等の公的書類）を提出する場合の行政との情報連携について、次の方法が検討されている。

ア　行政機関と裁判所が直接電子的にやり取りする方法

現行上、当事者が法人の場合には資格証明書の提出が必要とされているところ、必要な情報を裁判所に申告することにより、裁判所が行政と連携して

10　Government of Singapore「eLitigation」（https://www.elitigation.sg/_layouts/IELS/HomePage/Pages/Home.aspx）
本田正男「シンガポールにおけるIT化事情」『自由と正義』（平成30年11月号）32–34頁、「民事裁判にIT化の波　最先端シンガポールを追う」（日本経済新聞平成30年7月2日朝刊参照）

謄本等の電子情報を確認又は取得する（例えば、訴状に記載された法人番号に基づき裁判所のシステムから法務省の登記情報システムにアクセスし、登記情報を自動転記することにより、裁判所のシステムに取り込むとともに、登記上の法人との同一性をオンラインで確認する。）。この方法により、労力及び費用を節減できる、取り直しによる無駄を回避できる、最新情報の取得確認が可能となるという利点がある一方、民事訴訟の基本原則である当事者主義・弁論主義との関係、労力及び費用を誰が負担するのか、デジタルネットワークの構築が必要となり、他の行政機関との協議が必要になる、マイナンバーの活用など、民事訴訟制度の基本原則に関わる問題点や行政機関との連携に伴う課題が指摘されている。

イ　当事者ないし弁護士が行政機関から書類をオンラインで取得し、裁判所にオンラインで提出する方法

弁護士会照会に慎重な自治体もあり、弁護士に対する個人情報の提供が問題ないし課題となり得る。

⑺ 濫用的な訴えの防止

オンラインでの訴え提起を認めることによる濫訴の増加が懸念されている[11]。現行法上は訴状却下命令や提訴手数料の負担により濫訴の防止が図られていると考えられるが、IT化によりフォームに要件を入力しないと手続を前に進められないあるいは入力を促すことにより、主張自体失当となるような訴訟の提起をある程度は防止できると考えられる。

この点、米国における濫用的な訴えがされた場合の仕組み[12]が参考になる。

11　同じような理由で何度も繰り返される再審の訴えなど、現行法上も濫訴と思われるような訴えは存在するが、そのほとんどが本人訴訟であり、IT化により状況が変わるようなものではないとみる向きもある。

12　米国では、弁護士が代理人に選任されている場合にはオンラインで申立て等をすることが義務付けられているところ、CM/ECF（Case Management/Electronic Case Files system）にログインする時に本人確認ができることから、濫用的な訴えが提起された場合には当該弁護士のアカウントが停止されてログインできなくなるうえ、その情報が全裁判所に通達される仕組みになっている。

杉本純子「アメリカにおける裁判手続のIT化―e法廷の現状をふまえて―」『自由と正義』（平成30年11月）37-38頁

3　訴え提起時の手数料等の納付

⑴　手数料等の納付

利用者目線で見れば、オンラインでの訴え提起を前提にする以上、提訴手数料等の納付についても、行政機関や民間の取引で一般的になっているインターネットバンキングやクレジットカード等を用いたオンライン納付（電子決済）を実現することが望ましい。もっとも、クレジットカードを持てない人や銀行口座を開設できない人はどうするのか、特に認められない類型（破産等）があるのではないかなど、経済的信用に関わる課題も指摘されている。

⑵　郵便切手（郵券）の納付

利用者目線では、裁判書類等を相手方に郵送するための郵便切手（郵券）を裁判所に予納する現行の取扱いは、見直しが望まれる。そもそも支払手段が郵便切手である必要はなく、手数料の一部を構成するものとして一本化できれば簡明である。その際の金額を定額あるいは使用分相当額のいずれにするかという問題点に加え、訴状の送達の場面でIT化が実現したとしても、一定程度は郵便による送達の必要性が残るのではないかというIT化の限界も指摘されている。

この点、米国では、裁判所とは別の共通のオンラインシステムの中で手数料等が電子決済されており、支払未了の場合には警告のメールが代理人宛に届くことになっていることが参考になる。

4　訴状の受理及び審査

⑴　訴状受理の確認方法

オンライン提出された訴状について、裁判所に受理されたことを容易かつ確実に確認等できる仕組みとして、①原告が確認できるシステム[13]を導入する、②パソコン又は携帯電話の電子メールアドレスがある場合は電子メールを送る、③携帯電話がある場合はSMS等を送る、④オンラインの通信端

13　当事者の氏名等、事件の内容、訴訟の進行状況（訴状提出・訴訟係属の段階であれば、「提出済み」「送達済み」「送達未了」など）、提出された書面や証拠等の記録の中身を一元的に確認できる階層的なシステムが検討されている。

末がない場合は従来通り書面を送ることが検討されている。

これに対し、上記①について、裁判所のシステムに何らかの書類がアップロードされたあるいは入力された時にそれを確実に知る契機を当事者に与えるためには、利用者が能動的に行動しなくても進捗状況がわかるよう、一般市民が日常的に目にする方法が必要である、同②について、スパムメールと認識されて「迷惑メール」又は「ゴミ箱」に移動していることがあるなど、電子メールを送信したとしても現実に届いたとは認められないことがある、同④について、司法協会等でデジタル化する場合にはその費用を誰が負担するのか、特に貧困等の理由がある場合に国から補助を受けられるのか、いずれについても、本人訴訟でITサポートを受けた人が自分で確認したい場合はどうするのか、事件の途中で代理人が交代した場合にどのように権限を適切に設定するのかなど、容易かつ確実に受理等させるための問題点ないし課題も指摘されている。

この点、米国では、申立て・書面の提出システムと事件記録の管理システム[14]が分かれており、申立ての翌日以降に担当裁判官が決まると、代理人等に電子メールで、シンガポールでは、前記eLitのシステム内で、それぞれ受理通知が届くことになっている。

⑵ 訴状審査及び補正

ア オンライン提出された訴状の形式審査を迅速かつ効率的に行うための方策として、訴状の必要的記載事項や手数料の納付等の確認について、ITツールを活用することが検討されている。すなわち、当事者・法定代理人、請求の趣旨、手数料納付、民事訴訟規則上要求される住所・連絡先等は機械的な審査で足りる。さらにIT化が進み、AIが導入されることになれば、請求の特定や請求原因における要件事実の存否など、現在裁判官や書記官が行っている訴状の内容審査についても、ある程度機械的に判断していくことが可能になるかもしれない。もっとも、ITやAIも万能ではないので、人間とITがそれぞれ得意・強みとするところを組み合わせて、最適な方法を追求していくことが必要となろう。

---

14 PACER（Public Access to Court Electronic Records）
杉本・前掲（注2）37–38頁

イ　訴状等に不備があり補正を要する場合において、裁判所と原告との間のやり取りをオンラインで迅速かつ効率的に行うための方策として、①ポータルサイトのような保護された形でやり取りする、②具体的な内容については裁判所のサイトからアップロード又はダウンロードするような方法を用い、それらの通知を一般の電子メール又はSMS等で行う、③画面上に表示される前に補正を促すなど、入力時に自動的に補正されているようなシステムが検討されている。

これに対し、こうした釈明、補正命令、決定等のやり取りは、e提出あるいはe事件管理のいずれなのかが明確ではない上、①について、現実にはポータルサイトが普及していない状況でどうするのか、②について、裁判所と当事者とのやり取りを電子メールで行う場合にはセキュリティの問題があり、電話により補正を促す必要性が残る、③について、画面上に表示された後に補正を促す場合には積極的釈明との関係が微妙かつ曖昧であるなど、セキュリティに関わる問題点や民事訴訟制度に関わる課題も指摘されている。

5　訴状・判決書の送達

(1)　訴訟記録の電子化に即した送達の在り方

電子化に即した送達の在り方を検討する前提として、紙による送達が原則であり、電子送達は例外とされる。すなわち、現実問題として、電子的なアドレスに送る場合、当該アドレスを管理している者がメールを閲覧することが保証されていないから[15]、確実な到達を確保するため、現時点では物理的なアクセス手段が原則となり、例外として電子的なアドレスに送れば現実に届いたとみなしてよい場合のみが電子送達の対象になるとせざるを得ない。すべての送達を電子的に行うためには、被告になり得る者が電子的な送達を確実に受け取れる状態になっていること（被告になる可能性がある者が電子的な受取窓口を有し、それをシステムに登録する。）が必要となる。

この点、従来より電子私書箱という名称で検討が進められてきたものの、これを使うインセンティブが国民にないため実現していないのが現状であ

15　特に本人訴訟の場合、電子送達を行い、訴状が送達された旨の通知をメール等で行っても、確認を怠るあるいは確認を失念したまま放置されることが相当数生じることが懸念される。

る。日本郵便のMyPost[16]等のインフラの利用が拡大すれば究極的な姿に近づくと思われるが、その過程において上記システムの構築をどのように進めるのか（大学のポータルサイト参照）、MyPost等を利用する場合、当該メッセージやドキュメントを確実に見たという読み出し証明をすることが技術的に可能なのか（ドイツのDe-Mail参照）、その証明をするのは誰か（日本郵便等）など、確実な到達を確保するための問題点ないし課題が指摘されている。

⑵ 送達の実施及び証明等の方策

電子送達による場合、①専用システムにアップロードする、②電子メールアドレスに送信するなどの方法が考えられる。

他方、書面送達による場合、①訴状及び書証の一式を被告に送付する、②訴訟が提起されたことや被告が取るべき行動を記載した通知[17]を被告に送付する、③被告の最寄りの郵便局で印刷して送付する（韓国のウェブレター参照）などが考えられる。

これに対し、電子送達による場合の送達の受領は電子メールの開封・確認も必要になる、書面送達による場合の送達報告書は、送達機関の携帯端末から電子的に行い、受送達者の署名及び写真等により証明することも考えられる、いずれの方法においても、訴訟法上の「送達」とされる時点（遅延損害金の起算点、上訴期間の起算点など）を明確にする必要があるなど、送達を確実にするための技術上及び訴訟法上の課題が指摘されている。

この点、韓国では、事前包括同意をすれば電子送達が可能となり、当事者がファイルを閲覧した時点で送達が完了したものとして扱われる一方、閲覧しない場合には送達をした時から1週間の経過により送達が完了したものとして扱われる[18]。また、シンガポールや米国では、代理人が選任されていな

---

16 「大切なメッセージをインターネット上でやり取りするために日本郵便が提供する『インターネット上の郵便受け』です。日本郵便が会員の本人確認や氏名・住所の確認を必要に応じて行うことで、差出人は、会員本人と安心してメッセージをやり取りすることができます。会員は、自分が選択した差出人からのメッセージのみを受け取り、クラウド上で長期保管することができます。これまで郵便サービスがになってきた大切なメッセージをやり取りできるインフラの役割をデジタル分野において実現することを目指します。」（日本郵政グループプレスリリース平成28年1月14日）

17 通知に記載されたURLやQRコードにアクセスする方法など。

18 新皐直茂「韓国における裁判手続等のIT化の実情について」『自由と正義』（平成30年11月号）28–30頁参照

い場合には書面送達が行われることが多いが、代理人が選任されている場合には最初から電子送達が行われている。

⑶ 送達手段

電子送達の一部義務付け、事前包括申出制度[19]等の電子送達を推進する制度（例えば、官公署への電子送達の義務付けや企業等による事前包括申出制度）が問題とされている。

官公署等が被告の場合は電子送達の受容を義務付けることが検討されているところ、事前包括でよいというのは特定の公共企業体などに限定され、企業等に対しては何らかのインセンティブを与えることにより促すことが必要になると考えられる。コンプライアンス、レピュテーションリスク、コーポレートガバナンス、さらにはESG（環境・社会・企業統治）という社会的な観点から、民間企業のインセンティブの組み方や適切な対応方法は時代によって変わり得る。したがって、官公署については国の制度の一環としてその中に組み込みやすいのに対し、企業等の私的な実体について義務付け等の制度に組み込むことは、立法論としてはあり得るが、現実的には困難であると考えられる。

⑷ 支障又は困難がある場合の対応

被告が所在不明若しくは外国にいる場合又は必要な資力がない場合など、ITツールを利用することに支障又は困難がある場合の対応が問題となる。

被告が所在不明の場合は現行の公示送達がなされる。また、被告が外国にいる場合の送達方法は送達条約[20]、民訴条約[21]その他二国間条約などの条約の定めによることになり、いずれかの段階で紙による送達が必要となろう。

これに対し、特定の国ではGメール等の特定の電子メールを受信できない、特定のサイトへアクセスできない又はブロックされているなどの技術的な障壁が生じており、インターネット上に国境が生まれつつあるのが実情で

---

19 あらかじめ電子送達を許容する旨申し出ている当事者には電子送達を行う制度
20 民事又は商事に関する裁判上及び裁判外の文書の外国における送達及び告知に関する条約（1970年5月28日批准・1970年7月27日発効）
21 民事訴訟手続に関する条約（1970年5月28日批准・1970年7月26日発効）

あるから、被告が外国にいる場合には電子的なサポートないし技術的な検討を要する、個人間であっても相手の所在やアドレスが不明な場合があるなど、技術的障害に伴う不着に関わる問題点が指摘されている。

6 第１回口頭弁論期日の指定

⑴ 第１回期日を実質化するための方策

第1回期日が形式的で特段内容がない答弁書を確認するだけになり、実質的に空転に近いことがあるという現状を踏まえ、第1回期日を実質化するため、当事者の攻撃防御権の保障と負担軽減及び業務の効率化との調整を図る観点から、以下の方策が検討されている。

① 第１回期日指定前にあらかじめ連絡を取り、被告と協議の上で期日を指定する方法（包括的事前同意制度など）

もっとも、被告が同意しない場合には第1回期日を開けないことになり得るが、手続に非協力的な被告の場合でも第1回期日を指定できるようにする必要がある。これに対し、一応の期日を指定しつつ、原告と裁判所も可能な選択肢を示して被告が別の日を選択できる余地を残す、あるいは、被告からも候補日時を示すことにより、両当事者の都合の良い日時に期日を指定するなどの方策が考えられる。

② 被告の応訴態度が明らかでないあるいは応訴が形式的なものになることが明らかな状況において、第１回期日からテレビ会議を利用する方法

第1回期日で双方の主張内容を実質的に確認し、その後の審理計画を実質的に話し合う場にすることが望ましいことから、第1回期日は今後の進行の振り分けをする期日とする。そして、被告の応訴が形式的な三行答弁をすることが明らかな場合には、なるべく前倒しして簡単に済ませることとし、そのために出廷する必要がないと考えるのであれば、テレビ会議やウェブ会議を活用することもあり得る。

これに対し、❶テレビ会議やウェブ会議をどこで開催するか、❷本人訴訟の場合、代理人の事務所がないから、裁判所以外にもウェブ会議等を行える場所を設ける必要があるのではないか（たとえば、公民館、役所、消費生活センター、小学校など）、❸被告が欠席した場合であっても、原告がテレビ会議やウェブ会議に参加している場合には、原告が期日に出頭したことにして欠席判決をすることができるか（被告の応訴がない場合に口頭弁論を開かずに既判力のある認容判決ができるか）、❹被告の意思が明確でないのに期日を前倒しすることにより、被告の裁判を受ける権利を侵害する状況は避けるべきであるなど、被告の防御権の保障に関わる問題点ないし課題が指摘されている。

⑵ 期日指定の方法

ファックス等により候補日時に○又は×をつけて調整する現状は、手間がかかり、多数当事者間で行うことが困難である。そこで、応訴の意思表明が困難な当事者に対しては、IT化により応訴をしやすくする観点から、システム上、「請求を棄却する」「追って主張する」という各項目にチェックを入れて提出すれば答弁したことになるなど、分かりやすい応訴の方法が検討されている。

これに対し、❶なるべく多くの場所からつながるようにするべき、❷セキュリティの在り方によっては、ソフト又はハードを参加者側の端末に設置することも考えられる、❸どのような場所に、どのようなセキュリティが、どこまで必要か、❹スマートフォンで参加者の映像を送受信できる場合には、スマートフォンで参加することを除外する理由はない、❺電話会議について、現行民事訴訟法上は一方当事者は必ず裁判所に出頭しなければならないとされているが（同法170条3項ただし書）、これを双方当事者が出頭しなくてもよいと規定することは可能か（たとえば、裁判官室のパソコンのSkypeで双方当事者と電話会議ができるということになれば、必ずしも事前の期日指定を要さず、随時電話会議で手続を進行させることが可能となる。）、❻証人尋問（同法204条）だけでなく、弁論もテレビ会議でできるように条文を改正するだけでよいかなど、セキュリティ、システム及び法改正に関わる問題点ないし課題が指摘されている。

この点、裁判外のADR（全国銀行協会のADR等）では、協会側で用意したモバイル端末を当事者が自宅に持って行き、そこで聴取することが行われていることが参考になる。

7 答弁書・準備書面等の提出

⑴ 答弁書等のオンライン提出の方法

答弁書・準備書面等についても、電子情報を裁判所のシステムにアップロードして提出するなどの方法により、オンライン提出に一本化することが検討されている。

具体的には、訴状の請求の趣旨や請求の原因の各項目について、それぞれに○又は×などの提示がされていて、それに対して個別に応答していくような答弁書のシステムが考えられている。また、「請求を棄却する。……」「請求原因事実は争う」「追って反論する」という答弁書も想定されるので、準備書面についても答弁書と同様のフォームを考える必要がある。

⑵ オンラインでの直送及び受領証明等

裁判所のシステムが構築されるまでの過渡的な措置として、到達確認の確保等の必要な措置を講じた上で、電子メール等を用いた直送を速やかに導入することが検討されている。問題は、電子メールで直送する場合における到達確認や誤送信への対応である。

この点、韓国では、訴訟係属後の準備書面等の送付について、サーバーにアップロードされた時点で提出、被告がシステムにアクセスして記録を閲覧した時点、あるいは被告に電子メールを送信した日から1週間が経過した時点（被告が実際にファイルを閲覧したか否かを問わない。）で受領という取扱いがなされていることが参考になる。

〔神谷　延治〕

◆参考文献

・裁判手続等のIT化検討会「裁判手続等のIT化に向けた取りまとめ―『3つのe』の実現に向けて―」（平成30年3月30日）
・同検討会「取りまとめの要旨」
・最高裁判所「民事訴訟とIT化の現状と将来 真に望ましい裁判手続のIT化の姿を求めて」（平成29年10月30日）（裁判手続等のIT化検討会（第1回）資料3）
・内閣官房日本経済再生総合事務局「裁判手続等のIT化検討会 議事要旨」（第2回～第5回）
・同事務局「前回のご指摘概要と検討事項」（平成29年12月1日）（裁判手続等のIT化検討会（第2回）資料1）
・平岡敦「裁判手続等のIT化に関して弁護士から見た課題」（平成29年12月1日）（裁

判手続等のIT化検討会（第2回）資料3）
・平岡敦「韓国における裁判手続等のIT化進展状況」（平成29年12月1日）（裁判手続等のIT化検討会（第2回）資料4）
・杉本純子「シンガポール・アメリカにおける裁判手続等のIT化」（裁判手続等のIT化検討会（第2回）資料5）
・同事務局「裁判手続等のIT化の検討にあたって考えられる論点整理案」（平成29年12月27日）（裁判手続等のIT化検討会（第3回）資料1）
・同事務局「民事訴訟の手続段階ごとに見たIT化の視点（その1）―訴状の提出から第1回口頭弁論期日まで―」（平成30年1月26日）（裁判手続等のIT化検討会（第4回）資料1）
・日本弁護士連合会「民事裁判のIT化」『自由と正義』69巻11号（平成30年11月号）9-38頁

口頭弁論期日・争点整理手続

Question

「未来投資戦略2017」（平成29年6月9日閣議決定）を受けて、内閣官房の主催の「裁判手続等のIT化検討会」による検討が行われましたが、日本の民事訴訟のIT化推進による口頭弁論手続・争点整理手続段階での問題点、「e法廷（e-Court）」に関する議論の概要について教えてください。

Answer

「e法廷（e-Court）」の検討対象事項は、第1回口頭弁論期日、争点整理手続、証拠調べ期日など、訴訟手続の中核をなす事項、裁判所の心証形成の基礎となる手続事項となっており、重要な検討事項であるほか、裁判の公開原則などの基本原理との整合性も検討されています。

Commentary

1 「検討会」における「e法廷（e-Court）」の概要

政府の「日本経済再生本部」は、平成29年に「裁判手続等のIT化検討会」[1]を設置し、第1回「裁判所におけるIT化の現状と企業・消費者の意見について」（平成29年10月30日開催）に始まり、第8回の「裁判手続等のIT化に向けた取りまとめ案」（平成30年3月30日開催）まで、計8回の検討会を実施して「取りまとめ案」を発表した。現在、これを受けた実務レベルの検討、調整作業が裁判所を中心に行われており、近々、IT化民事訴訟が段階的に実施されていく運びとなっている。

本項は、「3つのe」のうちの「e法廷（e-Court）」に関して行われた検討の概要を紹介するものであるが、「e法廷（e-Court）」では、「総論」として、当事者等の裁判所への出頭の時間的・経済的負担を軽減する目的、また、期日審理の一層の充実を図るため、当事者の一方又は双方による「テレビ会議」

1 日本経済再生本部「裁判手続等のIT化検討会」を以下「検討会」という。
2 裁判手続等のIT化検討会「裁判手続等のIT化に向けた取りまとめ―『3つのe』の実現に向けて―」（平成30年3月30日）（https://www.kantei.go.jp/jp/singi/keizaisaisei/saiban/pdf/report.pdf）

や「ウェブ会議」の活用を大幅に拡大するのが望ましい旨提言されている[2]。

裁判手続における「テレビ会議」「ウェブ会議」は、「インターネット回線等を用い、音声・映像のみでなく、文字やファイル等を用いたリアルタイムのコミュニケーションが可能な会議」[3]を指すITツールであるが、これが広く活用されることにより、当事者等が遠方の裁判所へ出頭するための時間的・経済的負担が軽減され、裁判手続の迅速化・効率化が期待される。また、現状の「訴訟記録」は紙媒体が前提となっているが、書面が電子化されることにより、審理がより閲覧しやすく、分かりやすく、また、記録保管に要するコストの軽減も可能になることなどが指摘されている。

しかしながら、「e法廷（e-Court）」の対象領域は、以下に続く項目のとおり、第1回口頭弁論期日、人証調べ期日といった、裁判の公開原則[4]がストレートに妥当する手続段階であり、従来、直接的な尋問手続で裁判所が心証形成の基としてきた証拠調べ期日などを取り扱うものであることから、IT化の実施方法は、民事訴訟の基本原則、適性手続保障との関係で齟齬のない実施方法の検討が必要と思われる。

2　第1回口頭弁論期日

「検討会」では、第1回口頭弁論期日につき、従来の民事訴訟では、現行法上の擬制陳述制度[5]により、当事者の一方が出頭せず、期日が形式的なものとなることが少なくないことから、IT技術を活用した「e法廷」の実現として、民事訴訟のプラクティスの見直しを検討している。

⑴　「ウェブ会議」と第1回口頭弁論期日[6]

具体的には、第1回期日段階から、当事者の一方又は双方による「ウェブ会議」等を活用して実質的な審理を行うことが検討されているが、この際、場所的には、必ずしも係属裁判所に限らず、最寄りの裁判所や弁護士事務所等で対応することも想定されている。また、電子情報となった訴訟記録を有

3　前掲（注2）2・4頁参照
4　憲法82条
5　民事訴訟法158条（訴状等の陳述の擬制）、同法263条（訴えの取下げの擬制）、同法277条（続行期日における陳述の擬制）
6　前掲（注5）12頁

効に活用し、紙媒体の存在を前提としない審理を行うことが検討されている。

さらに、請求内容に争いがない場合や被告の応訴がない場合、「ウェブ会議」等を有効に活用することにより、当事者の出頭の負担なくして、速やかに和解手続や判決手続につなげていくための新たな仕組み・方策を検討していくことも考えられるとしている。

3 争点整理手続

争点整理手続についても、上記**2**と同様に、民事訴訟のプラクティスの見直しが必要としている。具体的には、現状の争点整理手続の運用では、期日における口頭での議論や整理が不十分なままに主張書面の応酬に陥り、全体として冗長になりがちという指摘もあり、ITツールの活用等を通じ、より効率的で充実した争点整理を実現することが望ましく、その早期実現が期待されるとしている。

⑴ 「ウェブ会議」と争点整理期日[7]

特に、裁判の利用者側に立つと、遠方の裁判所への出頭の負担や期日調整の困難さが指摘されており、裁判に対する参加機会の確保や審理の効率化（司法アクセスの向上）の観点からも、「ウェブ会議」等の活用に対する利用者ニーズは特に高いとする。現状でも電話会議システム等は利用されているものの、基本的には双方の当事者が裁判所に現実に出頭しなければならないことを前提とする現行の取扱いを見直していくことを検討課題としている。

各期日に裁判所への出頭を希望する当事者等には、従前と同様の機会を保障する一方で、現実の出頭以外の方法で参加を希望する当事者等のニーズに対応して、適正手続の保障にも配慮しつつ、「ウェブ会議等」の活用により、当事者等が必ずしも裁判所に現実に出頭しなくとも争点整理に関与することができる方策を検討していく必要がある、と提言している。

また、「ウェブ会議」の活用に当たっては、裁判所以外の場所、たとえば、弁護士事務所や企業の会議室等あるいは市民向け窓口のある公的機関等のうち適切なスペースに所在しながら、オンラインで期日に対応することを可能

---

7 前掲（注2）12頁

とする新たな方策を講ずることも、プライバシーや営業秘密の保護等の観点にも留意しつつ、検討すべきとしている。

⑵ 争点整理手続上の書証の取調べ

争点整理手続等で行う書証の取調べについても見直す必要が示されている。現行では、双方の当事者と裁判所が同席する期日で行うことを原則とする取扱いであるが、「ウェブ会議」等を用いた期日での書証の取調べ、文書の性質や内容、成立の真正に関する争いの有無など、様々な場面を念頭に置きつつ、実務的に検討していく必要があるとされている[8]。

⑶ 争点整理方法

争点整理作業の方法として、争点整理段階で当事者双方の提出する主張・証拠につき、電子ファイル、クラウド技術等のITツールをより広く活用して、より効果的・効率的に整理作業を進めることが検討されている。この点、訴訟記録の電子化により、当事者からの訴訟記録に対するアクセスや検索・比較対照が容易になるとするが、その実施方法やその結果の整理方法等も今後の実務的検討課題となるとしている。現在でも医療関係訴訟や建築関係訴訟等の一部の専門分野の争点整理作業ではExcel等の電子ファイルで争点整理が進められるが、「e-Filing」とも相俟って、一層の効率化の促進が企図されているように思われる。この点、「準備書面」よりも「争点整理表」がより重点的に整理方法として使われていくとすると、当事者の主張の表現方法には実務的課題が多くあるように思われる。

⑷ 争点整理手続上の和解協議

さらに、争点整理段階等で試みられる和解協議についても、ウェブ会議等の活用を可能とすることが十分に考えられると指摘されている。適正手続に配慮した上で、「ウェブ会議」等のITツールを活用して和解協議を迅速かつ効率的に行うことが望ましいとされている。

8　前掲（注2）13頁

4 証拠調べ期日

次に、人証調べ手続についても、「ウェブ会議」等による人証調べの利用拡大が望まれるとされている。具体的には、裁判所が必要かつ相当と判断する事案では、一方又は双方の当事者や証人等の関係者が、裁判所に赴くことなく、最寄りの弁護士事務所や企業の会議室等に所在して「ウェブ会議」等で対応する「本人尋問・証人尋問」の実施を行うことが検討されている[9]。これは出頭を要する関係者の負担軽減のニーズに対応するものである。

ただし、人証調べ手続は、「裁判所が争点に対する心証を形成して適正な判断を行うための核心的手続であることから、適正な手続の確保、審理の充実度といった点も踏まえた実務的検討が必要」とも指摘されている。

また、裁判の公開原則との関係で、「ウェブ会議」等による証拠調べ期日をウェブ上で一般に閲覧可能とするか否かについては、そのような「ニーズが高くないことやそれを望まない訴訟関係者の通常の意識等からして、ウェブ公開の方法による一般公開までは当面は慎重に考えるべきとの意見が強かった」としているが、この点は、裁判の公開原則の根底にかかわる問題とも思われ、今後も慎重な議論が必要と思われる。

また、電子ファイル化による電子情報やITツールを活用した尋問方法の工夫等により、よりメリハリの付いた効率的・効果的な尋問を行うとともに、その結果の記録化も、AI等を活用した音声の自動認識技術等を活かして効率的に行うといった新しいプラクティスを検討していくとしている。

5 今後の課題

以上が、「3つのe」のうちの「e法廷（e-Court）」に関して行われた検討の概要であるが、裁判手続がよりユーザー・フレンドリーに効率化されていくのが望ましいことはいうまでもない。

海外のIT化された民事訴訟制度と比較すると、実務レベルでは、我が国は「e-Filing」や「e-Case Management」の推進に先んじて、上記のような対象事項の「e法廷（e-Court）」の推進・具体化がまず最初に検討されているのが特徴であるといわれている。また、海外のIT民事訴訟先進国で

9 前掲（注2）14頁

あっても、人証調べ手続については、「ウェブ会議」等による人証調べを希望する当事者は少なく実施されていない国もあるといわれている。「e法廷(e-Court)」の対象事項は、上記のとおり、争点整理や証拠調べといった、民事訴訟の中核をなす手続であることから、裁判を受ける権利、裁判の公開原則といった基本理念との整合性を図ることが他の領域と比べてもより一層重要と思われる。

また、争点整理については、訴訟手続の効率化と、これまで「準備書面」で「冗長」に書かれてきた当事者・利用者の主張の微妙なニュアンス、全体における主張のポジション等を汲み上げる必要性とのバランスが肝要であるように思われる。

〔藤田　晶子〕

事件管理・判決

Question

裁判手続のIT化の検討において、訴状受付や争点整理等の事件管理はどのようになることが想定されているのでしょうか。

Answer

!

弁護士にとっては、訴状や準備書面が電子データによるオンライン提出となり、紙媒体の訴訟記録を自ら持参・保管等する負担から解放されることが大きいと思われます。それ以外の点は、現状の訴訟追行から無駄をなくすという方向ですが、まだ具体的には決まっていない点も多い状況です。

Commentary

内閣官房の主催で設置された「裁判手続等のIT化検討会」の、「裁判手続等のIT化に向けた取りまとめ―『3つのe』の実現に向けて―」(平成30年3月30日）において、e事件管理（e-Case Management）は、以下のとおり述べられている。

3　e事件管理（e-Case Management）について

⑴　総　論

利用者目線から見ると、e事件管理（e-Case Management）の実現として、裁判所が管理する事件記録や事件情報につき、訴訟当事者本人及び訴訟代理人の双方が、随時かつ容易に、訴状、答弁書その他の準備書面や証拠等の電子情報にオンラインでアクセスすることが可能となり、期日の進捗状況等も確認できる仕組みが構築されることが望ましい。これにより、裁判手続の透明性も高まるし、当事者本人や代理人が紙媒体の訴訟記録を自ら持参・保管等する負担から解放される効果も期待できる。

なお、訴訟記録である電子情報にオンラインで直接アクセスできるのは、訴訟当事者本人とその代理人又は関係者に限るのが相当であり、それ以外の国民一般に広くオンラインでの閲覧等を認めることの当否は、訴訟記録の閲覧・謄写制度との関係も含め、今後、丁寧に検討していく必要があろう。

⑵　訴状受付・審査・補正

まず、原告において、オンラインで提出した訴状が裁判所で受理されたことを確実かつ容易に確認できる仕組みが必要である。

また、裁判所の訴状審査や、補正を要する場合のやり取りについても、ITツールを活用して、迅速かつ効率的に行う方策を検討することが考えられる。

⑶　第1回口頭弁論期日の調整・指定

第1回口頭弁論期日につき、原告と裁判所のみの都合で指定されることが多い現行の取扱いに代えて、例えば、第1回期日前の早期の段階で、被告の応訴態度等を確認・把握しながら、当事者双方と裁判所がオンラインで期日の予定等を含む進行予定を調整していくような仕組みが有用と考えられる。もっとも、期日調整段階で訴訟進行が停滞することのないような仕組みと運用も、併せて検討する必要がある。

⑷　争点整理手続と計画的審理

裁判所・双方当事者が争点整理手続期日で確認された進行計画やプロセスをオンラインで容易に確認し共有することができるような仕組みが有用と考えられ、これにより、当事者からの裁判書類等の提出期限の遵守も含め、進行予定の確実な履践と計画的審理の実現が期待される。

さらに、オンラインで行う進行予定の確認や期日の円滑な調整等を通じ、裁判所・双方当事者が複数期日を一括して予定・確保することなどにより、期日の確保や期日間隔の短縮化が容易となり、争点整理手続をより計画的ないし集中的に進行させることも可能になると考えられる。

⑸　人証調べ・判決言渡し

人証調べの予定や結果、口頭弁論終結日、判決言渡し期日等の情報についても、訴訟当事者本人及び訴訟代理人の双方が、容易かつ随時に確認できる仕組みが期待される。

すなわち、利点としては

・紙媒体の訴訟記録を自ら持参・保管等する負担から解放される

・裁判所の訴状審査や、補正を要する場合のやり取りが迅速になる

・第1回口頭弁論期日も被告の都合を踏まえて決められる

・計画的審理の実現、期日の確保や期日間隔の短縮化

・人証調べの予定や結果等の情報を容易かつ随時に確認できる

といったところである。

しかし、この取りまとめは（当然かもしれないが）裁判所の視点が強く打ち出されていると感じられる。訴訟代理人弁護士の視点からすると、紙媒体が電子媒体になることの利点（重い記録を持ち歩かなくてよい）は明確であるが、それ以外は、現状でどこまで不都合が生じているのか。裁判所から見て「（期日調整や争点整理で）不都合を生じさせる困った弁護士がいるので、そういうことを生じさせられないようにする」ということはないだろうか。訴状の補正や期日の調整で、現状どこまで不都合が生じているのか明らかでない。

とは言っても、検討会のこの抽象的な説明だけで、弁護士に不利益があるとまでは言えないであろう。ただし、例えば訴訟代理人として主張したい法律構成や争点が主張しにくくなったりすることのないよう、注視する必要があろう。

また、裁判手続の透明性の観点から、弁護士が関与する場合、本人とは別に弁護士にIDとパスワードが付与されるのかどうか疑問がある。

訴訟記録の閲覧謄写との関係はどうか。現在は、閲覧は誰でも可能であるが、謄写は、訴訟当事者以外は利害関係の疎明が必要である。それはどうするのか。閲覧だけできて謄写はできないというのは、インターネットを介するシステムでは不可能である。

そして、本人訴訟はどうするのかという問題がある。IT機器を有していない人もいるし、そもそもIT機器を使用することすらできない人もいるだろう。このようなIT機器に全く対応できない人から裁判を受ける権利（憲法32条）を奪うわけにはいかない。すると従来の紙での訴訟手続も可能として残さざるを得ないのではないか。

Question

裁判手続のIT化の検討において、判決はどのようになることが想定されているのでしょうか。

Answer

判決言渡しは憲法82条に違反しない仕組みが構築されなければなりませんが、それが具体的にはどのようになるのか、現時点では明確ではありません。言渡しのみならず、送達も重要な問題です。総じて、まだ具体的な制度設計は見えていません。

Commentary

「裁判手続等のIT化検討会」の「裁判手続等のIT化に向けた取りまとめ―『3つのe』の実現に向けて―」(平成30年3月30日) において、訴状や判決書の送達については以下のとおり述べられている。

> ⑷ 訴状や判決書の送達
>
> 裁判所による郵送での書面の送達を原則とする現行の取扱いについて、訴訟記録の電子化を推進し、電子情報と紙媒体との併存を極力避け、オンライン化を促進する見地から、改めて検討する必要がある。その際には、職権により書面で送達を行う現行の取扱いの見直しを含めて、訴訟記録の電子化に即した送達の在り方の検討を行うのが相当である。例えば、電子情報による訴状送達に関し、官公署等が被告の場合には電子的な送達方法によることを義務付けたり、企業等による事前包括申出制度を採用したりすることなども検討の余地がある。もっとも、電子情報による送達に適したITツールを有しない被告や外国に所在する被告の場合等には別途の検討が必要となるし、また、電子情報による送達の導入に際しては、送達の確実な実施・証明を確保する観点や、架空請求詐欺等による悪用防止の方策も、併せて検討する必要がある。
>
> また、判決言渡し後の双方当事者への判決書の送達についても、同じく、ITツールを活用した電子的な送達方法等を検討する必要がある(各種決定書についても同様)。判決情報の電子的な送達方法の一例として、①裁判所の専用システムへの判決情報のアップロード、②その旨の当事者に対する通知、③各当事者によるシステムからのダウンロード、という手順をとることが考えられる。

官公署や大企業なら電子情報による訴状や判決書の送達は対応できるであろうが、個人では対応できないであろう。触れられているように、このような送達が導入された場合、詐欺師が架空請求に使えば、個人では判別し難い。そういった問題があるので、当面は官公署や大企業から始められるであろう。

そうであれば、当面、混乱は生じにくいと考えられる。

また、判決言渡しについては以下のとおり述べられている。

> ⑸ 判決言渡し
>
> 利用者の立場から見れば、訴訟記録が電子情報となるのに合わせ、現行では紙媒体である判決書について、電子情報である判決情報に原本性を持たせるための枠組みの検討が必要と考えられる。
>
> そして、判決の在り方としても、一定の様式は維持しつつ、例えば、争点整理の結果として確定した最終成果物がある場合には、それを効果的に活用し、争点部分を中心にメリハリの付いた、利用者目線で分かりやすい判決となるよう、プラクティスについて必要な見直しの検討をすることが期待される。
>
> さらに、判決言渡し期日について、訴訟関係者の在廷しないまま法廷で言い渡されていることも多い現行の取扱いを見直し、裁判の公開原則等に留意しつつ、当事者のニーズに対応した方法を検討していくことが考えられる。なお、既に一部がホームページで公開されている判決情報につき、より広範な一般公開の在り方は、類似事案等の検討で参考になるとして、これを期待する意見があった一方、個人のプライバシーや企業情報に配慮する必要があるとの指摘や社会的関心を引かない事案まで広く公開されることへの懸念があったことも踏まえ、今後の課題として、丁寧に検討していくことが望まれる課題である。

電子情報である判決の原本性の問題は、ハッキングによる改竄の危険をどう考えるかに関係してこよう。

内閣官房の主催で設置された「裁判手続等のIT化検討会」の第6回議事要旨において、デロイトトーマツリスクサービス株式会社のパートナーの説明には以下のとおりある。

●確かにサイバー攻撃というのもある。参考までに、サイバー攻撃をしてくる相手、攻撃者の類型のようなものをサンプルとして表示している。これは攻撃者にとってのインセンティブの問題にもかかわってくる。最近だとどうしてもサイバー攻撃をする人、犯罪者であったりするわけだが、非常に多いのは経済的利益を求めて攻撃をする。何かを盗む、お金を直接盗むとか、お金になりそうな情報を盗む。売ればお金になるような情報を盗むことが多い。それ以外ではどちらかというと思想信条で攻撃をしているものが多い。

●今回のIT化では、例えば仮想通貨の取引所を攻撃してくるような人たちがこのシステムを攻撃してくるだろうかと考えると、そこまでのインセンティブがあるだろうかとか、例えば国家的な攻撃がこのシステムにどれぐらい想定されるだろうかとかを、冷静に考えていく必要があると思う。一般的に多くのサイバー攻撃の事例を見てきた感覚からすると、意外とそんなに大きなインセンティブはないのではないかとも思う。

（裁判手続等のIT化検討委員会（第6回）議事要旨（平成30年2月22日））

つまり、判決を改竄しても金にならず動機に乏しいとして、判決改竄のためのハッキングはあまり現実性を持って捉えられていない。

しかし、どのような動機でハッキングがなされるかは未知数であり、IT化されていないのでそもそもできない現状において予想することは難しい。また、何らかの目的でのハッキングの副作用として改竄（データ消失を含む）が起きることも有り得よう。どこまでのセキュリティレベルが必要なのかは慎重な議論が必要であろう。

自由討議では以下の意見が出されている。

●実際にメガバンクでどのようにしているか参考までにお示ししたい。まさしく銀行は24時間365日、災害のときも止めてはいけないという使命がある関係で、多くのシステムを二重に作っている。例えば関東で大災害があった場合は、速やかに西日本のサーバーで今までどおりの預金取引や為替取引ができるような体制で、かつ、人も24時間365日、常に技術者を待機させていて、システムの稼働を行っているというような非常に重厚でコストのかかったシステムを構築している。まさしく今回の訴訟のIT化においてそのようなレベルのシステムが必要なのかという点については、私は違う世界なのではないかと思っている。

●Skype for Businessについて。秘密情報をいわば一般ベンダーの提供するシステムでやりとりして大丈夫かということに関しての私どもの取り組みというか状況だが、私どもも同様のサービスを利用している。あるいは先ほど出たVPNという一般公衆回線の中の仮想の専用線を使ったウェブ会議のようなものを実際に行内で使っていて、例えば本邦を代表するような企業の情報というのを我々は日常的にやりとりするわけだが、そういう場合でもウェブ会議を使って良いというルールになっている。その意味ではセキュリティについて、Skype for Businessなど一般的なものを利用するのに心配はないのではないかと感じている。

（裁判手続等のIT化検討委員会（第6回）議事要旨（平成30年2月22日））

民間企業のシステムを使うことについては、一律に可とも不可とも言い難いと考える。

ただし、憲法の規定（憲法82条1項「裁判の対審及び判決は、公開法廷でこれを行ふ。」）との関係で、最低限、現実の法廷で行わざるを得ない手続もあるだろう。自由討議でも以下のような意見が出されている。

●最終口頭弁論とか判決言渡しは、憲法82条との関係が問題になって、法廷で口頭弁論期日を開く、あるいは判決言渡し期日を開くということ自体はせざるを得ないように思う。e-Courtなのに形式的なものをそのまま維持するというのは、実質的には何となくおかしな感じもするが、憲法の要請であり、そういう公正さを見せることも大事である。それを前提に、どのようにして、当事者がアクセスしやすくて、双方当事者とも来ていなくても期日としては開ける仕組みにしていくかの検討が必要だと思う。判決言渡しは、法廷に行くのは大変だが、ITの仕組みを利用すればすぐに聞けて便利だという話になるだろう。

●ただ、判決の送達に関しては慎重にやらなければいけない。訴状の送達とは違い、判決の送達については既にずっと手続に関与しているので、アップロードされたデータを見るとか、ダウンロードするとか、そういったことでできるとは思う。ただ、それだけに、当事者本人に伝わる方法でちゃんと送達されたのかといったあたりの仕組みについては慎重に考えなければいけなくて、今、同居者が受け取ればいいという補充送達の制度があるが、そういった補充送達的なものについて、このような仕組みにしたときにど

のように考えるのかは、検討課題になると考えている。
（裁判手続等のIT化検討委員会（第6回）議事要旨（平成30年2月22日）

判決の送達については、上訴の期限（判決の確定）とも関係することから、慎重に検討する必要があるだろう。

総じて、いつかはIT化せざるを得ないにせよ、個々の具体的な手続においては弊害が生じないように具体的な制度を構築する必要がある。

しかし、検討会においても制度の細部はまだ具体的になっていない。その現状で弁護士の側で議論するのも限界がある。

弁護士としては、IT化においては、訴訟が過度に裁判官の主導で仕切られる（法律構成や争点設定の主導権、期日間の十分な日数など）ようにならないよう、注視していくほかない。

〔小早川　真行〕

Q5 執行・倒産・刑事等各法分野のIT化その他

Question

執行・倒産・刑事等各法分野の裁判手続のIT化の状況、展望について教えてください。また、裁判手続のIT化と司法アクセスの問題についても教えてください。

Answer

いずれの分野も体系的な裁判手続のIT化の議論は進んでいませんが、分野によってはすでに一部IT機器が活用されていたり、手続との親和性から今後の積極的IT化が期待されるものもあります。裁判手続のIT化と司法アクセスに関しては、IT化が裁判を受ける権利の実質的保障に資すると考えられるのと同時に、IT機器の利用に不慣れな方のためのサポートなど対策が必要となってくる場面も生じてくるものと思われます。

Commentary

1 はじめに

本稿では、本章の**Q1**から**Q4**で扱われていない裁判手続のIT化に関するトピック（裁判手続等のIT化検討会「裁判手続等のIT化に向けた取りまとめ」（平成30年3月30日）（以下「取りまとめ」という。）で正面から扱われていないトピックでもある。）について検討する。

2 執行・倒産分野のIT化

(1) 「取りまとめ」における検討状況

ア　執行・倒産分野のIT化について、「取りまとめ」においては、「民事執行手続、倒産手続などの非訟事件や家事事件についても、同時並行でIT化の検討を進めてはどうかとの意見も出されたが、検討の優先順位・効率化の観点から、まずは民事訴訟全般のIT化の検討を進め、その成果や制度設計を活かして、非訟事件や家事事件のIT化に向けた検討が進められるべきである」とされている(取りまとめ6頁)。

もっとも、「取りまとめ」では、「一方、倒産手続については、債権者が多く、債権調査や通知の事務量・コストが膨大となる場合があり、IT化による債権者や管財人等の負担軽減や弁済原資の確保に資することが期待されることから、民事訴訟全般のIT化の検討結果を待たずに、現行法下でのプラクティスの在り方を基本とするIT技術の活用について検討を進めることも選択肢の一つである」ともしている(6頁)。

イ　確かに、民事裁判手続の基本である一般の民事訴訟についてIT化を先行させることは、制度設計において手続間で齟齬が生じることを避ける必要、IT化に向けた法改正での整合性などの面で、理解できるところである。

しかし、執行・倒産分野は、現時点で書式や必要書類が定型化されており、手続のバリエーションも少なく、迅速な処理が求められるという点などから、むしろ一般の民事訴訟よりIT化に適しているもの思われる。一般の民事訴訟の完全なIT化は現実には時間がかかるであろうことを考えると、執行・倒産分野など比較的スムーズにIT化を進められる分野を先行させるということも検討されるべきである。

⑵　執行分野のIT化

ア　前述のように、執行分野は保全も含めて、書式や手続がある程度定型化されていることから、IT化に適しているのではないかと思われる。

e-Filingによる書類提出は、例えばプルダウン式のメニュー画面での入力が可能であったり、費用等の自動計算機能があれば、書類の不備やミスを減らすことができ、当事者、裁判所の両者にとってメリットがあると思われる。

また、民事訴訟のIT化が先行している必要があるが、執行手続における判決書正本の確認や送達、確定の確認については、e-Casemanagementにより訴訟部門との連携がとれれば、同じく当事者、裁判所の両者にとって利便性が向上するはずである。

イ　また、近時、国税庁や地方自治体が滞納者から差し押さえた財産についてインターネット公売を行い効果を上げているが、同様に民事執行手続においてもIT化の一環としてインターネットオークションを活用すべきとの意見も見られる。

インターネットオークションの活用について、誰が主宰して、誰が代金を回収するか、未払のリスクを誰が負担するかなどクリアすべき問題点はあるが、実現すれば、これまで換価が困難であった動産からも債権の回収が行える可能性が高まるなどメリットも大きく、今後検討されるべきである。

⑶ 倒産分野のIT化

ア　倒産法分野については、「取りまとめ」を作成した裁判手続等のIT化検討会において、参考資料として日本大学の杉本純子准教授による「倒産手続におけるIT化（例）」という流れ図が提出されている[1]。

これは、倒産手続の申立て段階での電子的提出のみならず、財産状況報告集会でのウェブ会議の利用や、債権者へのメール等を利用したウェブ上の通知、周知なども盛り込んだものとなっている。

イ　ウェブ会議での債権者集会や、メールなどを利用した債権者への通知については、債権者には、金融機関だけではなく中小企業や個人の債権者も多数存在することを考えると、即時の実現化にはハードルがあると思われる。

しかし、倒産分野の書式も、特に個人の自己破産、個人再生などについては定型化しており、申立て段階の手続について先行してIT化を進めていくことも検討していくべきである。

3　刑事手続のIT化

⑴ 総　論

刑事手続のIT化については、国内外においてあまり文献は見当たらず、IT化を積極的に求める声もあまり聞かれない。これは、当事者が裁判所、被告人、検察官、弁護人等と限られ、利便性などの要請が少ないこと、直接、

1　https://www.kantei.go.jp/jp/singi/keizaisaisei/saiban/dai8/sankou.pdf）

口頭での公判が原則と考えられていることが理由であると思われる。

⑵ 現 状

もっとも、平成21年に始まった裁判員裁判では、法廷に大型モニターが設置され、PC上に保存したデータをモニターに投影する形での証拠調べや、プレゼンテーションソフトを利用した論告、弁論などが行われるなど、裁判手続においてIT機器が利用されている。

また、打合せでの説明やメモにPCを用いる弁護士も増えてきているところ、拘置所等の接見室でのPCの利用はかつて制限されていたが、許可を得ての利用が可能となり、現在、東京拘置所においては、弁護人用の接見申込書には当初からPC又はタブレットの利用の有無を記載する欄が設けられているという状況になってきている。同じく東京拘置所では、東京検察庁又は法テラス東京からのテレビ電話を利用しての外部交通も認められている。

このように、刑事手続においては、周辺分野におけるIT機器の利用は、むしろ進んでいるといえる。

⑶ 刑事手続のIT化の今後

ア 前述の裁判手続等のIT化検討会に、桐蔭横浜大学の笠原毅彦教授により「欧州における裁判のICT化」という資料が提出されている。そこでは、刑事事件についてのドイツの連邦司法省における聞き取り調査の結果として、「刑事事件については、裁判記録が膨大だったので、自然と記録を電子化するようになった。したがって、刑事については後から法律で根拠付けを行った」「紙をスキャンしてデジタル化して保管するが、紙の方の記録は現在6か月間保管して、その後廃棄する」「記録の閲覧について、オンラインで閲覧できるようなポータルサイトを州レベルで今後作成する予定」ということが記載されている[2]。

イ 日本においても、こうした記録の電子化というレベルであれば、特段の抵抗感はなく進んでいくのではないかと思われる。電子化したデータは、AIの学習用データとして活用しやすくもなる。

---

2 https://www.kantei.go.jp/jp/singi/keizaisaisei/saiban/dai2/siryou6.pdf

もちろん、紙の記録は廃棄することが前提となるが、廃棄後にデジタル化の際の漏れやミスが発見された場合は取り返しがつかないこととなるため、慎重に行うべきである。また、学習用データとして用いる場合は、プライバシーに係わる部分が極めて大きいため、マスキングなどをどのようにするかという問題がある。

ウ　また、起訴状の提出や送達、検察官、弁護人による証拠や論告、弁論の提出、記録の管理、閲覧などについて、e-Filingやe-Casemanagementの技術を用いてIT化することも、刑事裁判事務、弁護士業務の効率化に資するものである。

これらは、民事裁判のIT化が進んだ折には、順次可能な範囲で刑事裁判にも採用されていくのではないかと思われる。

4　裁判のIT化と司法アクセス

⑴　司法アクセスの向上

「取りまとめ」においては、「訴訟事件に占める本人訴訟の割合が相当高い我が国の現状を踏まえると、国民の裁判を受ける権利の実質的保障の観点から、IT化に伴い、国民の司法アクセスを一層向上させていく観点も重要である」とされている（6頁）。

⑵　消費生活相談員協会の意見

裁判手続のIT化検討会では、公益社団法人全国消費生活相談員協会（以下「消費生活相談員協会」という。）からの提出資料「消費者から見た裁判」が配布されている[3]。

ここでは、裁判手続等がIT化された場合、①手書きでの書面作成が苦手な若年層、②高齢者・障がい者・体調不良等遠距離の移動が困難な人、③平日昼間に手続きができない人、④破産手続の場合には、手続きが簡易になって利便性が高くなる、との意見が記載されている（同資料12頁以下）。

一方で、裁判手続のIT化の「課題」として、①書面作成は簡単ではなく、高齢者等判断能力が低下している場合の裁判手続の説明や書面作成のサポー

3　https://www.kantei.go.jp/jp/singi/keizaisaisei/saiban/dai1/siryou4.pdf

ト、②IT機器を使用しない人、使用できないへの配慮、③ウェブサイト上などでの分かりやすい表示、説明が必要であることも記載されている。

また、裁判手続のIT化についての消費者の不安として、①セキュリティ、②事業者から裁判を起こされやすくなり消費生活センターを利用できないまま裁判になる可能性、③架空請求トラブルへの悪用（裁判所からの通知がメールで来るのではないか）といった内容が記載されている。

消費生活相談員協会の意見のすべてが一般市民の意見を代弁しているとまではいえないが、基本的には、裁判手続のIT化により、手続が簡易になって利便性が高まることによる司法アクセスの向上について評価している一方で、課題や不安点を複数挙げているという点で、一般市民の意見と概ね一致しているのではないかと思われる。

⑶ 裁判手続のIT化による司法アクセスの課題

司法アクセスにおける課題の多くは、裁判手続のIT化における本人訴訟の問題と重なる。「取りまとめ」では、本人訴訟の課題について1項目を設けて論じている（本人訴訟の課題については、それに関わる非弁問題も含めて本章**Q4**を参照。）。

前述の消費生活相談員協会による「消費者から見た裁判」では、同協会としてIT化と同時にしてほしいこととして、①「裁判制度について消費者教育の必要性（消費者教育、法教育が第一である)」、②「消費者にとって利用しすい裁判制度（身近な存在に)」、③「手続だけでなく、WEB会議など（消費者の顔が見える会議)」、④「消費者関連法についての理解（弁護士に委任しやすく)」という項目が挙げられている（同資料15頁)。

裁判手続のIT化と司法アクセスに関しては、IT化が裁判を受ける権利の実質的保障に資すると考えられる一方で、IT化による弊害を最小限にするためのIT機器利用等のサポート、IT化による裁判手続の濫用を防ぐための対策、市民への周知や裁判手続そのものへの理解を深めること（法教育を含む）が必要になってくると思われる。

⑷ 裁判手続のIT化と弁護士業務

裁判手続が全面的にIT化した場合には、弁護士業務においてもIT機器の利用が必須となる。IT機器の不調により書面の提出等が期限に間に合わなかったり、e-Courtへの出廷ができないなどということがないように、バックアップのシステムを準備するなど対応が迫られることも考えられる。そのために、IT機器の使い方やセキュリティに不安のあるという弁護士においては、ITを専門とする事務員を雇用する必要や、IT機器の専門業者への依頼が必要となる場合もありうる。

また、裁判手続のIT化が進んだときは、全国どこの裁判所の管轄であっても、e-Filingにより事務所にいながら訴状等の提出が可能となり、e-Courtにより出頭の必要もなくなる。これにより、地方の弁護士が都市部の弁護士に仕事を奪われてしまうのではないかとの意見もあるが、一方で、地方にいながら、専門分野を生かして全国の依頼者から相談、依頼を受けて、IT化された裁判手続で提訴するという受任形態も出現する可能性がある。

いずれにしても、裁判手続のIT化は、本人訴訟のみならず、弁護士にも大きな影響を及ぼすものと考えられる。

〔西川　達也〕

索　引

アルファベット

あ

い

う

え

お

か

き

く

す

せ

そ

た

ち

つ

て

と

に

ね

は

ひ

り

れ

ろ

わ

◆執筆者一覧

(50音順)

初　版

久保健一郎	國生　一彦	菅野　利彦
髙木　篤夫	寺尾　幸治	花渕　茂樹
速水　幹由	深井　俊至	本井　克樹

第2版

伊藤　雅浩	植草　美穂	久保健一郎	小石川　哲
後藤　大	小早川真行	佐藤　瑞穂	島田　敦子
染谷　隆明	高瀬　亜富	西川　達也	深井　俊至
	藤田　晶子	本井　克樹	

第3版

植草　美穂（うえくさ・みほ）
東京四谷法律事務所

神谷　延治（かみや・のぶはる）
神谷延治法律事務所

木村　容子（きむら・ひろこ）
臼井綜合法律事務所

小石川　哲（こいしかわ・さとし）
小石川総合法律事務所

小早川真行（こばやかわ・まさゆき）
秋葉原法律事務所

島田　敦子（しまだ・あつこ）
一般財団法人インターネット協会　研究員

関口　慶太（せきぐち・けいた）
今井関口法律事務所

西川　達也（にしかわ・たつや）
西川達也法律事務所

野田　陽一（のだ・よういち）
三宅坂総合法律事務所

樋口　　歩（ひぐち・あゆむ）
栃木・柳澤・樋口法律事務所

藤﨑　太郎（ふじさき・たろう）
須田清法律事務所

藤田　晶子（ふじた・あきこ）
藤田総合法律事務所

水野　秀一（みずの・しゅういち）
創英国際特許法律事務所

光安　陽子（みつやす・ようこ）
本井総合法律事務所

本井　克樹（もとい・かつき）
本井総合法律事務所

Q&A
インターネットの法的論点と実務対応 第３版
―ネットトラブルからAI・仮想通貨・裁判手続のIT化まで―

平成17年５月１日　初版発行
平成26年10月31日　第２版第１刷発行
平成31年２月25日　第３版第１刷発行

編　集　東京弁護士会インターネット法律研究部

発　行　株式会社ぎょうせい

〒136-8575　東京都江東区新木場１－18－11
電話　編集　03-6892-6508
営業　03-6892-6666
フリーコール　0120-953-431
URL:https://gyosei.jp

〈検印省略〉

印刷　ぎょうせいデジタル㈱

ISBN978-4-324-10622-8
(5108492-00-000)
〔略号：Q&A　インターネット３版〕